基礎の力学

初めて物理を学ぶひとのために

秋光　純
秋光正子
著

朝倉書店

序にかえて

本書は，すべての理科系の学問を学ぼうとする一年生のための教科書として力学の初歩を記述したものである．

大学で教鞭をとっている者にとって，力のこもった教科書を書いてみたいと思わない者はあるまい．しかし，残念ながら新入生に対してこのような教科書を書くのは，大変難しい状況にある．その理由は，高校で物理を学ぶ学生の数が減少し，また，高校での物理や数学の内容もますます少なくなっているからである．特に大学の入学試験に物理を選択しない人が増え，大学に入って初めて物理に接する人も多くなった．一方大学の側では，3 年生までに一応の専門科目を終わらなければならないという絶対的要請がある．このギャップを埋めるのにどの大学の先生方も苦労されていることは言うまでもない．

このようなギャップを埋める行き方として 3 つの考え方がある．第 1 のやり方は思い切ってレベルを下げ，数式もあまり多く出さないというやり方である．第 2 のやり方は逆に多少難しくなっても必要になるものはすべて盛り込み，授業だけで足りないところは学生の自習に待つやり方である．名著といわれる本の多くはこのやり方である．第 3 の道はアメリカ流の考え方で，初歩の初歩から説き起こし，しつこいぐらいに詳しく記述するやり方である．この方法では，教科書は大部となり，学生にとってはどこが焦点かわかりにくくなることも多い．さらに，今のように半期 14 回から 15 回程度の授業でこれら大部の教科書をこなすことは不可能に近い．これらを克服する理想的なスタイルの教科書として，内容としては簡にして要を得ており，しかも細部では学生の疑問点に配慮した，あまり大部でない教科書が望まれる．

著者らはかねて，それぞれの大学において，物理学，機械・電気・建築工学などだけでなく化学・生命科学の学部の一年生に対して力学の講義を長年行ってきた．その過程で学生がどの点に疑問を感じるか，またどの点を難しいと感じるかについて種々議論し，数年前プリントを作成し学生に配布してきた．その間，学生の疑問点，要望を取り入れ，また多くの類書を読み比べることによって内容を拡充してきた．

今回，朝倉書店の勧めにより，これを本にすることを決意した．著者の一人の公務多忙のため，遅々として進まなかったが，著者が学生時代から知っている山の温泉にしばらく篭ったりして，出来上がったのが本書である．

本書の特色としては，① 内容がくどくならないように枝葉を切り落とし，すっきりまとめたこと．② しかし，式の変形に関しては，学生諸君が自習できるように詳しく書いたこと．特に学生諸君が共通に疑問に思うことは少し詳しく述べた．③ 例題を多くし理解の助けとしたこと．また，④ 一年生の諸君には難しいが，2 年生以上の専門の勉強になると必ず現れる概念や，授業でやるには時間が足りないだろうと思われる課題を「より進んだ学習のために」として挿入したこと，などである．

本書は著者らのはじめての著書であり，一行一行何度もチェックしながら書いたつもりであるが，著者らが当然と思っていることも学生諸君には疑問を持たれることも多いであろう．大方の本書を読まれた方のご叱正を仰ぐ次第である．最後に朝倉書店編集部には，本文を丁寧に読んでいただき，種々のアドバイスをいただいた．深く感謝したい．

2008 年 9 月

著者を代表して　秋 光　　純

― 本書を読まれる学生諸君へ ―

本書を読まれる諸君は，大学に入学して初めて本格的に物理学を学ぶという場合が多いと思われるので，まず，物理学を学ぶ心構えについて述べたい．

最初に強調しておきたいのは，「高校の物理」と「大学の物理」の差である．「高校の物理」は，極端にいうといくつかの公式を覚え，その公式をいかにいろいろな問題にどう当てはめるかということであった．「大学の物理」はまったく異なる．「大学の物理」の特徴は，なぜその公式が導かれたのかを徹底的に考えることにある．したがって，「これはわからないから覚えてしまおう」ということではなくて，すべてを根本から考えてほしい．特に強調したいことは，物理学という学問は大変体系的な学問である．本書でも前出てきた式に戻ることが多い．じっくり学ばなければいけないという点では諸君にある種の「覚悟」を要求する学問であるといえる．

「大学の物理」の２番目は，数学が難しくなることである．諸君は，物理学なのか数学なのか戸惑われることが多いかもしれないが，「物理学は数学という言葉で書かれた学問である」ということをよくわきまえて，その数学の裏にある物理的なイメージを見失わないようにしてもらいたい．本書でもそのことを意識して，第Ｉ編で数学的準備を行い，簡単な数学の公式集も収録した．

３番目として，やはり，物理学という学問は，諸君が考えているより難しいということである．筆者の若いころは，１時間の授業に対して２時間の予習，復習をしろと言われたが，それは無理としても是非本書で復習をしてもらいたい．本書はその意味ではどのような点に諸君が疑問を感じるかを考えて，その点に留意して書いたつもりである．

４番目として，「先生の言われていることはわかるが，問題を解こうとすると解けない」という諸君が多い．本書もなるべく例題を多くし，また問題も載せた．問題数はそう多くないかもしれないが，是非挑戦してほしい．本書の特色として，解答を省略せず，丁寧に書いたので，読んでいただければ必ず理解できるはずである．以上を是非，実行していただきたい．

また，談話室の欄には偉人の伝記を通して人生における幸せとは何かという筆者の人生観を述べた．若干，逆説的に述べている所もあるし，若い諸君には納得できない話も多いであろう．勿論，今納得するには及ばないが，出来れば本書をとっておいていただいて，もう一度ここに書いてあることを読んで（あるいは思い出して）味わいなおしていただければ幸いである．

最後に高校で物理を学んでこなかった諸君に一言．高校で物理を学んでこなかった諸君は，一律に物理に対する苦手意識が強く，いわゆる「食わず嫌い」が多い．特に数式が出てくると「もうダメ」とばかりに投げてしまう人が大部分である．しかし，本書の内容程度は諸君にある種の忍耐力と，ある程度の数学の知識さえあれば必ず理解できるレベルである．「物理学」は人類が到達した最高の「英知」の一つであり，歳をとってからではなかなか身につかない．これを突破できるのは若さしかない．これを突破できるかどうかは「頭」ではなく「忍耐」であることを肝に銘じて頑張ってほしい．

力学の勉強は，すべての物理学の基礎であり，数学がいかに物理学に応用されているかの典型的な例である．諸君はこれから理工学系のさまざまな分野に進むと思うが，どの分野に進んでも必ず力学が基礎的な学問として役立つであろう．本書がそういう諸君のお役に少しでも立てば，著者としてこんな嬉しいことはない．

著者ら記す

目　　次

よく使う数学公式

三角関数と双曲線関数

1.　三角関数

① $\sin\left(\frac{\pi}{2}-\theta\right)=\cos\theta$

② $\cos\left(\frac{\pi}{2}-\theta\right)=\sin\theta$

③ $\frac{\sin\theta}{\cos\theta}=\tan\theta$

④ $\sin^2\theta+\cos^2\theta=1$

⑤ $\sin 2\theta=2\sin\theta\cos\theta$

⑥ $\cos 2\theta=\cos^2\theta-\sin^2\theta=2\cos^2\theta-1$
$=1-2\sin^2\theta$

⑦ $\sin(\alpha\pm\beta)=\sin\alpha\cos\beta\pm\cos\alpha\sin\beta$

⑧ $\cos(\alpha\pm\beta)=\cos\alpha\cos\beta\mp\sin\alpha\sin\beta$

⑨ $\tan(\alpha\pm\beta)=\frac{\tan\alpha\pm\tan\beta}{1\mp\tan\alpha\tan\beta}$

⑩ $\sin\alpha\pm\sin\beta=2\sin\left(\frac{\alpha\pm\beta}{2}\right)\cos\left(\frac{\alpha\mp\beta}{2}\right)$

⑪ $\cos\alpha+\cos\beta=2\cos\left(\frac{\alpha+\beta}{2}\right)\cos\left(\frac{\alpha-\beta}{2}\right)$

⑫ $\cos\alpha-\cos\beta=-2\sin\left(\frac{\alpha+\beta}{2}\right)\sin\left(\frac{\alpha-\beta}{2}\right)$

2.　双曲線関数の定義

⑬ $\sinh x=\frac{e^x-e^{-x}}{2}$

⑭ $\cosh x=\frac{e^x+e^{-x}}{2}$

⑮ $\tanh x=\frac{\sinh x}{\cosh x}=\frac{e^x-e^{-x}}{e^x+e^{-x}}$

指数関数と対数関数

3.　指数関数と対数関数の基本関係

⑯ $a^x=y \leftrightarrow x=\log_a y$

⑰ $a^0=1$

⑱ $a^x a^y=a^{x+y}$

⑲ $a^x/a^y=a^{x-y}$

⑳ $(a^x)^y=a^{xy}$

㉑ $(ab)^x=a^x b^x$

㉒ $\log_a xy=\log_a x+\log_a y$

㉓ $\log_a(x/y)=\log_a x-\log_a y$

㉔ $\log_a x^n=n\log_a x$

㉕ $\log_x y=\log_a y/\log_a x$

自然数 e の指数関数 $y=e^x$ は，$y=\exp(x)$ と表すこともある．e を底とする対数を自然対数と呼び，$\log_e x$ または $\ln x$ と記す．

㉖ e の定義：$e=\lim_{n\to\infty}\left(1+\frac{1}{n}\right)^n=2.71828\cdots\cdots$

微分と積分（u と v は x の関数，m と a は定数とする．）

4.　微分

㉗ $\frac{d}{dx}x^m=mx^{m-1}$

㉘ $\frac{d}{dx}(uv)=u\frac{dv}{dx}+\frac{du}{dx}v$

㉙ $\frac{d}{dx}\left(\frac{v}{u}\right)=\frac{1}{u^2}\left(u\frac{dv}{dx}-v\frac{du}{dx}\right)$

㉚ $\frac{d}{dx}f(y)=\frac{df}{dy}\cdot\frac{dy}{dx}$

㉛ $\frac{d}{dx}e^x=e^x$

㉜ $\frac{d}{dx}\ln x=\frac{1}{x}$

㉝ $\frac{d}{dx}\sin x=\cos x$

㉞ $\frac{d}{dx}\cos x=-\sin x$

㉟ $\frac{d}{dx}\tan x=\sec^2 x$

㊱ $\frac{d}{dx}\sinh x=\cosh x$

㊲ $\frac{d}{dx}\cosh x=\sinh x$

5.　積分（不定積分には，任意の積分定数がつく．）

㊳ $\int x^m dx=\frac{x^{m+1}}{m+1}\qquad(m\neq-1)$

㊴ $\int\frac{dx}{x}=\ln|x|$

㊵ $\int u\frac{dv}{dx}dx=uv-\int v\frac{du}{dx}dx$

㊶ $\int e^x dx=e^x$

㊷ $\int\sin x\,dx=-\cos x$

㊸ $\int\cos x\,dx=\sin x$

㊹ $\int e^{-ax}dx=-\frac{1}{a}e^{-ax}$

6.　マクローリン展開

㊺ $e^x=1+x+\frac{x^2}{2!}+\frac{x^3}{3!}+\cdots$

㊻ $\ln(1+x)=x-\frac{1}{2}x^2+\frac{1}{3}x^3-\cdots$

㊼ $(1+x)^n=1+nx+\frac{n(n-1)}{2!}x^2+\cdots$

㊽ $\sin\theta=\theta-\frac{\theta^3}{3!}+\frac{\theta^5}{5!}-\cdots$

㊾ $\cos\theta=1-\frac{\theta^2}{2!}+\frac{\theta^4}{4!}-\cdots$

㊿ $\tan\theta=\theta+\frac{\theta^3}{3}+\frac{2\theta^5}{15}+\cdots$

第Ⅰ編

力学をはじめるにあたって

——数学的準備——

物理学を学ぶためには数学の知識は必要不可欠である．特に「微分積分学」と「ベクトル」の知識なしには「大学の物理」をマスターすることはできない．ここでは力学を理解するために必要な微分積分学とベクトルの初歩を簡単にまとめる．

第1章　微分積分学

三角関数，指数関数，対数関数など，初等関数および簡単な微分積分については高等学校ですでに学んでいる[1]．ここでは，物理学を学ぶうえで必要な，より進んだ微分積分学の初歩について述べる[2]．

最初からテイラー展開などが出てくるのでびっくりされる諸君も多いと思われるが，よく読んでいただければそんなにむずかしいことをいっているわけではない．この章は物理学で使う数学をまとめた章なので，むずかしいと感じられる諸君は第3章から始めてもよい．

1.1　微分の定義と関数の展開

関数 $f(x)$ の微分は，次のように定義されている．

$$\frac{df(x)}{dx}=f'(x)=\lim_{\Delta x\to 0}\frac{f(x+\Delta x)-f(x)}{\Delta x} \tag{1.1}$$

上の式は Δx が非常に小さい（$\Delta x\fallingdotseq 0$）とき，次式のように近似できる．

$$f'(x)\fallingdotseq\frac{f(x+\Delta x)-f(x)}{\Delta x} \tag{1.2}$$

$$\therefore\quad f(x+\Delta x)\fallingdotseq f(x)+f'(x)\cdot\Delta x \tag{1.3}$$

dx は Δx が小さい極限で定義される量であるが，Δx がたいへん小さいとき，(1.3) 式は，

$$f(x+dx)\fallingdotseq f(x)+f'(x)\cdot dx$$

と書くことができる．これは近似式なので，近似の精度を高めてより高次の項 $dx^2, dx^3, \cdots, dx^n$ まで計算するとどのような式が得られるであろうか．結論から述べると

$$f(x+dx)=f(x)+f'(x)\cdot dx+\frac{1}{2!}f''(x)dx^2+\cdots+\frac{1}{n!}f^{(n)}(x)dx^n+\cdots \tag{1.4}$$

のように展開できることがわかっている．ここで $f^{(n)}(x)$ は，$f(x)$ を n 回微分した関数で n 次（あるいは n 階）の導関数という．また，$n!=n\cdot(n-1)\cdots\cdots 2\cdot 1$ であり，これを n の階乗と呼ぶ．

同じように，今度は $f(x)$ を $x\cong a$ のところ（$x=a$ のまわり）で微分しよう．

$$f'(a)=\lim_{x\to a}\frac{f(x)-f(a)}{x-a}$$

であるから x が a 点に非常に近い（$(x-a)\fallingdotseq 0$）とき，

$$f'(a)\fallingdotseq\frac{f(x)-f(a)}{x-a}$$

と近似できる．よって

---

[1] 高等学校で学んだ数学の公式を公式集として付録にまとめておいた．公式を忘れた諸君は随時参照のこと．

[2] より詳しく知りたい諸君は，久保 健，打波 守著「応用から学ぶ理工学のための基礎数学」（培風館）を参照せよ．

$$f(x)=f(a)+f'(a)(x-a)$$

(1.4) 式と同じようにさらに近似の精度を高めると，

$$f(x)\fallingdotseq f(a)+f'(a)\cdot(x-a)+\frac{1}{2!}f''(a)(x-a)^2+\cdots+\frac{1}{n!}f^{(n)}(a)(x-a)^n+\cdots \tag{1.5}$$

と表される．これを $f(x)$ の $x\cong a$ における**テイラー展開**という．特に，$a=0$ と置いたときの展開式，

$$f(x)=f(0)+f'(0)\cdot x+\frac{1}{2!}f''(0)x^2+\cdots+\frac{1}{n!}f^{(n)}(0)x^n+\cdots \tag{1.6}$$

を**マクローリン展開**という．

例題 1.1　マクローリン展開 (1.6) 式を証明せよ．

［**解**］ x の関数 $f(x)$ があって，x のある区間で次のような無限級数に展開できたとする[3]．

$$f(x)=a_0+a_1x+a_2x^2+\cdots+a_nx^n+\cdots \tag{1.7}$$

(1.7) 式の各項の係数の値を決定しよう．式の両辺に $x=0$ を代入すると，$a_0=f(0)$，(1.7) 式を x で一度微分したのち，$x=0$ とおくと，$a_1=f'(0)$，さらにもう一度 x で微分し $x=0$ とおくと，$2\cdot1\cdot a_2=f''(0)$ が得られる．これをくり返し，一般に x で n 回微分したのち $x=0$ とおくと，$a_n=(1/n!)f^{(n)}(0)$ が得られ，これらを (1.7) 式に代入すると，

$$f(x)=f(0)+f'(0)\cdot x+\frac{1}{2!}f''(0)x^2+\cdots+\frac{1}{n!}f^{(n)}(0)x^n+\cdots$$

が得られる．

以下によく使われるマクローリン展開の例を示そう．

$$\sin x=x-\frac{x^3}{3!}+\frac{x^5}{5!}-\cdots \tag{1.8}$$

$$\cos x=1-\frac{x^2}{2!}+\frac{x^4}{4!}-\cdots \tag{1.9}$$

$$e^x=1+x+\frac{x^2}{2!}+\cdots+\frac{x^n}{n!}+\cdots \tag{1.10}$$

$$(1+x)^\alpha=1+\alpha x+\frac{\alpha(\alpha-1)}{2!}x^2+\cdots \tag{1.11}$$

(1.11) 式で $\alpha=-1/2$ の場合を例にあげると，

$$\frac{1}{\sqrt{1+x}}=(1+x)^{-1/2}=1-\frac{1}{2}x+\frac{1\cdot3}{2^2 2!}x^2-\cdots \tag{1.12}$$

このようなマクローリン展開が有用になるのは，$|x|\ll1$ の場合であり，物理では第 2 項目まで用いる場合が多い．

例題 1.2　マクローリン展開により (1.8) 式を導け．

［**解**］ $f(x)=\sin x$ のとき，$f'(x)=\cos x$，$f''(x)=-\sin x$，$f'''(x)=-\cos x, \cdots$ であるから，$f(0)=0$，$f'(0)=1$，$f''(0)=0$，$f'''(0)=-1,\cdots$ を (1.6) 式に代入すると，$\sin x=x-x^3/3!+x^5/5!-\cdots$ が得られる．

---

3) このようにすべての関数が (1.7) 式のような代数関数の無限級数で表されることは，本当は証明しなければならないが，ここでは (1.7) 式を仮定する

問題 1.1 例題 1.2 を参考にして，(1.9)～(1.11) 式を証明せよ．

ここでマクローリン級数の応用例としてオイラーの公式について述べる．

例題 1.3 指数が虚数である $e^{\pm i\alpha}$は，以下の式のように表されることを示せ．

$$e^{\pm i\alpha}=\cos\alpha\pm i\sin\alpha \tag{1.13}$$

［**解**］ 指数関数$e^{\pm i\alpha}$を，マクローリン級数（1.10）を用いて表す．（1.10）式の x を $\pm i\alpha$ に置き換えると，

$$e^{\pm i\alpha}=1\pm i\alpha+\frac{(\pm i\alpha)^2}{2!}+\frac{(\pm i\alpha)^3}{3!}+\frac{(\pm i\alpha)^4}{4!}+\cdots$$

ここで，$i^2=-1$とし，実数項と虚数項に分けて書くと，

$$e^{\pm i\alpha}=\left(1-\frac{\alpha^2}{2!}+\frac{\alpha^4}{4!}-\cdots\right)\pm i\left(\alpha-\frac{\alpha^3}{3!}+\frac{\alpha^5}{5!}-\cdots\right) \tag{1.14}$$

となるが，（1.14）式の実数項と虚数項をそれぞれ（1.8），（1.9）式と比べると，

$$e^{\pm i\alpha}=\cos\alpha\pm i\sin\alpha$$

となることが示される．（1.13）式は**オイラーの公式**と呼ばれる．

1.2 多変数関数の微分—偏微分

物理学では多変数関数たとえば $f(x,y,z)$ を扱うとき，y，z の値を固定し，次式のように変数 x のみに着目して，x についてのみ微分を行う場合がよくある．

$$\lim_{\Delta x\to 0}\frac{f(x+\Delta x,y,z)-f(x,y,z)}{\Delta x}$$

このような微分を，

$$\frac{\partial f(x,y,z)}{\partial x} \quad \text{または} \quad \frac{\partial f}{\partial x}$$

と書き，これを$f(x,y,z)$の x に関する**偏微分**という．すなわち，以下のように定義される．

$$\frac{\partial f(x,y,z)}{\partial x}=\lim_{\Delta x\to 0}\frac{f(x+\Delta x,y,z)-f(x,y,z)}{\Delta x} \tag{1.15}$$

例題 1.4 $f(x,y)=x^2+y^2$ の$\partial f/\partial x$, $\partial f/\partial y$ を求めよ．

［**解**］ $\dfrac{\partial f}{\partial x}=2x,\qquad \dfrac{\partial f}{\partial y}=2y$

例題 1.5 $V(x,y,z)=1/\sqrt{x^2+y^2+z^2}$ であるとき，その 2 階偏微分の和

$$\Delta V(x,y,z)=\frac{\partial^2 V(x,y,z)}{\partial x^2}+\frac{\partial^2 V(x,y,z)}{\partial y^2}+\frac{\partial^2 V(x,y,z)}{\partial z^2} \tag{1.16}$$

を求めよ．

［**解**］ 与えられた関数を丁寧に偏微分すれば求められる．まず，x についての 1 次の偏微分は，

$$\frac{\partial V}{\partial x}=-x(x^2+y^2+z^2)^{-3/2}=-\frac{x}{\sqrt{(x^2+y^2+z^2)^3}}$$

もう一度偏微分を行うと

$$\frac{\partial^2 V}{\partial x^2}=\frac{3x^2-(x^2+y^2+z^2)}{\sqrt{(x^2+y^2+z^2)^5}}$$

同様に，y，z 成分についての２階偏微分は，

$$\frac{\partial^2 V}{\partial y^2}=\frac{3y^2-(x^2+y^2+z^2)}{\sqrt{(x^2+y^2+z^2)^5}}, \qquad \frac{\partial^2 V}{\partial z^2}=\frac{3z^2-(x^2+y^2+z^2)}{\sqrt{(x^2+y^2+z^2)^5}}$$

よって

$$\Delta V(x,y,z)=\frac{\partial^2 V(x,y,z)}{\partial x^2}+\frac{\partial^2 V(x,y,z)}{\partial y^2}+\frac{\partial^2 V(x,y,z)}{\partial z^2}=0$$

なお，この $\Delta V(x,y,z)$ のことを**ラプラシアン**と呼ぶ．

次に，偏微分を用いた関数の展開について考えてみよう．(1.15) 式より，

$$\frac{\partial f(x,y,z)}{\partial x}\fallingdotseq\frac{f(x+\Delta x,y,z)-f(x,y,z)}{\Delta x}$$

であるから，

$$f(x+\Delta x,y,z)\fallingdotseq f(x,y,z)+\frac{\partial f(x,y,z)}{\partial x}\cdot\Delta x \tag{1.17}$$

である．これを拡張すると，

$$f(x+\Delta x,y+\Delta y,z+\Delta z)-f(x,y,z)\fallingdotseq\frac{\partial f}{\partial x}\Delta x+\frac{\partial f}{\partial y}\Delta y+\frac{\partial f}{\partial z}\Delta z \tag{1.18}$$

となる． 各成分について極限をとり $\Delta x\rightarrow dx$，$\Delta y\rightarrow dy$，$\Delta z\rightarrow dz$ と表すと，

$$f(x+dx,y+dy,z+dz)-f(x,y,z)=\frac{\partial f}{\partial x}dx+\frac{\partial f}{\partial y}dy+\frac{\partial f}{\partial z}dz \tag{1.19}$$

(1.19) 式は関数 $f(x,y,z)$ の変化分なので，$df(x,y,z)$ と書く．すなわち，

$$df(x,y,z)=\frac{\partial f}{\partial x}dx+\frac{\partial f}{\partial y}dy+\frac{\partial f}{\partial z}dz \tag{1.20}$$

となる．これを関数 $f(x,y,z)$ の**全微分**という．

例題 1.6 (1.19) 式を証明せよ．

［**解**］ (1.18) 式は以下のように変形することができる．

$$\begin{aligned}f(x+\Delta x,&y+\Delta y,z+\Delta z)-f(x,y,z)\\&=\frac{\{f(x+\Delta x,y+\Delta y,z+\Delta z)-f(x,y+\Delta y,z+\Delta z)\}}{\Delta x}\Delta x\\&\quad+\frac{\{f(x,y+\Delta y,z+\Delta z)-f(x,y,z+\Delta z)\}}{\Delta y}\Delta y\\&\quad+\frac{\{f(x,y,z+\Delta z)-f(x,y,z)\}}{\Delta z}\Delta z\end{aligned}$$

上式では，第１項目の{}の第２項目と，第２項目の{}の第１項目，第２項目の{}の第２項目と第３項目の{}の第１項目が，差し引き０になるように付け加えてある．ここで，各々の項の極限をとると，(1.19) 式

$$df=f(x+dx,y+dy,z+dz)-f(x,y,z)=\frac{\partial f}{\partial x}dx+\frac{\partial f}{\partial y}dy+\frac{\partial f}{\partial z}dz$$

となる．

例題 1.7 $z=\log(x^2+y^2)$ のとき全微分 dz を求めよ

［解］

$$dz=\frac{\partial z}{\partial x}\cdot dx+\frac{\partial z}{\partial y}\cdot dy,\qquad \frac{\partial z}{\partial x}=\frac{2x}{(x^2+y^2)},\qquad \frac{\partial z}{\partial y}=\frac{2y}{(x^2+y^2)}$$

より

$$dz=\frac{2x}{(x^2+y^2)}dx+\frac{2y}{(x^2+y^2)}dy$$

談話室 1． 学問の必要性

大学に入学した新入生が悩むことのひとつに，なぜこのように自分の人生に役に立ちそうもない学問を大学で学ばなければならないかという問題がある．真偽のほどははっきりしないが教育審議会の席上，ある女性の委員が「私の人生において２次方程式などは一回も使ったことがないのでこんなものは必要ない．」という迷言(？)を吐いたそうである．確かにそれはある意味で真実で，多くの職業の人にとっては自分の専門に精通していれば少なくとも暮らしていけることは間違いない．それでは大学で学ぶ教養科目や多くの専門科目はなぜ必要なのであろうか．

それは一言でいえば「普遍性」を学ぶということにつきる．諸君がもし失恋(！)したとき，自分は世界一不幸な男(女)性だと思うかもしれないが，世界の文学をひもといてみれば，それは歴史上繰り返されてきた，つまらないパターンのひとつであることが認識できる．これも歴史をきちんと勉強していれば「歴史から学ぶ」ことができよう．

それでは物理学における「普遍性」とは何であろうか．

それは，物理学の法則はどのような世界(空間)でも成り立っているという認識である．これは現在の我々には当たり前のことのように思われるが，ニュートン以前は天体の運動は天上の法則が支配しており，地上の運動は地上の法則が支配していると考えられてきた．ニュートンのりんごが木から落ちるのをみて万有引力の法則を思いついたという逸話は現在ではあまり信じられていないが，この逸話の象徴的な意味は「りんごが木から落ちるのも，月が地球のまわりを回っているのも同じ物理法則に支配されている」という認識である．このような普遍性を認識することによってニュートン力学が成立したのである．

現在においても「世の中は科学では説明できない何かがある」というもっともらしい名目のもとに多くの「エセ科学」が横行している．少なくともこの世の中の巨視的な現象はニュートン力学で説明できるのであり，重力に逆らっての人間の空中遊泳などは絶対にないということをきちんと認識することも力学を学ぶことの重要な役割である．

第2章　ベクトル

「ベクトル」とは，大きさと方向を持った量（例：速度，力，電場，磁場）であり，これに対して大きさだけで指定される量（例：温度，圧力，エネルギー，質量）を「スカラー」とよぶ．この章では，ベクトルの基本的な性質と，内積・外積について述べる．

2.1　ベクトルの基本的な性質

ベクトルは普通，$\boldsymbol{A}$，$\boldsymbol{B}$ あるいは，$\vec{A}$，$\vec{B}$ で表す．また，その大きさを $|\boldsymbol{A}|$ あるいはAと書く．ベクトルの和は図2.1のように作図によって求められ

$$\boldsymbol{C}=\boldsymbol{A}+\boldsymbol{B} \tag{2.1}$$

と書く．これを**平方四辺形の法則**という．同様にベクトルの差は

$$\boldsymbol{B}=\boldsymbol{C}+(-\boldsymbol{A})=\boldsymbol{C}-\boldsymbol{A} \tag{2.2}$$

で与えられる（図2.2）．

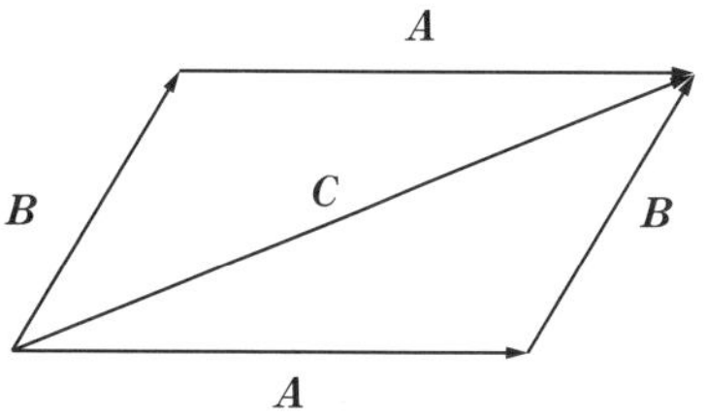

図2.1

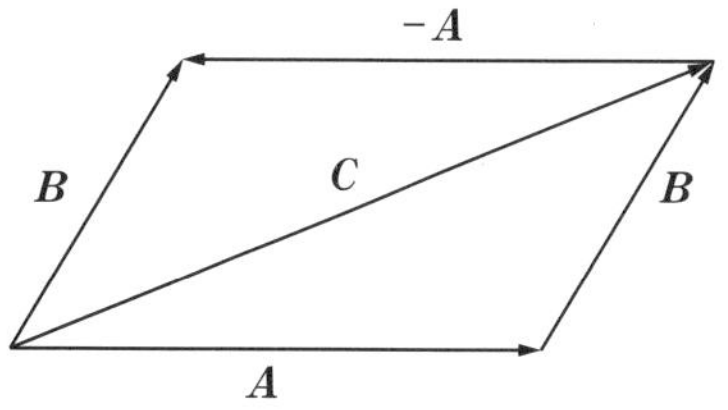

図2.2

多くのベクトルの和は，たとえば図2.3では

$$\boldsymbol{A}=\boldsymbol{A}_1+\boldsymbol{A}_2+\boldsymbol{A}_3+\boldsymbol{A}_4 \tag{2.3}$$

であり，$\boldsymbol{A}_n$ が起点Oに向いている場合は

$$\boldsymbol{A}_1+\boldsymbol{A}_2+\boldsymbol{A}_3+\boldsymbol{A}_4+\cdots+\boldsymbol{A}_n=0 \tag{2.4}$$

である．これからも明らかなように，ベクトルではどこが起点であるかを問題にしないことが多い．このようなベクトルを**自由ベクトル**とよぶ．

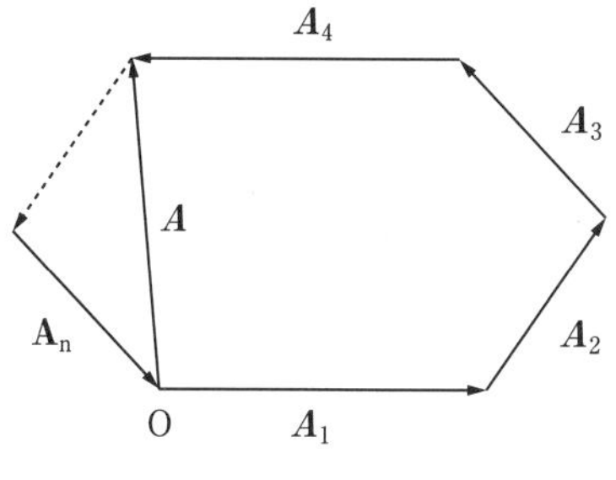

図2.3

これに対し第3章で述べるような，物体の位置を指定するための基準になる点（原点O）から引いたベクトルを，特に**位置ベクトル**という（図2.4）．

$\boldsymbol{A}$ の x，y，z 軸への射影をA_x，A_y，A_z と名付けてこれを $\boldsymbol{A}$ の x，y，z 成分という．つまりベクトル $\boldsymbol{A}$ は，A_x，A_y，A_z の3つの成分で指定される．これを

$$\boldsymbol{A}=(A_x, A_y, A_z) \tag{2.5}$$

と書く（図2.4）．ここで，x，y，z 軸方向に長さが1のベクトル（**単位ベクトル**）$\boldsymbol{i}$，$\boldsymbol{j}$，$\boldsymbol{k}$ を考える[1]．するとベク

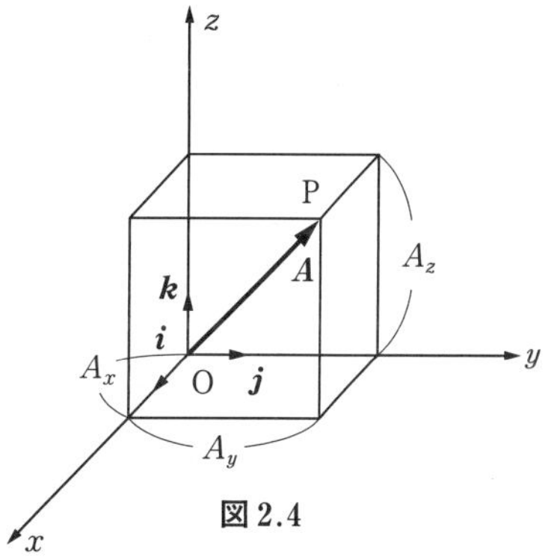

図2.4

---

[1] $(\boldsymbol{i}, \boldsymbol{j}, \boldsymbol{k})$ は人によっては $(\boldsymbol{e}_1, \boldsymbol{e}_2, \boldsymbol{e}_3)$ あるいは$(\hat{x}, \hat{y}, \hat{z})$ などと書くこともある．

トル $\boldsymbol{A}$ は $A_x\boldsymbol{i}$ と $A_y\boldsymbol{j}$ と $A_z\boldsymbol{k}$ の3つのベクトルの和としても表されるので

$$\boldsymbol{A}=A_x\boldsymbol{i}+A_y\boldsymbol{j}+A_z\boldsymbol{k} \tag{2.6}$$

で与えられる．

2つのベクトル $\boldsymbol{A}=A_x\boldsymbol{i}+A_y\boldsymbol{j}+A_z\boldsymbol{k}$, $\boldsymbol{B}=B_x\boldsymbol{i}+B_y\boldsymbol{j}+B_z\boldsymbol{k}$ の和と差は，図2.1，図2.2のように作図によっても求められるが，成分を用いると

$$\boldsymbol{A}\pm\boldsymbol{B}=(A_x\pm B_x)\boldsymbol{i}+(A_y\pm B_y)\boldsymbol{j}+(A_z\pm B_z)\boldsymbol{k}$$

と計算できる．

それでは次にベクトルの積を定義しよう．

2.2　内　　積—スカラー積

2つのベクトル $\boldsymbol{A}$, $\boldsymbol{B}$ から1つのスカラーを積として作り出す算法を，**内積**（**スカラー積**）といい，$\boldsymbol{A}\cdot\boldsymbol{B}$ と表す．定義は $\boldsymbol{A}$, $\boldsymbol{B}$ 間の角度を θ として

$$\boldsymbol{A}\cdot\boldsymbol{B}=AB\cos\theta=A\cdot(B\text{の}A\text{方向成分})=B\cdot(A\text{の}B\text{方向成分})$$

である（図2.5）．直交座表系での単位ベクトル $\boldsymbol{i}$, $\boldsymbol{j}$, $\boldsymbol{k}$ は，おたがいに直交しており $\theta=90°$ であるから

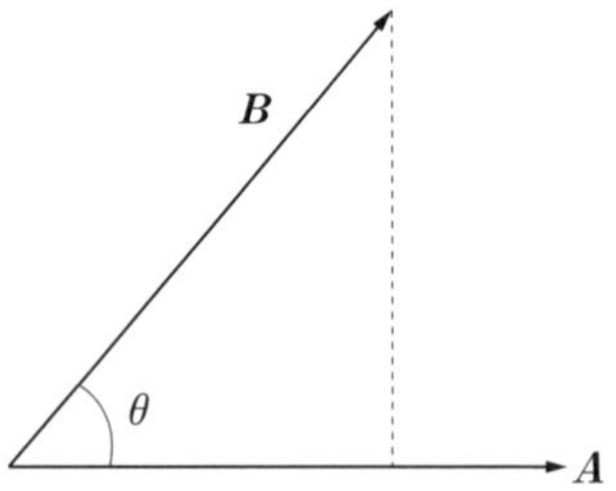

図2.5

$$\boldsymbol{i}\cdot\boldsymbol{i}=\boldsymbol{j}\cdot\boldsymbol{j}=\boldsymbol{k}\cdot\boldsymbol{k}=1,\qquad \boldsymbol{i}\cdot\boldsymbol{j}=\boldsymbol{j}\cdot\boldsymbol{k}=\boldsymbol{k}\cdot\boldsymbol{i}=0 \tag{2.7}$$

$$\therefore\quad \boldsymbol{A}\cdot\boldsymbol{B}=(A_x\boldsymbol{i}+A_y\boldsymbol{j}+A_z\boldsymbol{k})(B_x\boldsymbol{i}+B_y\boldsymbol{j}+B_z\boldsymbol{k})=A_x\cdot B_x+A_y\cdot B_y+A_z\cdot B_z \tag{2.8}$$

また，特別の場合として，$\boldsymbol{A}=\boldsymbol{B}$ のときは

$$\boldsymbol{A}\cdot\boldsymbol{A}=A^2=|\boldsymbol{A}|^2=A_x{}^2+A_y{}^2+A_z{}^2 \tag{2.9}$$

となる．

■　**座標の変換—内積の応用**

内積の応用例として，**座標の変換**について考えてみる．図2.6のように，原点を共有する2つの直交座標 $(x,\ y)$ と $(x',\ y')$ を考える．x 軸と x' 軸とのなす角を θ として，ベクトル $\boldsymbol{A}$ の一方の表示 $(A_x,\ A_y)$ から他方の表示 $(A_{x'},\ A_{y'})$ への変換を考える．このときベクトル $\boldsymbol{A}$ は各座標系で次のように書ける．

$$\boldsymbol{A}=A_{x'}\boldsymbol{i}'+A_{y'}\boldsymbol{j}'=A_x\boldsymbol{i}+A_y\boldsymbol{j} \tag{2.10}$$

両辺に $\boldsymbol{i}'$ を掛ける（内積をとる）と

$$A_{x'}=A_x\boldsymbol{i}\cdot\boldsymbol{i}'+A_y\boldsymbol{j}\cdot\boldsymbol{i}' \tag{2.11}$$

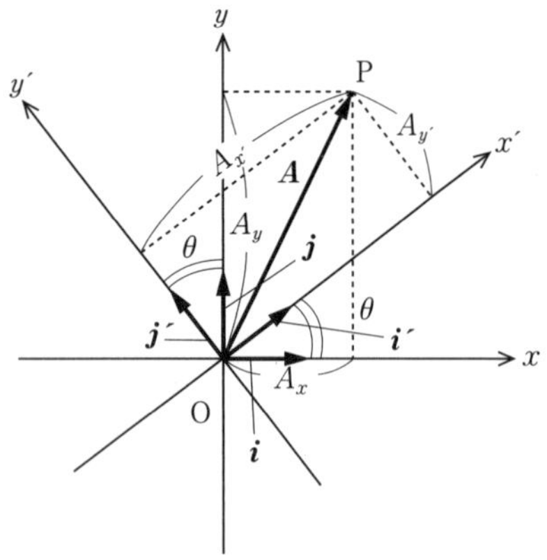

図2.6

図2.6よりわかるように

$$\boldsymbol{i}\cdot\boldsymbol{i}'=\cos\theta,\qquad \boldsymbol{j}\cdot\boldsymbol{i}'=\cos\left(\frac{\pi}{2}-\theta\right)=\sin\theta$$

よって

$$A_{x'}=A_x\cos\theta+A_y\sin\theta \tag{2.12}$$

同様にして両辺に $\boldsymbol{j}'$ を掛けると，$A_{y'}=A_x\boldsymbol{i}\cdot\boldsymbol{j}'+A_y\boldsymbol{j}\cdot\boldsymbol{j}'$ となり，図から

$$\boldsymbol{i}\cdot\boldsymbol{j}'=\cos\left(\frac{\pi}{2}+\theta\right)=-\sin\theta,\qquad \boldsymbol{j}\cdot\boldsymbol{j}'=\cos\theta$$

よって

$$A_{y'}=-A_x\sin\theta+A_y\cos\theta \tag{2.13}$$

これを行列表示で表すと

$$\begin{pmatrix}A_{x'}\\A_{y'}\end{pmatrix}=\begin{pmatrix}\cos\theta & \sin\theta\\-\sin\theta & \cos\theta\end{pmatrix}\begin{pmatrix}A_x\\A_y\end{pmatrix} \tag{2.14}$$

したがって

$$A_{x'}{}^2+A_{y'}{}^2=A_x{}^2+A_y{}^2 \tag{2.15}$$

になる．これはどのような座標系で測っても，2点間の距離は変わらないという当然の結果を表している．

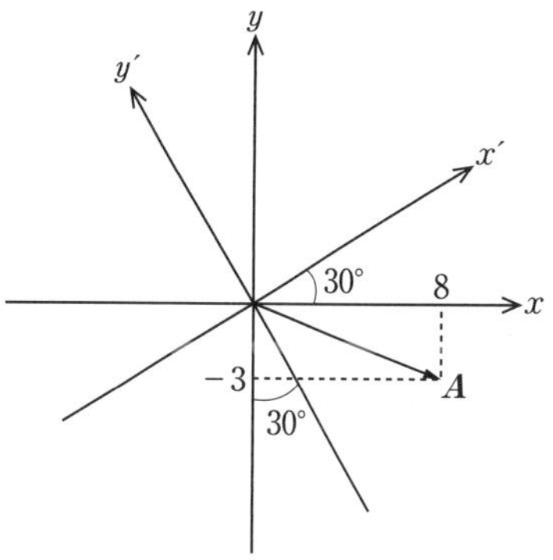

図 2.7

問題 2.1　xy 座標面内にベクトル $\boldsymbol{A}=8\boldsymbol{i}-3\boldsymbol{j}$ がある．このベクトルを図 2.7 のように xy 座標軸から 30° 回転させた $x'y'$ 座標で表示せよ．また，$x'y'$ 座標面が xy 座標面に対して回転角 $\theta=\omega t$（ω を角速度という）で回転しているとき，$\boldsymbol{A}$ はどのように表されるか．

2.3　外　　積―ベクトル積

図 2.8 のように，2つのベクトル $\boldsymbol{A}$, $\boldsymbol{B}$ から，$\boldsymbol{A}$ と $\boldsymbol{B}$ の張る面に垂直で，$\boldsymbol{A}$ から $\boldsymbol{B}$ に右ねじを回したときにねじの進む方向にベクトル $\boldsymbol{C}$ をとり，その大きさを $AB\sin\theta$ と定義し，$\boldsymbol{A}\times\boldsymbol{B}$ と記す．これをベクトルの**外積**，または**ベクトル積**という．外積については次式が成り立つ．

$$\boldsymbol{C}=\boldsymbol{A}\times\boldsymbol{B}=-\boldsymbol{B}\times\boldsymbol{A} \tag{2.16}$$

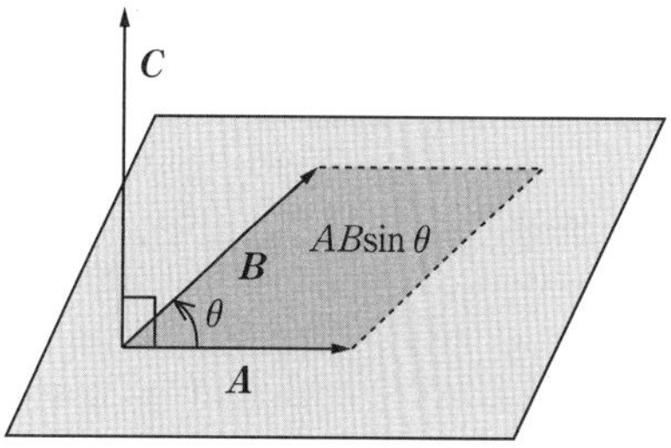

図 2.8

ここで，前に述べた単位ベクトル $\boldsymbol{i},\boldsymbol{j},\boldsymbol{k}$ の外積について考察すると

$$\boldsymbol{i}\times\boldsymbol{i}=0,\quad \boldsymbol{j}\times\boldsymbol{j}=0,\quad \boldsymbol{k}\times\boldsymbol{k}=0$$
$$\boldsymbol{j}\times\boldsymbol{k}=-\boldsymbol{k}\times\boldsymbol{j}=\boldsymbol{i},\quad \boldsymbol{k}\times\boldsymbol{i}=-\boldsymbol{i}\times\boldsymbol{k}=\boldsymbol{j},\quad \boldsymbol{i}\times\boldsymbol{j}=-\boldsymbol{j}\times\boldsymbol{i}=\boldsymbol{k} \tag{2.17}$$

よって $\boldsymbol{A}\times\boldsymbol{B}$ を計算すると

$$\boldsymbol{C}=\boldsymbol{A}\times\boldsymbol{B}=(A_yB_z-A_zB_y)\boldsymbol{i}+(A_zB_x-A_xB_z)\boldsymbol{j}+(A_xB_y-A_yB_x)\boldsymbol{k} \tag{2.18}$$

となる．なお，これを行列式で表すと，次式のようになる．

$$\boldsymbol{A}\times\boldsymbol{B}=\begin{vmatrix}\boldsymbol{i} & \boldsymbol{j} & \boldsymbol{k}\\A_x & A_y & A_z\\B_x & B_y & B_z\end{vmatrix} \tag{2.19}$$

問題 2.2　ベクトル $\boldsymbol{A}=(5,2,3)$, $\boldsymbol{B}=(-7,\ -3,4)$ について (1)～(6) を計算せよ．
(1) $|\boldsymbol{A}|,|\boldsymbol{B}|$　(2) $\boldsymbol{A}+\boldsymbol{B}$ と $|\boldsymbol{A}+\boldsymbol{B}|$　(3) $\boldsymbol{A}-\boldsymbol{B}$ と $|\boldsymbol{A}-\boldsymbol{B}|$　(4) $3\boldsymbol{A}+2\boldsymbol{B}$　(5) $\boldsymbol{A}\cdot\boldsymbol{B}$
(6) $\boldsymbol{A}\times\boldsymbol{B}$

問題 2.3　図 2.9 のように 3 つのベクトル $\boldsymbol{a},\boldsymbol{b},\boldsymbol{c}$ を 3 辺とする平行六面体の体積は，$|(\boldsymbol{a}\times\boldsymbol{b})\cdot\boldsymbol{c}|$ と表されることを示せ．

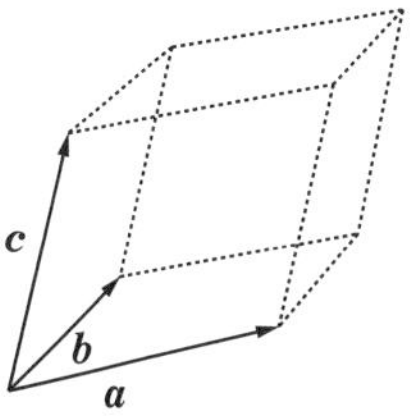

図 2.9

《より進んだ学習のために》

2.4 ベクトル演算子とベクトル場

物理学では演算子という概念を使うことが多い．たとえば d/dx は「微分したい」という演算子であり，$f(x)$ に左から d/dx を掛けると $df(x)/dx$ となりはじめて $f(x)$ の微分を表す[2)]．力学では次のようなベクトル演算子をよく用いる．

$$\nabla=\boldsymbol{i}\frac{\partial}{\partial x}+\boldsymbol{j}\frac{\partial}{\partial y}+\boldsymbol{k}\frac{\partial}{\partial z} \tag{2.20}$$

この ∇ は**デル**または**ナブラ**と読む．∇ はベクトルなので，① ベクトル・スカラーの積，② ベクトル・ベクトルの内積，③ ベクトル×ベクトルの外積の3通りの演算が考えられる．

■1 ベクトル・スカラーの積（スカラー関数φの勾配）

ベクトル演算子 ∇ にスカラー関数$\varphi(x,y,z)$をかけると，次式のようになる．

$$\nabla\varphi=\mathrm{grad}\varphi=\frac{\partial\varphi}{\partial x}\boldsymbol{i}+\frac{\partial\varphi}{\partial y}\boldsymbol{j}+\frac{\partial\varphi}{\partial z}\boldsymbol{k} \tag{2.21}$$

これをスカラー場 φ の**勾配**（ gradient ）といい，略して grad φ と書く．

〔**物理的意味**〕 スカラー関数 $\varphi(\boldsymbol{r})$ の「勾配」を直感的に理解するには $\varphi(\boldsymbol{r})$ を地図の等高線に例えるとわかりやすい．変位 $\Delta\boldsymbol{r}=\Delta x\boldsymbol{i}+\Delta y\boldsymbol{j}$ だけ離れた2点，$\boldsymbol{r}$ と $\boldsymbol{r}+\Delta\boldsymbol{r}$ の間での φ の値の差 $\Delta\varphi$ は，(1.18)式より，

$$\Delta\varphi=\varphi(\boldsymbol{r}+\Delta\boldsymbol{r})-\varphi(\boldsymbol{r})=\varphi(x+\Delta x, y+\Delta y)-\varphi(x, y)=\frac{\partial\varphi}{\partial x}\Delta x+\frac{\partial\varphi}{\partial y}\Delta y$$

と表されるが，これは (2.21)式と比べてみると，$\nabla\varphi=(\partial\varphi/\partial x)\boldsymbol{i}+(\partial\varphi/\partial y)\boldsymbol{j}$ と$\Delta\boldsymbol{r}$の内積で与えられる．すなわち，

$$\Delta\varphi=\nabla\varphi\cdot\Delta\boldsymbol{r} \tag{2.22}$$

まず，図2.10のように，$\varphi(\boldsymbol{r})$ が等しい値をとるような等高線上に点P，Qをとり，$\overrightarrow{\mathrm{PQ}}=\Delta\boldsymbol{r}$ とする．等高線上では，$\Delta\varphi=0$ であるから，(2.22)式の $\Delta\varphi$ は

$$\Delta\varphi=\nabla\varphi\cdot\Delta\boldsymbol{r}=0$$

となり，ベクトル $\nabla\varphi$ は，等高線 $\varphi(\boldsymbol{r})$ と垂直に交わっていることがわかる．次に，等高線 $\varphi(\boldsymbol{r})$ の法線方向に点P，Q′をとり，PQ′$=\Delta\boldsymbol{r}'$ とする．$\Delta\boldsymbol{r}'$ と $\nabla\varphi$ は同じ方向を向いているので，(2.22)式は，

$$\Delta\varphi=\nabla\varphi\cdot\Delta\boldsymbol{r}'=|\nabla\varphi|\Delta r'$$

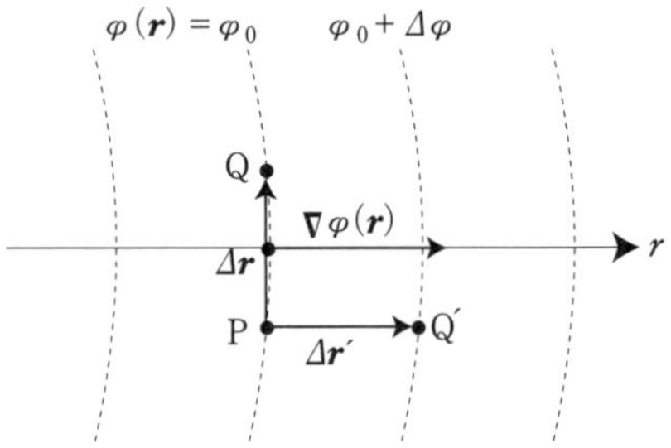

図2.10

となる．これより $\Delta r'>0$ ならば $\Delta\varphi>0$，すなわちベクトル $\nabla\varphi$ は，$\varphi(\boldsymbol{r})$ が増加する方向を向いている．地図に例えれば，$\nabla\varphi$ は，山の斜面を，等高線に垂直に上る方向を向き，等高線の混んでいるところほど $\nabla\varphi$ の偏微分係数が大きく「勾配」が大きくなる．

■2 ベクトル・ベクトルの内積（ベクトル場 $\boldsymbol{A}$ の発散）

$\boldsymbol{A}=A_x\boldsymbol{i}+A_y\boldsymbol{j}+A_z\boldsymbol{k}$ に ∇ を内積として作用させる．

---

2) 演算子を数学的にきちんとした言葉で述べると，「演算子とは関数の集合（関数空間）から関数の集合への写像である.」ということができる．

$$\nabla\cdot\boldsymbol{A}=\mathrm{div}\boldsymbol{A}=\frac{\partial A_x}{\partial x}+\frac{\partial A_y}{\partial y}+\frac{\partial A_z}{\partial z} \tag{2.23}$$

これをベクトル場 $\boldsymbol{A}$ の**発散**（ divergence ）といい，略して div $\boldsymbol{A}$ と書く．

〔**物理的意味**〕　ベクトル $\boldsymbol{A}$ を流体の流れに例えてみよう．図 2.11 のような $\Delta x\cdot\Delta y\cdot\Delta z$ で囲まれた立方体への流体の出入を考える．まず，$\boldsymbol{A}$ の z 方向の流量 A_z を考えると，

入る流量：$A_z(x,y,z)\cdot\Delta x\cdot\Delta y$

出る流量：$A_z(x,y,z+\Delta z)\cdot\Delta x\cdot\Delta y$

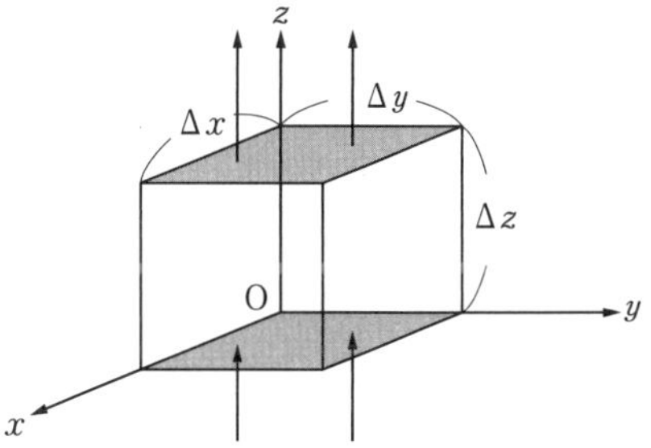

図 2.11

出る流量を（1.17）式にならって展開すると，

$$A_z(x,y,z+\Delta z)\Delta x\cdot\Delta y\sim\left(A_z(x,y,z)+\frac{\partial A_z}{\partial z}\Delta z\right)\Delta x\cdot\Delta y$$

したがって，出入の流量は z 方向に対して

$$\frac{\partial A_z}{\partial z}\Delta x\cdot\Delta y\cdot\Delta z$$

となる．これを x 方向，y 方向，z 方向で足し合わせると

$$\left(\frac{\partial A_x}{\partial x}+\frac{\partial A_y}{\partial y}+\frac{\partial A_z}{\partial z}\right)\Delta x\cdot\Delta y\cdot\Delta z=(\mathrm{div}\,\boldsymbol{A})\Delta x\cdot\Delta y\cdot\Delta z$$

したがって，面 $\Delta x\Delta y$，$\Delta y\Delta z$，$\Delta z\Delta x$ から出た流量（つまり立方体の表面積 ΔS から出た流量）は立方体の体積を ΔV として

$$\mathrm{div}\,\boldsymbol{A}\cdot\Delta V$$

と表される．

■3　ベクトル×ベクトルの外積（ベクトル場の回転）

ベクトル ∇ とベクトル $\boldsymbol{A}$ の外積を（2.18）式にならって計算すると

$$\nabla\times\boldsymbol{A}=\mathrm{rot}\,\boldsymbol{A}=\left(\frac{\partial A_z}{\partial y}-\frac{\partial A_y}{\partial z}\right)\boldsymbol{i}+\left(\frac{\partial A_x}{\partial z}-\frac{\partial A_z}{\partial x}\right)\boldsymbol{j}+\left(\frac{\partial A_y}{\partial x}-\frac{\partial A_x}{\partial y}\right)\boldsymbol{k} \tag{2.25}$$

これをベクトル場の**回転**（rotation）といい，略して rot $\boldsymbol{A}$ と書く．

〔**物理的意味**〕　図 2.12，図 2.13 のような水車の回転を例にとって回転の意味を直感的にとらえてみよう[3]．水車の回転軸は z 軸方向（紙面上方）であるとする．

水車を回転させる作用（水流が水車の羽に及ぼす力）を $\boldsymbol{A}$ とすると，$\boldsymbol{A}$ の y 成分の x 方向への勾配がなければ回転運動は起こらない．図 2.12 のような回転に対してこれを表すと，

$$\frac{A_y(x+\Delta x)-A_y(x)}{\Delta x}\sim\frac{\partial A_y}{\partial x}$$

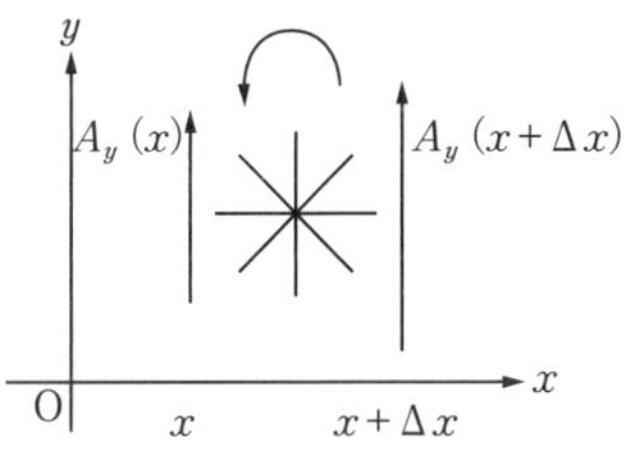

図 2.12

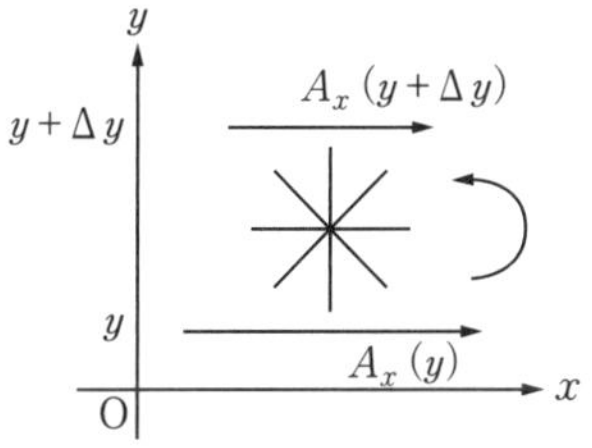

図 2.13

[3] 長沼伸一郎「物理数学の直感的方法」（通商産業研究社）による．

である．同じ方向で回転するためには $\boldsymbol{A}$ の x 成分についても同様で（図 2.13），

$$-\left\{\frac{A_x(y+\Delta y)-A_x(y)}{\Delta y}\right\}=-\frac{\partial A_x}{\partial y}$$

となる．これらを総合すると z 方向に軸を持つ水車の回転運動に寄与する力の成分，すなわち回転の z 成分は

$$\frac{\partial A_y}{\partial x}-\frac{\partial A_x}{\partial y}$$

と表されることになる．これはベクトル場 $\boldsymbol{A}$ の回転 rot $\boldsymbol{A}$ の z 成分である．

問題 2.4 次の関係式を証明せよ．

① $\mathrm{div}(\mathrm{grad}\,\varphi)=\nabla\cdot\nabla\varphi=\nabla^2\varphi=\Delta\varphi$ （ラプラシアン）

② $\mathrm{rot}(\mathrm{grad}\,\varphi)=\nabla\times\nabla\varphi=\mathbf{0}$

談話室 2．ニュートン

物理学の発展の歴史は，次のような段階に分けられることがわかる．まず最初に，旧来信じられていた理論なり通説なりが実験的に破綻をきたし，そのような実験事実が往々にして，同時多発的に現れてくる．それらの実験事実の矛盾と混沌の中で最後に天才が現れ，それを壮大な体系としてまとめ，一応の幕を閉じる．このような天才たちの中に，力学のニュートン，電磁気学のマクスウェル，量子力学のハイゼンベルグ，シュレーディンガー，ディラックらがいる．

この歴史の発展の中での最大の天才はニュートンであろう．天才とは「天才的に努力する人」という言葉があるが，ニュートンほどこの言葉にふさわしい人はない．しかし一生このように努力し続けていたらニュートンといえども過労死してしまう．ニュートンが本当に集中的に研究した時期は 2 回しかない．1 回目は 1665 年，22～23 歳の頃，ペストの大流行を逃れて生まれ故郷ウールズソープに帰ってきたときの間であると考えられている．このとき，基本的にのちのニュートン力学の基礎（ニュートンの運動方程式，万有引力の法則）光学の基礎，微分積分学の基本的なアイディアが固まった．しかし彼はこれらを公表することはなかった．

2 回目は，41 歳からのほぼ一年半で，このとき，フック（フックの法則）との先取権争いの関係でハレー（ハレー彗星）の懇請により彼が今まで秘していた古典力学を体系的にまとめることに集中した．これが有名な「自然哲学の数学的原理」（通称「プリンキピア」）である．以後のニュートンは栄光に包まれ，造幣局長官などの地位につき 84 歳まで生きて天寿を全うした．

物理学に集中していないとき，ニュートンは何をしていたのであろうか．彼が物理学の基礎の確立とともに精力的に研究していたのは，聖書年代記の検証と錬金術なのである．これを発見したのは大経済学者ケインズであり，ニュートンは中世的な面と近代科学者としての両面があったことが明らかにされた．この中世的な面を否定的に捉える人もいるが，人間，特に天才には必ず負と正の部分があるのであり，負の部分は無視し，良い面だけを見ればよいというのが筆者の私見である．ニュートンは栄光に包まれて亡くなったが，その性格は他人に対して疑り深く，攻撃的であり決して心が開かれた状態ではなかった．これも天才の特徴であろうか．

第Ⅱ編

質点の力学

たとえば，天体の運動を考えるとき，その天体の形状を問題にせず，その質量のみを問題にする．このようにある物体の運動を記述するとき，その物体を理想的な点として扱う，すなわちその物体の回転などを無視して扱うことが多い．この理想化した点のことを質点と名付ける．これは一種の単純化であるが，物理学ではある本質的な面だけをとり出して論ずることが多い．このように，物体を「質量のみを持った点」として扱い，その運動を論ずる力学を「質点の力学」という．さらに物体の大きさや形状を考慮する必要が生じるときには，第Ⅲ編「質点系の力学」，第Ⅳ編「剛体の力学」などであらためて議論したい．

第3章　位置，速度，加速度

力学とは，ある物体にいろいろな力が働いているとき，その物体がどのような運動をするかを知ること，もっと詳しくいえば，運動方程式からその物体のある時刻での位置や，速度を知ることである．そのためには**位置**とは何か，**速度**，**加速度**とは何かを知っている必要がある．これを**運動学**という．この章では運動学について述べる．

3.1　位置ベクトル

ある点Pの運動を記述するためには，その点Pの位置を知る必要がある．位置を知るには基準点（原点）Oを決める必要がある．原点Oから点Pに対しベクトル $\overrightarrow{\mathrm{OP}}$ を書くことで，その点の位置を指定できる．このようなベクトルを**位置ベクトル**という．

ベクトルを知るということは，結局その成分を知ることである．成分を指定するには通常，**座標系**を用いる．座標系にはいろいろあるが，ここでは，(x, y, z) で指定される**直交座標系**[1]，(r, θ, φ) で指定される**極座標系**，および (ρ, φ, z) で指定される**円筒座標系**をあげておく（図3.1）[2]．

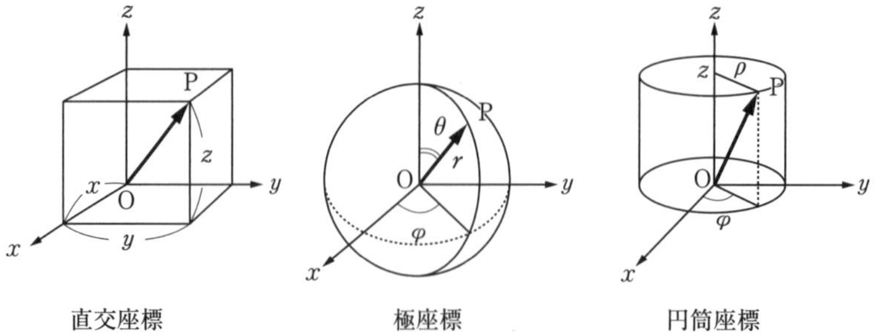

図3.1

たとえば直交座標 (x, y, z) と極座標 (r, θ, φ) との間には図3.2(a) を参照しながら考えると，

$$\left.\begin{aligned} x&=r\cos\left(\frac{\pi}{2}-\theta\right)\cos\varphi=r\sin\theta\cos\varphi \\ y&=r\cos\left(\frac{\pi}{2}-\theta\right)\cos\left(\frac{\pi}{2}-\varphi\right)=r\sin\theta\sin\varphi \\ z&=r\cos\theta \end{aligned}\right\} \tag{3.1}$$

---

[1] デカルト座標系ともよばれる．

[2] 座標系とは結局，その位置を指定する仕方に他ならない．たとえば，地球上に住んでいる我々の位置を知るには，x，y，z 直交座標系でははなはだ不便であり，3次元極座標系を用いると便利である．地球の中心を原点とし，この原点から地球の表面までの距離を r とすると地球の表面上（地球は理想的な球形であると仮定して）の任意の位置を r で指定できる．後は2つの角度，たとえば経度と緯度を使って我々の位置を指定することができる．

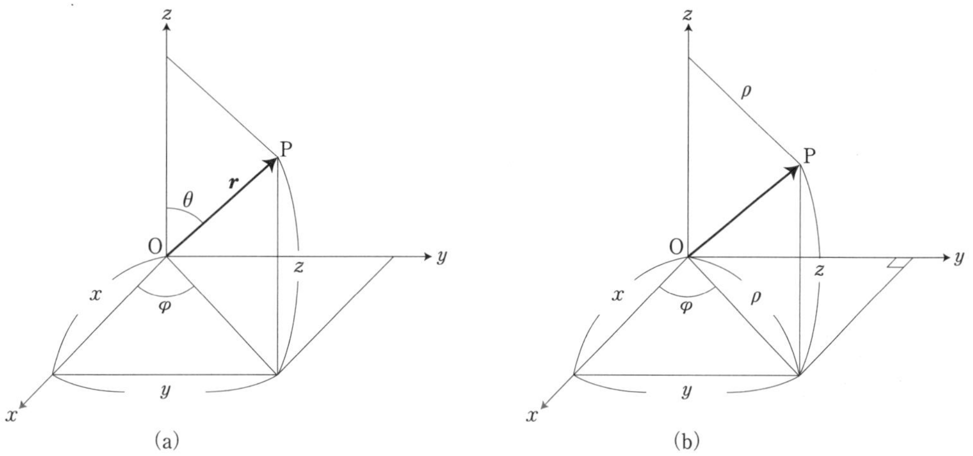

図 3.2

の関係がある．また，直交座標 (x, y, z) と円筒座標 (ρ, φ, z) との間には，図 3.2(b) より

$$x=\rho\cos\varphi, \qquad y=\rho\sin\varphi, \qquad z=z \tag{3.2}$$

という関係がある．ここで注意しなければならないのは，1つの点を指定するには，いずれの座標系でも 3 個の変数が必要であるということである．この変数の数のことを一般に，**系の自由度**という．

3.2 速　　度

速度とは一般的に，時間 Δt の間に進んだ距離を $\Delta\boldsymbol{r}$ としたとき，$\Delta\boldsymbol{r}/\Delta t$ と表される．これを平均速度という．すなわち平均速度は $V=\Delta\boldsymbol{r}/\Delta t$ で定義される．しかし，もし誰かが時速 150 km でスピード違反で捕まったとしてもこれは 1 時間中常に時速 150 km で走り続けていたということではない．たまたまある一瞬，大変短い時間間隔の間にスピードを出し過ぎたということに過ぎない．このように速度はある時刻ごとに変化する量であるから，**平均速度**をある瞬間の速度として定義し直す必要がある．

いま，位置ベクトルが時刻 t のとき $\boldsymbol{r}$ であったのが，$t+\Delta t$ では $\boldsymbol{r}'=\boldsymbol{r}+\Delta\boldsymbol{r}$ にきたとしよう．そのとき

$$\boldsymbol{V}=\lim_{\Delta t\to 0}\frac{\Delta\boldsymbol{r}}{\Delta t}=\frac{d\boldsymbol{r}}{dt} \tag{3.3}$$

を $\boldsymbol{r}$ における**速度**と名付ける（図 3.3）．速度の方向はその瞬間での進行方向であり[3]，速さ

$$\frac{dr}{dt}=\lim_{\Delta t\to 0}\frac{|\Delta\boldsymbol{r}|}{\Delta t} \tag{3.4}$$

を大きさとするベクトルである．$\Delta\boldsymbol{r}$ の x，y，z 成分を Δx，Δy，Δz とすると

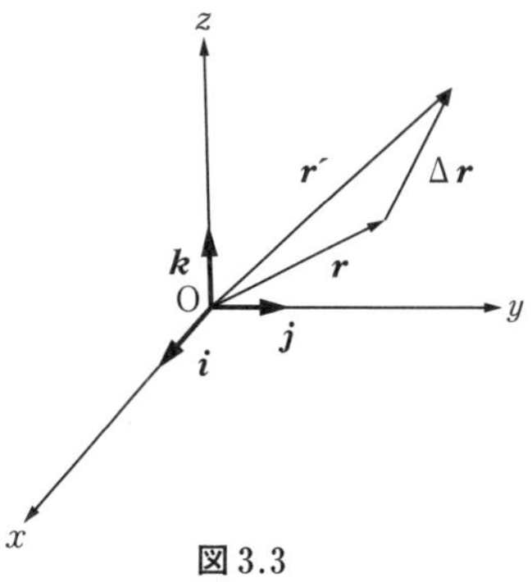

図 3.3

$$\boldsymbol{V}=\lim_{\Delta t\to 0}\frac{\Delta\boldsymbol{r}}{\Delta t}=\lim_{\Delta t\to 0}\left(\frac{\Delta x}{\Delta t}\boldsymbol{i}+\frac{\Delta y}{\Delta t}\boldsymbol{j}+\frac{\Delta z}{\Delta t}\boldsymbol{k}\right)=\frac{dx}{dt}\boldsymbol{i}+\frac{dy}{dt}\boldsymbol{j}+\frac{dz}{dt}\boldsymbol{k} \tag{3.5}$$

[3] 厳密にいうと「軌道の接線の方向」である．

なので，その直交座標での成分は$(dx/dt, dy/dt, dz/dt)$である．したがって速さ（速度の大きさ）$V=|\boldsymbol{V}|$は

$$V=\sqrt{\left(\frac{dx}{dt}\right)^2+\left(\frac{dy}{dt}\right)^2+\left(\frac{dz}{dt}\right)^2} \tag{3.6}$$

である．

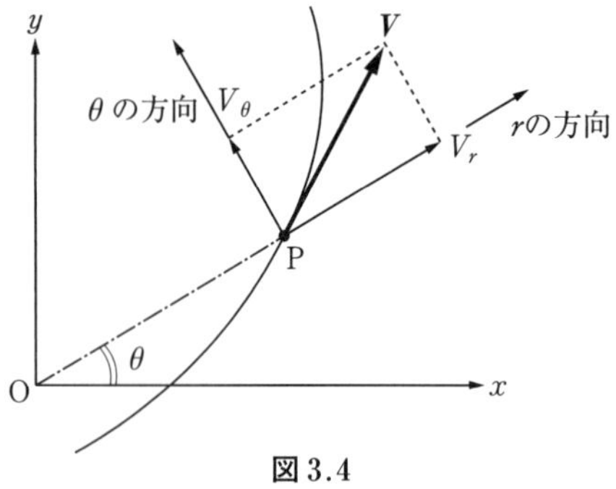

図3.4

次に$\boldsymbol{V}=d\boldsymbol{r}/dt$の極座標での成分$V_r$，$V_\theta$を求めてみる．簡単のため2次元座標系で考える．2次元座標系での(x, y)と(r, θ)の関係は

$$x=r\cos\theta,\qquad y=r\sin\theta \tag{3.7}$$

である．極座標での速度成分V_r，V_θは図3.4のように，r，θの増加する方向として定義する．(3.7)式からV_r，V_θを2つの方法で求めてみよう．(3.7)式をtで微分すると[4, 5]

$$V_x=\dot{x}=\dot{r}\cos\theta-r\dot{\theta}\sin\theta,\qquad V_y=\dot{y}=\dot{r}\sin\theta+r\dot{\theta}\cos\theta \tag{3.8}$$

今$\boldsymbol{V}$をOP方向（r方向）とそれに垂直な方向（θ方向）の成分に分けて考えると，これは(2.12)，(2.13)式の場合と同じであるから

$$V_r=V_x\cos\theta+V_y\sin\theta,\qquad V_\theta=-V_x\sin\theta+V_y\cos\theta \tag{3.9}$$

このV_x，V_yに(3.8)式を代入すると

$$V_r=\dot{r}\left(=\frac{dr}{dt}\right),\qquad V_\theta=r\dot{\theta}\left(=r\frac{d\theta}{dt}\right) \tag{3.10}$$

が得られる．$\dot{\theta}$を**角速度**と名付ける．

問題3.1　(3.10)式を実際計算で確かめよ．

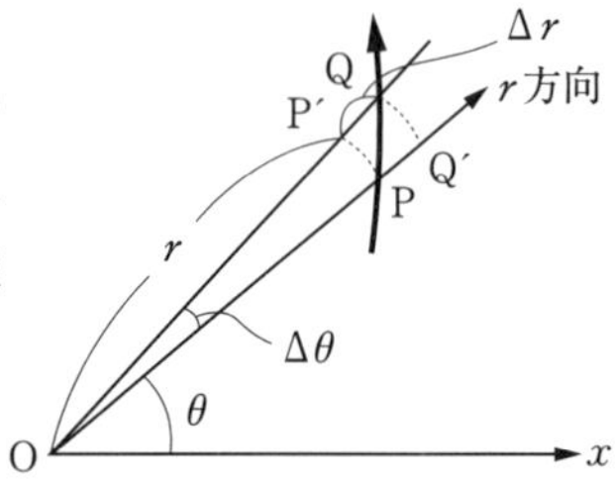

図3.5

V_rとV_θは，もう少し物理的に，図3.5のように考えても求めることができる．時刻tのとき，Pにいた点が$t+\Delta t$のときQに来たとする．そのとき，r方向の変位はPQ′≃P′Q，θ方向の変位はPP′≃Q′Qである．これらを用いて

PQ′≅P′Q≅Δr，　Q′Q≅PP′$=r\Delta\theta$[6]

$$\therefore V_r=\lim_{\Delta t\to 0}\frac{\Delta r}{\Delta t}=\frac{dr}{dt}=\dot{r},\qquad V_\theta=\lim_{\Delta t\to 0}\frac{r\Delta\theta}{\Delta t}=r\frac{d\theta}{dt}=r\dot{\theta} \tag{3.11}$$

と求めることができる．速さVは

$$V=\sqrt{V_x^2+V_y^2}=\sqrt{V_r^2+V_\theta^2} \tag{3.12}$$

である．

問題3.2　(3.12)式を実際計算で確かめよ．

---

4) $dx/dt=\dot{x}$，$dy/dt=\dot{y}$と略記する（ニュートンの記号）．$\dot{r}=dr/dt$，$\dot{\theta}=d\theta/dt$も同様である．

5) いうまでもないが，たとえば$\sin\theta$をtで微分すると

$$\frac{d(\sin\theta)}{dt}=\frac{d(\sin\theta)}{d\theta}\cdot\frac{d\theta}{dt}=\cos\theta\cdot\dot{\theta}$$

となる．

6) 単位長さ1の半径の円を描き，角度をその円周の長さで表す方法を**弧度法**という．したがって$180°=\pi$という関係がある．このように角度$\Delta\theta$を弧度法で定義すると半径rの円周の一部PP′はPP′$=r\Delta\theta$と表される．

3.3 加 速 度

時刻 t のとき $\boldsymbol{V}$ であった速度が，$t+\Delta t$ のとき $\boldsymbol{V}'=\boldsymbol{V}+\Delta\boldsymbol{V}$ になったとすると，その変化分は

$$\boldsymbol{A}=\lim_{\Delta t\to 0}\frac{\Delta\boldsymbol{V}}{\Delta t}=\frac{d\boldsymbol{V}}{dt} \tag{3.13}$$

と表せる．このとき $\boldsymbol{A}$ を，速度の変化という意味で**加速度**と名付ける．加速度という概念の重要性を最初に認識したのは，ガリレイであるといわれている．ここで，$\boldsymbol{V}=d\boldsymbol{r}/dt$ なので，

$$\boldsymbol{A}=\frac{d^2\boldsymbol{r}}{dt^2}=\frac{d^2x}{dt^2}\boldsymbol{i}+\frac{d^2y}{dt^2}\boldsymbol{j}+\frac{d^2z}{dt^2}\boldsymbol{k} \tag{3.14}$$

直交座標での加速度の成分は $(d^2x/dt^2, d^2y/dt^2, d^2z/dt^2)$ であるから，加速度の大きさ $A=|\boldsymbol{A}|$ は

$$A=\sqrt{\left(\frac{d^2x}{dt^2}\right)^2+\left(\frac{d^2y}{dt^2}\right)^2+\left(\frac{d^2z}{dt^2}\right)^2} \tag{3.15}$$

である．

次に，加速度 $\boldsymbol{A}$ の r 方向の成分 A_r，θ 方向の成分 A_θ を求めてみる．V_x，V_y をさらに t で微分すると，

$$\left.\begin{aligned}A_x&=\dot{V}_x=\ddot{r}\cos\theta-2\dot{r}\dot{\theta}\sin\theta-r\dot{\theta}^2\cos\theta-r\ddot{\theta}\sin\theta\\A_y&=\dot{V}_y=\ddot{r}\sin\theta+2\dot{r}\dot{\theta}\cos\theta-r\dot{\theta}^2\sin\theta+r\ddot{\theta}\cos\theta\end{aligned}\right\} \tag{3.16}$$

(A_x, A_y) と (A_r, A_θ) にも（3.9）式と同じような関係が成り立つので，最終的には

$$A_r=\ddot{r}-r\dot{\theta}^2,\qquad A_\theta=2\dot{r}\dot{\theta}+r\ddot{\theta}=\frac{1}{r}\frac{d}{dt}(r^2\dot{\theta}) \tag{3.17}$$

となる．

問題 3.3　(3.17)式を実際計算で確かめよ．

例題 3.1　等速円運動における速度と加速度を求めよ．

［**解**］　図 3.6 のように半径 r の円周上を一定の角速度 $\dot{\theta}(=\omega)$ で運動する点 P の座標は

$$x=r\cos(\omega t),\qquad y=r\sin(\omega t) \tag{3.18}$$

で，その速度は，r，ω は一定値なので

$$\dot{x}=-r\,\omega\sin(\omega t),\qquad \dot{y}=r\,\omega\cos(\omega t) \tag{3.19}$$

であるから，加速度は

$$\left.\begin{aligned}\ddot{x}&=-r\,\omega^2\cos(\omega t)=-\omega^2x\\\ddot{y}&=-r\,\omega^2\sin(\omega t)=-\omega^2y\end{aligned}\right\} \tag{3.20}$$

となる．

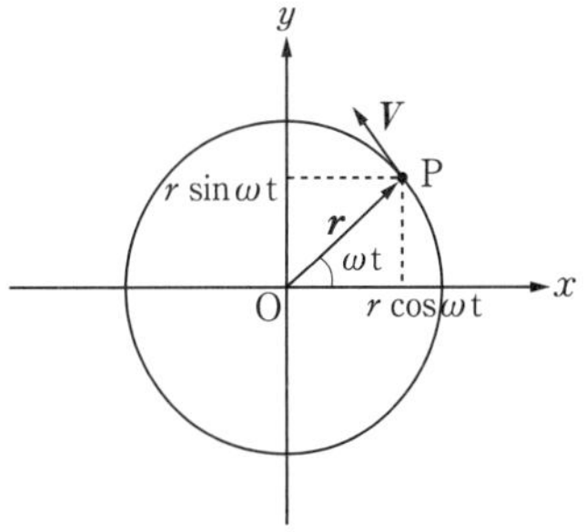

図 3.6

ここで，等速円運動における $\boldsymbol{r}$ と $\boldsymbol{V}$ の方向を知るために，$\boldsymbol{r}$ と $\boldsymbol{V}$ の内積を調べてみよう．

$$\boldsymbol{r}\cdot\boldsymbol{V}=x\cdot\dot{x}+y\cdot\dot{y}=(r\cos(\omega t))(-r\omega\sin(\omega t))+(r\sin(\omega t))(r\omega\cos(\omega t))=0 \tag{3.21}$$

であるので，$\boldsymbol{r}$の方向と$\boldsymbol{V}$の方向は直交していることがわかる（図3.7）．さらに，$\boldsymbol{V}$と$\boldsymbol{A}$の内積を調べてみると

$$\boldsymbol{V}\cdot\boldsymbol{A}=\dot{x}\cdot\ddot{x}+\dot{y}\cdot\ddot{y}=0 \tag{3.22}$$

となる．したがって$\boldsymbol{V}$の方向と$\boldsymbol{A}$の方向は直交している．このように，一般に速度の方向と速度の変化の方向（すなわち加速度の方向）は同じであるとは限らない．

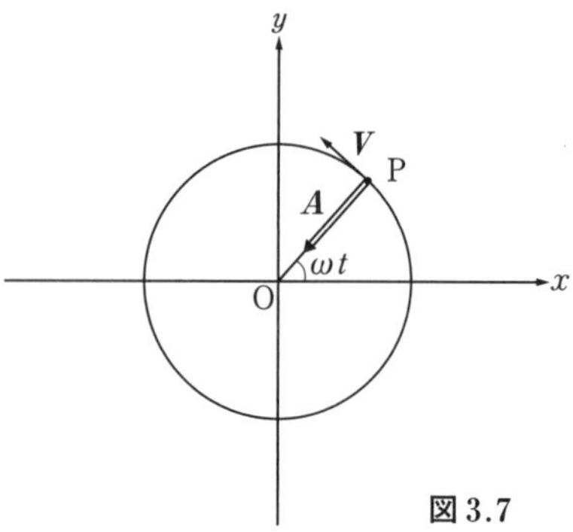

図3.7

また，(3.20)式より，$\boldsymbol{A}$の向きは$\boldsymbol{r}$に対して負の符号がついているので，加速度の向きは原点の方向に向いている．これを**向心加速度**といい，その大きさは（3.24)式で与えられる．速さ$V(=|\boldsymbol{V}|)$と加速度$\boldsymbol{A}$の大きさ$A(=|\boldsymbol{A}|)$は各々

$$V=|\boldsymbol{V}|=\sqrt{\dot{x}^2+\dot{y}^2}=r\omega \tag{3.23}$$

$$A=|\boldsymbol{A}|=\sqrt{\ddot{x}^2+\ddot{y}^2}=r\omega^2 \tag{3.24}$$

$$\therefore A=\frac{V^2}{r} \tag{3.25}$$

と表される．

円運動においては，点Pが一周する時間を**周期**Tといい，次式

$$T=\frac{2\pi r}{V}=\frac{2\pi r}{r\omega}=\frac{2\pi}{\omega} \tag{3.26}$$

により表される．

ここまで，物体の位置から，速度，加速度を求める考え方を示してきたが，逆に加速度を時間で積分することによって速度や位置を求めることもできる．加速度$\boldsymbol{A}$がわかっていれば$d\boldsymbol{V}/dt=\boldsymbol{A}$より$\boldsymbol{V}=\int\boldsymbol{A}\cdot dt$として速度が求められ，$d\boldsymbol{r}/dt=\boldsymbol{V}$より$\boldsymbol{r}=\int\boldsymbol{V}dt$として，位置が求められる．

例題3.1の（3.20)式を書き直すと，

$$\frac{d^2x}{dt^2}=-\omega^2x, \qquad \frac{d^2y}{dt^2}=-\omega^2y$$

と表されるが，このように微分を含んだ式を，微分方程式という．例題では，(3.18)式を時間で微分することにより，(3.19)式の速度や，(3.20)式の加速度が得られたが，逆に（3.20)式を積分することにより，(3.18)式や（3.19)式が得られる．第4章で述べるように，一般に運動方程式は，加速度や速度を含んだ微分方程式の形で与えられるので，これを積分することにより，速度，位置を求めることができる．このように，与えられた微分方程式を解いて，速度，位置を求めることが，力学の主題であるといっても過言ではない．

問題3.4 (3.22)式を実際計算で確かめよ．

問題3.5 xy平面上を運動する質点の，時刻tにおける位置(x, y)が，$x=a\cos\omega t$，$y=b\sin\omega t$と表されている．① この運動の軌跡は何か．軌跡を表す式を導け．② 位置ベクトル$\boldsymbol{r}$と速度ベクトル$\boldsymbol{V}$が直交する条件を求めよ．③ この運動の加速度ベクトルは常に原点を向いていることを示せ．

問題3.6 荷物につけた長さ$L=2h$の紐を図3.8のように滑車にかけ，他の一端を速度$\boldsymbol{v}_x$で移動する台車につけた．荷物が上昇する速度Vと，加速度Aを求めよ．ただし$t=0$のとき台車の位置は$x=0$であるとする．

問題 3.7　車が一直線上（x 方向とする）を一定の加速度 A で走っている．$t=0$ のとき，この車は $x=x_0$ を速度 V_0 で通過した．

① この車の，t 秒後の速度 V を，積分 $V=\int A\cdot dt$ を実行することによって求めよ．

② 同様にして，t 秒後の位置 x を求めよ．

③ ①，②の結果から，$V^2-V_0{}^2=2A(x-x_0)$ の関係を導け．

問題 3.8　粒子が原点 $\boldsymbol{r}=(0,0)$ から初速度 $\boldsymbol{V}_0=6.0\boldsymbol{i}$ [m/s] で飛び出した．この粒子は一定の加速度 $\boldsymbol{A}=-2.0\boldsymbol{i}+0.5\boldsymbol{j}$ [m/s^2] で運動している．x が最大になるときの粒子の速度ベクトルと，位置ベクトルを求めよ．

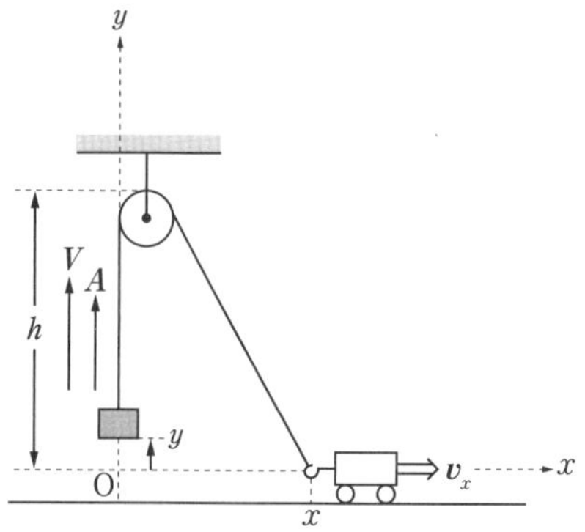

図 3.8

談話室 3.　古典力学と量子力学

諸君は，これから力学を学び，次に電磁気学を学ぶであろう．これらはいわゆる「古典力学」と呼ばれる分野で，はやくいえば比較的直感的に理解できる物理学である．しかし電子や原子の世界は，我々が直感的に理解できる世界と違う「量子力学」という世界がある．たとえば力学の原理に従えば，我々は速度と位置が同時に決定できるというのが大前提であるが（この前提があやしければ，野球の投手は安心して球を投げることができない）量子力学では驚くべきことにこれらを同時に決定することはできない（これをハイゼンベルグの不確定性原理という）．これは，たとえば電子や光が示す 2 重性（波としての性質と粒子としての性質の両面性）による．このことを示す興味深い写真をお見せしよう．

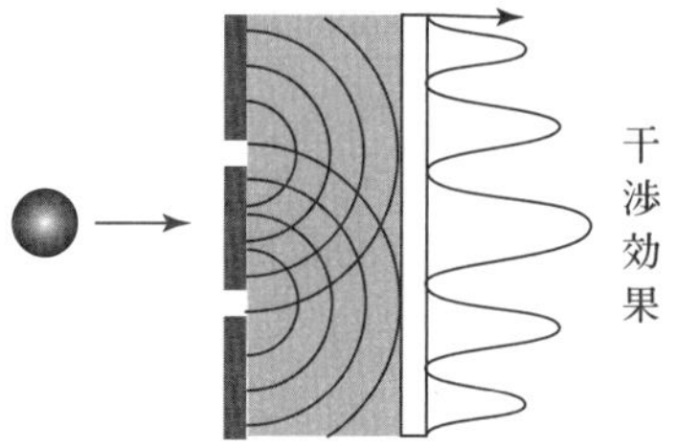

図 1　電子は粒子でありながら波と同じ結果を得る

いま，図 1 のように 2 つの穴をあけたスリットに電子を通す．粒子の性質があれば間違いなく電子はどちらか一方の穴のみを通り，ランダムに後ろのスクリーンに衝突する．一方波としての性質があれば 2 つの穴を通り，波として干渉する．このことはどのように両立されるのであろうか．

電子を 1 個ずつ 2 つの穴をあけたスリットを通すと，図 2 のように電子はスクリーンに衝突してその点がスクリーンに点として現れる．この点だけ見ると電子は粒子として記述でき，何の不思議もない．

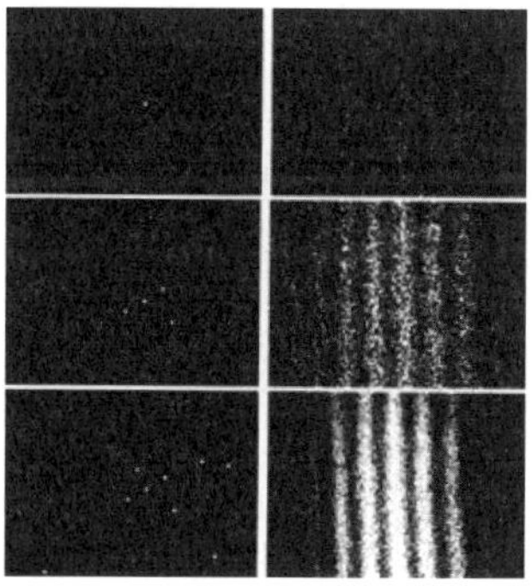

図 2　2 つのスリットを通過した電子のスクリーン上への投影写真（外村　彰氏の御好意による）

しかし，電子の数を増やしていくと不思議なことに波としての性質である干渉縞が現れる．このような縞が現れるのは，電子一個一個が持っている波としての性質であり，決して集団としての電子の性質ではないということである．ディラックは，この現象を記述するには「電子は 2 個の穴を同時に通ったと考えなければならない．」と述べた．これは古典力学ではとうてい理解不可能であるが，それは量子力学という古典力学の言語では記述できない現象を古典力学の言葉で述べたことによる矛盾に他ならない．

第4章　ニュートンの運動方程式

4.1　質点の概念

ニュートンの運動方程式について述べる前に，力学の基礎概念の一つである「**質点**」について触れよう．

ある物体の運動を記述する場合，その大きさが無視できるとき，その物体を質点という[1]．質点は一種の原子概念であって，広がった大きさのある物体は質点の集まり（**質点系**）であるとみなしている．しかし，有限の大きさのものを質点で代表させるかどうかは，運動を論ずる観点による（たとえば，太陽の周りを回る地球の運動は公転を考えるときは質点とみなしてよいが，自転を考えるときは，勿論そのようなことはできない）．経験によると，質点の力学的状態は力と座標と速度を与えると完全に決定される．これを**因果律**という．因果律とは，ある最初の条件（原因）を与えると，その後の運動（結果）は完全に決定されるという意味である．

このように，質点の力学的状態を決定する法則を**運動の法則**，また，その関係式を**運動方程式**という．

4.2　ニュートンの運動の3法則

質点の運動に関してニュートンは，次のような「運動の3法則」を明らかにした．

第1法則…質点は他の物体から十分離れたとき，等速度運動を行う

この法則は**慣性の法則**とも呼ばれる．この法則は一見すると我々が日常経験する現象とは異なっているように見える．われわれが日常経験しているところによると，地表の多くの物体は永遠に等速度運動をするということはなく，次第に運動は停止する．このように一見事実と反するようなことから真理を抽出するためには天才的な思考の飛躍が必要であった．

第1法則を仮定すると，他の物体が存在するとき（たとえば，万有引力のような力が働くと，）その運動は一般に等速度運動から変化する．速度の変化は3.3節で述べたように，加速度で与えられる．このように質点に加速度を生じさせるような作用を**力**という．力の種類についてはのちほど述べる．この加速度と力の関係を，ニュートンは次の形の法則として表した．

第2法則…速度の変化すなわち加速度は，及ぼされる力に比例し，その力が及ぼされる直線の方向に生じる．

[1] これは一種の抽象化であるが，科学は常に現実の系の中から本質的な所だけを抜き出し，（たとえば，質点，剛体などは抽象化の例.）抽象化していることを忘れてはならない．

すなわち，力を $\boldsymbol{F}$，加速度を $\boldsymbol{A}$ で表すと

$$\boldsymbol{F}=m\boldsymbol{A}=m\frac{d^2\boldsymbol{r}}{dt^2} \tag{4.1}$$

の関係が成り立つ．このとき比例定数 m を**慣性質量**，略して質量と名付ける．

(4.1)式の力 $\boldsymbol{F}$ の成分を，$\boldsymbol{F}=(F_x, F_y, F_z)$ とすると，x，y，z 成分は

$$m\frac{d^2x}{dt^2}=F_x, \qquad m\frac{d^2y}{dt^2}=F_y, \qquad m\frac{d^2z}{dt^2}=F_z \tag{4.2}$$

となる．また，力に関しては，次のような経験則が成り立つ．1つの質点にいくつかの力 $\boldsymbol{F}_1, \boldsymbol{F}_2, \cdots, \boldsymbol{F}_n$ が同時に作用するときには，この力をベクトル的に合成してできる1つの力 $\boldsymbol{F}$ が働くのと，まったく同じである．すなわち

$$m\frac{d^2\boldsymbol{r}}{dt^2}=\sum_i \boldsymbol{F}_i=\boldsymbol{F} \tag{4.3}$$

さらにニュートンは次のような第3法則（**作用・反作用の法則**）を提案した．

第3法則…第1の物体が第2の物体にある力を加えた場合，常に第2の物体はそれと同じ大きさの逆方向の力を第1の物体に加える．

これは，物体1が物体2に $\boldsymbol{F}_{12}$ という力を作用させたとすると，物体2は物体1に $\boldsymbol{F}_{21}$ という力を逆に与える．この2つの力は，同じ大きさで方向が反対になるというのがニュートンが得た結論である．つまり，2つの力の和は

$$\boldsymbol{F}_{21}+\boldsymbol{F}_{12}=0 \tag{4.4}$$

となり，$\boldsymbol{F}_{21}$ という作用と $\boldsymbol{F}_{12}$ の反作用の和は常にゼロとなる．

(4.4)式の意味をもう少し考えよう．物体1，物体2の質量と速度ベクトルをそれぞれ m_1，$\boldsymbol{V}_1$，m_2，$\boldsymbol{V}_2$ とする．ここで，それぞれの物体の運動量ベクトルとして，$\boldsymbol{p}_1=m_1\boldsymbol{V}_1$，$\boldsymbol{p}_2=m_2\boldsymbol{V}_2$ を定義する．すると，運動方程式はそれぞれ，

$$\boldsymbol{F}_{21}=m_1\frac{d\boldsymbol{V}_1}{dt}=\frac{d\boldsymbol{p}_1}{dt}, \qquad \boldsymbol{F}_{12}=m_2\frac{d\boldsymbol{V}_2}{dt}=\frac{d\boldsymbol{p}_2}{dt}$$

と表される．この2式を (4.4)式に代入すると，

$$\frac{d\boldsymbol{p}_1}{dt}+\frac{d\boldsymbol{p}_2}{dt}=0$$

となる．この式は

$$\frac{d}{dt}(\boldsymbol{p}_1+\boldsymbol{p}_2)=0 \tag{4.5}$$

とも表すことができる．これは，「2つの物体の運動量ベクトルの和は，互いに作用しあう力がどのような力であっても常に一定に保たれる」ことを表している．これを**運動量保存の法則**という．

ここまで，よく知られている「ニュートンの法則」について述べてきたが，以下これについてさらに詳しく述べる．

4.2.1　座標系について

運動の法則は，どのような座標系の中で成り立つのであろうか．ここでは第1法則が成り立つような座標系を考えよう．この座標系は**慣性系**と呼ばれる．

また，ある慣性系に対して等速度運動をしている座標系はやはり慣性系であり，両座標系は区別できない．たとえば，列車が等速度運動で進んでいるか，あるいは止まっているかは，列車の中の人には力学的手段では知ることはできない．これを**ガリレイの相対性原理**という（このことについては第8章であらためて詳しく述べる）．

それでは慣性系でない座標系はあるのであろうか．たとえば，列車が急に動き出す（加速される）と，中の人や物はあたかも力が働いたかのように運動することはよく知られている．このように加速度運動をしている座標系ではどこからも力が働いていなくても運動の状態が変わる．このような座標系を**非慣性系**といい，第8章で取り上げる．

我々が現実に出会う地上での運動は，（地球は自転しているので厳密にいうと慣性系ではないが）慣性系での運動と思って大きなまちがいはない．

4.2.2 慣性質量について

我々はある物体の「重さ」といういい方をするが，すぐ後に述べるように，これは重力の大きさ（$=mg$）を表している．この m のことを重力質量と名付ける．同一地点で比べて，kg原器と等しい重力を受ける物体の重力質量は 1kg である．一方，慣性質量とは，加速度の生じにくさを表す量である．この重力質量と慣性質量とは，まったく異なる概念であるが，慣性質量と重力質量とは比例しているというのが多くの実験から得られた結論である．さらにアインシュタインはこの事実が理論的基礎を持つことを示した[2)]．このように慣性質量と重力質量は比例する量なので重力質量＝慣性質量と決めても問題ないであろう．したがって以下我々は両者を区別せず等しく質量とよぶことにする．

4.2.3 単位系について

力学における物理量は，長さ，質量，時間の単位が定められると，それらの組み合わせによって全て表される．この3つの基本単位は下記のように人為的に決定されている．

物理量	単位名	単位記号
長さ	メートル	m
時間	秒	s，sec
質量	キログラム	kg

たとえば，(4.1)式における加速度の単位は，$\mathrm{m/s^2}$，質量のそれは kg であるから，力の単位は $\mathrm{m \cdot kg/s^2}$ である．この力の単位をニュートンと呼び，N と表す．1N は 100 g（0.1 kg）のみかん1個に働く重力程度の力である．各物理量の単位については，その都度述べる．

4.2.4 次元について

力学では，長さ，質量，時間が基本量であり，その組み合わせで力学的諸量を表すことができる．たとえば，速さ V は，(長さ)÷(時間) であるがこれを (長さ)·(時間)$^{-1}$ の次元を持つという．長さを L，質量を M，時間を T とし，次元を［ ］で表すと，$[V]=[\mathrm{LT^{-1}}]$ となる．この式を次元式という．一般には物理量 A の次元式は $[A]=[\mathrm{L}^{\alpha}\,\mathrm{M}^{\beta}\,\mathrm{T}^{\gamma}]$ で表される．力学の

2) これは「一般相対性理論」から導かれる重要な結論である．これをアインシュタインの「等価原理」という．

計算では和や差をとる各項の次元は皆同じでなければならない．また，三角関数やexp，logなどの関数に入る変数は無次元の量を入れなければならないことに注意しよう．

問題 4.1　① 式 $x=Vt+(1/2)At^2$ の各項の次元を確かめよ．② 式 $\sin \omega t$ の変数 ωt の次元を確かめよ（ただし角度［rad］は（円弧の長さ）÷(半径）なので無次元である）.

4.2.5　力について

(4.1)式を眺めると，結局，力 $\boldsymbol{F}$ がわかれば，運動を決定することができることがわかる．力にはいろいろな種類がありそうに思われるが，力学で実際に現れる力としては，次のような力を考えれば十分である．

■1　**万有引力**　すべての質量 m_1, m_2 の間には，次のような引力が働くことが知られている（**ニュートンの万有引力の法則**）.

$$\boldsymbol{F}=-G\frac{m_1 m_2}{r^2}\cdot\frac{\boldsymbol{r}}{r} \tag{4.6}$$
[3]

ここで比例定数 G は**万有引力定数**とよばれ，$G=6.67\times10^{-11}\,\mathrm{m^3/kg\cdot s^2}$ である．r は，質点間の距離である（次に述べるクーロン力についても同様）．マイナスの符号がついているのは，この力が引力であることを示している．第5章で詳しく述べるが，重力も地球と地球上の物体とに働く万有引力である．

■2　**クーロン力**　動いていない電荷 q_1, q_2 の間には，**クーロンの法則**で表される力

$$\boldsymbol{F}=k\frac{q_1 q_2}{r^2}\cdot\frac{\boldsymbol{r}}{r} \tag{4.7}$$

が働く．k は比例定数であるが，単位系の取り方によって異なる．MKS単位系では $k=1/4\pi\varepsilon_0$ $(4\pi\varepsilon_0\sim1.11\times10^{-10}\,\mathrm{C^2/N\cdot m^2})$[4] となる．ただし，よく知られているように，クーロンの法則は，q_1 と q_2 が同符号の場合は斥力となり，異符号の場合は引力となる．動いている電荷についてはローレンツ力が働くが，これについては電磁気学で学ぶ[5]．その他に核力があるが，それはこの講義の範囲外である．

以上の2つの力は微視的にも厳密に成り立つ力であるが，その他によく出てくる力として，以下のようなものがある．

■3　**変位 r に比例する復元力**　変位 $\boldsymbol{r}$ に比例する復元力は，

$$\boldsymbol{F}=-k\boldsymbol{r}\quad(k>0) \tag{4.8}$$

と書き表される[6]．この力は**単振動**（**調和振動**ともいう）を与えるので，模型的には大変重要な力である．実際にもバネの弾性力（フックの法則），電気回路などに現れる．

実際外から加えられる力としては，大体以上の3つに限られている．その他に，外から力が加わると現れる力としては，**張力**，**垂直抗力**，**摩擦力**，空気などの**媒質から受ける抵抗力**などの力がある．これらについて簡単に述べる．

■4　**張力，垂直抗力**　この力はニュートンの第3法則から出てくる力である．机上に置いた

---

[3] 左辺の $\boldsymbol{F}$ がベクトル量であることを示すために，右辺に $\boldsymbol{r}/r$ というベクトル量を掛ける．$|\boldsymbol{r}/r|=1$ であるから $\boldsymbol{r}/r$ は単位ベクトルである．したがって力の大きさを求める時にはこの項は無視してよい．

[4] なぜこのような奇妙な比例定数に決めたかについてはここでは述べない．この後に続く電磁気学で学んでほしい．

[5] 8.3.3項でも簡単にふれる．

[6] これについては5.2節で詳しく述べる．

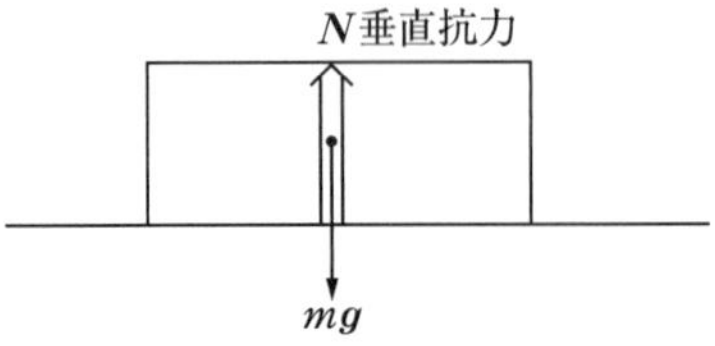

図4.1

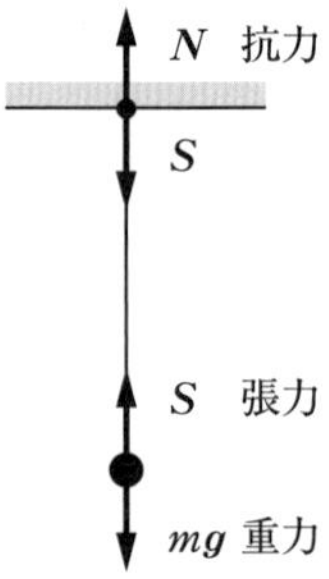

図4.2

質点や糸で吊り下げられている質点が釣り合っているのは，重力に抗して，各々垂直抗力 $\boldsymbol{N}$, 張力 $\boldsymbol{S}$ が働いているためであると考える．このような力を**拘束力**という（図4.1，4.2)．

これらは釣合いの条件を考えることにより，解くことができる．たとえば図4.2において，錘りを引っ張りあげている糸の張力 $\boldsymbol{S}$ は重力 $m\boldsymbol{g}$ と符号が反対で大きさは同じである．具体的な例は本文中で述べる．

■5 **媒質から受ける抵抗力** この典型的な例は，雨滴の落下やパラシュートの降下のときに受ける空気の抵抗力 $\boldsymbol{F}_0$ である．これらの運動方程式は一般に

$$m\frac{d^2\boldsymbol{r}}{dt^2}=\boldsymbol{F}-\boldsymbol{F}_0 \tag{4.9}$$

と表され，$\boldsymbol{F}_0$ は速さのある関数である．$\boldsymbol{F}_0$ が速さのどのような関数で表されるかは実用上はたいへん重要な問題であるが，もちろん力学ではそれは与えられている．この種々の応用例は第5章で述べる．

■6 **摩擦力** 多くの物体の机上の運動は摩擦によって静止してしまう．これが経験科学としての力学の体系化を遅らせた原因のひとつであったことは間違いない．摩擦の物理的原因は複雑でこれを表面の原子の間に働く力として微視的な視点から理解しようという試みは始まったばかりである．

摩擦力 $\boldsymbol{f}$ は，運動方程式の中では（4.9)式と同じ形で表され，運動をさまたげる向きに働き，その大きさは垂直抗力 $\boldsymbol{N}$ の大きさに比例する．その比例係数を**摩擦係数**と呼ぶ．一般に摩擦力は物体が静止しているときと運動しているときとで異なり，静止しているときの摩擦力を**静止摩擦力**，運動している時の摩擦力を**動摩擦力**と呼ぶ．

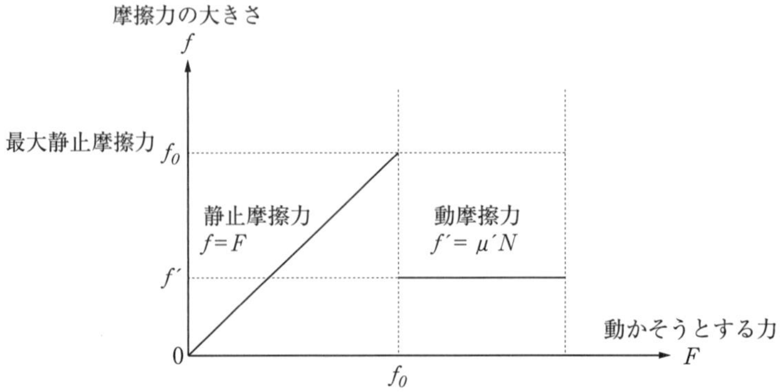

図4.3 動かそうとする力 F の大きさと摩擦力の大きさ f の関係

静止している机上の物体を動かそうと力を加えると，静止摩擦力も大きくなるが，ある力以上を加えると動き出す．動き出す直前の最大摩擦力 $\boldsymbol{f}_0$ の大きさは垂直抗力の大きさに比例していて，

$$f_0=\mu N \tag{4.10}$$

と表される．この式の μ を**静止摩擦係数**という．この物体が動き出すと，摩擦力は動摩擦力 $\boldsymbol{f}'$ に変化する．その大きさは，

$$f'=\mu' N \tag{4.11}$$

となる．この比例係数 μ' を**動摩擦係数**という．一般に $\mu>\mu'$ の関係があることは経験上納得できるであろう．μ, μ' は接触面の材質や状態で決まる定数であり，接触面積や物体の速度には依存しない．

問題 4.2　質量 m の荷物を図のように滑らかな床の上に置き，(a) 水平に力 $\boldsymbol{F}$ で引っ張る．(b) さらに糸をつけて滑らかな滑車を通し質量 M の荷物をぶら下げる．各々の場合の，各荷物について運動方程式をたてよ．また (a) の力 $\boldsymbol{F}$ の大きさを (b) と同じ大きさ $\boldsymbol{Mg}$ としたとき (a)，(b) それぞれの荷物の加速度を求めよ．また，この解の違いについて考察せよ．

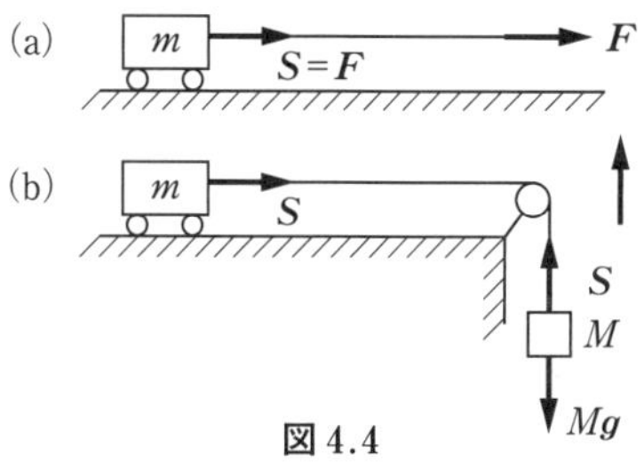

図 4.4

問題 4.3　図 4.5 のように水平と角度 α をなす斜面を滑り下りる物体を考える．物体に働く力は，重力 $\boldsymbol{mg}$，斜面からの垂直抗力 $\boldsymbol{N}$，斜面との間の摩擦力 $\boldsymbol{F}$ が考えられる．座標軸は斜面に沿って x 軸，斜面と垂直方向に y 軸をとる．

① x 方向，y 方向に分けて物体 m についての運動方程式を表せ．
② 垂直効力 $\boldsymbol{N}$ の大きさ，N を求めよ．
③ 角度 α が小さいときは物体は静止しているが，α を大きくしていくと滑り降り始める．すべり始めるための条件を式で表せ．静止摩擦係数を μ とする．
④ 物体と面との動摩擦係数を μ' として斜面を滑り降りている物体の運動方程式を表せ．
⑤ μ' が一定とみなされる場合，物体はどのような運動をするか．

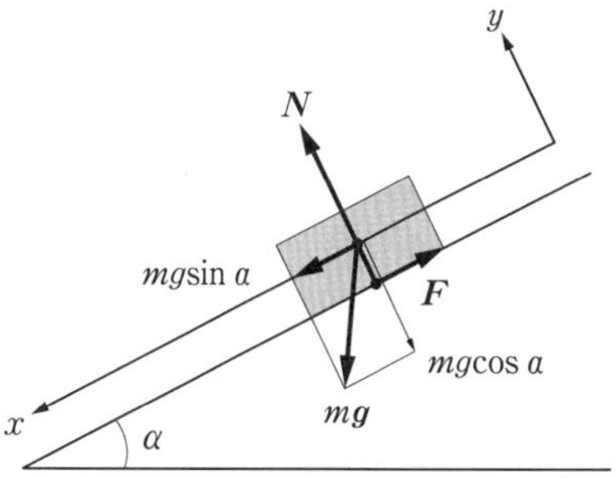

図 4.5　斜面の上の物体

問題 4.4　図 4.6 のようにそれぞれ質量が M と m の物体 B と C が質量のない糸でつながれている．物体 B は水平と角度 θ をなす摩擦のない斜面の上にある．

① 物体 B について，斜面に沿って x 軸，斜面に垂直方向に y 軸をとって運動方程式を表せ．また，物体 C について，鉛直上向きに y' 軸をとって運動方程式を表せ．
② 糸の張力 S と物体の加速度 $\boldsymbol{A}$ の大きさを求めよ．
③ $M=2m$ のとき，角度 θ について物体 B が滑り落ちる条件を求めよ．

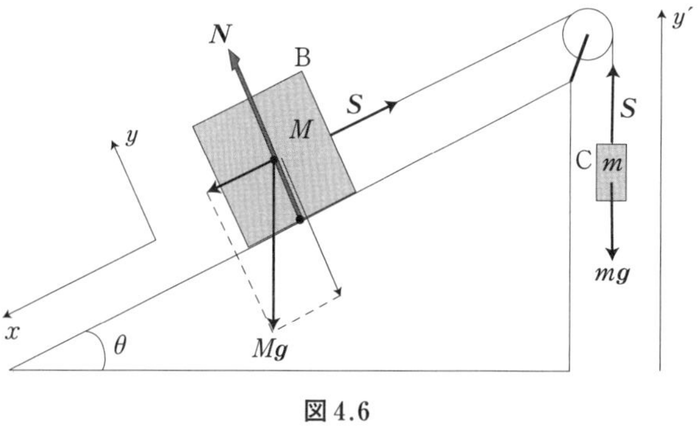

図 4.6

談話室4. パウリ

量子力学の建設期に活躍した偉人には，アインシュタイン，ボーア，シュレーディンガー，ハイゼンベルグ，パウリ，ディラックらがいるが，量子力学の建設期にはアインシュタイン，ボーアを除くといずれも若く，特にハイゼンベルグ，パウリ，ディラックは20代前半で大きな仕事をした．ここではアインシュタインは有名なのでパウリの逸話をとりあげよう．

パウリは21歳で相対性理論という大部の本を書き，それは現在でも通用する名著である．パウリは自分のみでなく他人の説に対しても真贋を見分ける厳しい目を持っており，ハイゼンベルグの不確定性原理を最初に認めたのも彼である．彼は量子力学を古典力学的なイメージで解釈することを極端に嫌い，クローニッヒが提出した電子のスピン説をつぶしたことでも有名である．

その物理に対する批判的な態度と口の悪さと，恐らくその顔（！）から，ゲーテの小説ファウストに出てくるファウスト博士を誘惑する悪魔，メフィストフェレスにたとえられることもある．そのため，パウリが出てくる国際会議に同席することを極端に嫌がった著名な物理学者も多いそうである．にもかかわらず，多くの弟子から慕われたのは彼の批判が人間に向けられたものではなく，純粋に物理学に向けられたからであるということは多くの弟子の認めるところである．

ちなみにパウリの原理といえば，同じ状態に2個の電子が入ることができないという，いわゆる「パウリの原理」が有名であるが，そのほかにいわゆる「パウリの第2原理」というものがある．それは優秀な理論家は装置に近づくと装置が壊れるというもので，その証明としてゲッチンゲン大学のフランクの実験室が原因不明の大爆発を起こしたが，そのときパウリがちょうど列車でゲッチンゲン駅を通過したときであったという．パウリは58歳で死去するがハイゼンベルグと異なり，原爆などの世間の政治的な“どさくさ”にも巻き込まれず，物理一筋で生きた幸せな一生であった．

第5章　簡単な運動

第4章で述べたように，運動方程式は (4.1)式で与えられ，力は，(4.6)〜(4.11)式で与えられる．この章では前章で与えた力について具体的に運動方程式をたて，それを解いてみる．力学で一番難しいのは，「運動方程式をたてる」ことであるから，それについてよく学んでほしい．

5.1　重力場での物体の運動

まず最初に，地上（地球上）での運動を論ずる．地上にある質量 m の質点と地球との間には (4.6)式のような万有引力が生ずる（図 5.1）．

$$\boldsymbol{F} = -m\frac{GM}{r^2}\cdot\frac{\boldsymbol{r}}{r} \tag{5.1}$$

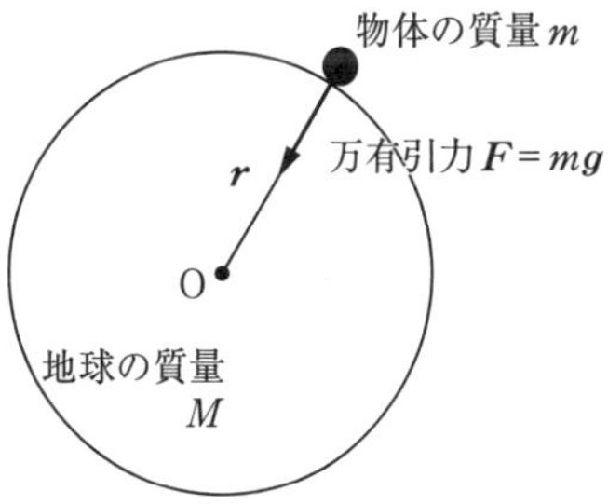

図 5.1

ここで M は地球の質量，r は地球の中心と質点との距離（≅地球の半径）である[1]．ここで右辺の式は m 以外は定数であるから，それを $\boldsymbol{g}$ とおくと

$$\boldsymbol{g} = -\frac{GM}{r^2}\cdot\frac{\boldsymbol{r}}{r} \tag{5.2}$$

$$G \simeq 6.67\times10^{-11}\ \mathrm{m^3/kg\cdot s^2}, \qquad r \simeq 6.37\times10^{6}\ \mathrm{m}, \qquad M \simeq 5.97\times10^{24}\ \mathrm{kg} \tag{5.3}$$

これらの定数を (5.2)式に代入して $\boldsymbol{g}$ を計算すると $\boldsymbol{g}$ は地球の中心に向き，大きさは

$$g \simeq 9.8\ \mathrm{m/s^2} \tag{5.4}$$

であることがわかる．これは加速度の次元を持っている量なので，**重力加速度**という．

今，地上の鉛直上方を y 方向，それと垂直な方向（水平方向）を x 方向にとると重力の x, y 成分は，

$$F_x = 0, \qquad F_y = -mg \tag{5.5}$$

で表される．F_x, F_y はそれぞれ x 方向，y 方向に働く力である．

5.1.1　放物運動

ここでは (5.5)式で与えられる，一様な重力場で，水平面とある角 θ をなす方向に投げられた質点の運動を調べる．運動方程式は

---

[1] 賢明な諸君の中には，次のような疑問を持たれる人があるかもしれない．すなわち (5.1)式は，質点同士に成り立つ力であり，地球のようにあらゆる点が m と相互作用しているとき，果たして単純にあらゆる点を地球の重心（中心）で代表させてよいのであろうか，ということである．これはニュートンも悩んだもっともな質問であるが，ここでは結果だけいうと，「一様な球が及ぼす力は，その球の質量 M が全部，球の中心に集中したときの力に等しい」ということができる．

$$m\frac{d^2\boldsymbol{r}}{dt^2}=\boldsymbol{F} \qquad (4.1)$$

であった．力の成分を F_x, F_y とすれば，運動方程式（4.1)式の x, y 成分は，

$$m\frac{d^2x}{dt^2}=F_x, \qquad m\frac{d^2y}{dt^2}=F_y \qquad (5.6)$$

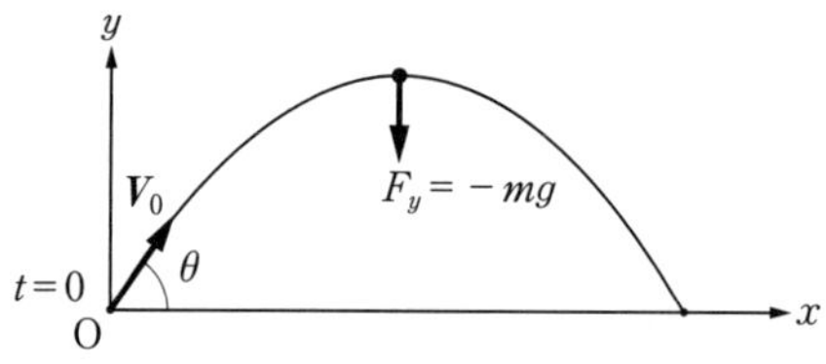

図 5.2

で与えられる．(5.6)式と（5.5)式より，

$$\left.\begin{aligned} m\frac{d^2x}{dt^2}&=0 & \therefore\ \frac{d^2x}{dt^2}&=0 \\ m\frac{d^2y}{dt^2}&=-mg & \therefore\ \frac{d^2y}{dt^2}&=-g \end{aligned}\right\} \qquad (5.7)$$

(5.7)式で注意すべきは x 方向には力が働いていない，すなわち $F_x=0$ であるということである．ここで，質点 m を投げる直前の条件（初期条件という）は，$t=0$ で

$$\left.\begin{aligned} V_x&=V_0\cos\theta, & V_y&=V_0\sin\theta \\ x&=0, & y&=0 \end{aligned}\right\} \qquad (5.8)$$

ただし V_0 は初速度の大きさ，θ は初速度ベクトルと x 軸の間の角度である．ここで重要なことは，

$$\text{加速度} \underset{\text{微分}}{\overset{\text{積分}}{\rightleftarrows}} \text{速度} \underset{\text{微分}}{\overset{\text{積分}}{\rightleftarrows}} \text{位置}$$

であるから，(5.7)式の加速度から速度，位置を求めるにはそれぞれを積分すればよい．

$$\left.\begin{aligned} \frac{d^2x}{dt^2}&=\frac{dV_x}{dt}=0 & \therefore\ V_x&=C_1 \\ \frac{d^2y}{dt^2}&=\frac{dV_y}{dt}=-g & \therefore\ V_y&=\int -g\cdot dt=-gt+C_2 \end{aligned}\right\} \qquad (5.9)$$

C_1, C_2 は，積分定数であるが，(5.8)式の初期条件を入れると，

$$V_x=V_0\cos\theta, \qquad V_y=-gt+V_0\sin\theta \qquad (5.10)$$

と表される．さらに位置については同じように積分し（5.8)式の初期条件（$t=0$ のとき $x=y=0$）を代入すると，

$$\left.\begin{aligned} &V_x=\frac{dx}{dt}=V_0\cos\theta \quad \therefore\ x=\int V_0\cos\theta\cdot dt=V_0\cos\theta\cdot t+C_3 \\ &\quad t=0 \text{ のとき } x=0 \text{ であるから } C_3=0 \quad \therefore\ x=V_0\cos\theta\cdot t \\ &V_y=\frac{dy}{dt}=-gt+V_0\sin\theta \quad \therefore\ y=\int(-gt+V_0\sin\theta)dt=-\frac{1}{2}gt^2+V_0\sin\theta\cdot t+C_4 \\ &\quad t=0 \text{ のとき } y=0 \text{ であるから } C_4=0 \quad \therefore\ y=-\frac{1}{2}gt^2+V_0\sin\theta\cdot t \end{aligned}\right\}$$

(5.11)

となる．ここで $\theta=\pi/2$ とおくと，$x=0, y=-1/2gt^2+V_0t$ となり，初速度 V_0 で鉛直上方に投げあげた場合に相当する．また $V_0=0$ の場合は自由落下の運動になる．(5.11)式から t を消去すると質点の軌跡として

$$y=x\tan\theta-\frac{g}{2V_0^2\cos^2\theta}x^2 \qquad (5.12)$$

という放物線が得られる．

問題 5.1 (5.12)式を導き，これより①到達距離 L，②最高点の高さ H，③最高点に達するまでの時間 t_H を求めよ（図 5.3）．

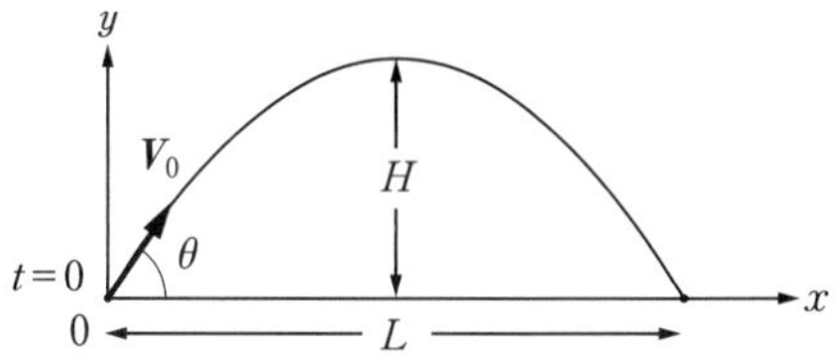

図 5.3

問題 5.2 図 5.4 のように高さ h[m] の崖からボールを初速度 $V_0=10.0$[m/s] で水平方向に投げたら，45.0 m 水平方向に飛んで地面に落下した．このときの崖の高さ h を求めよ．

問題 5.3[2] 図 5.5 のように電子が x 方向に速度 $\boldsymbol{V}_0$ で偏向板に入った．偏向板の長さは L で，上向きに電場 $\boldsymbol{E}$ がかかっている．電子が偏向板を出るとき，偏向板に入ったときの位置（$y=0$）からどれだけずれているか．

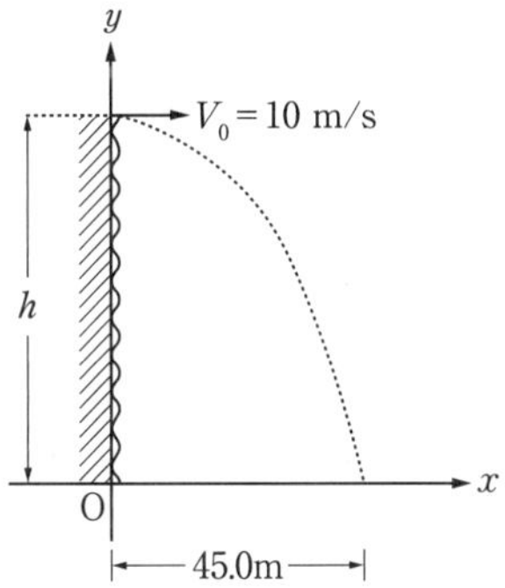

図 5.4

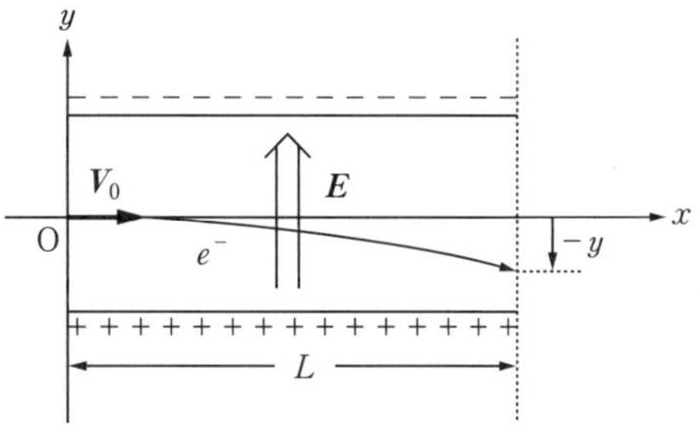

図 5.5

5.1.2 速度に比例する抵抗を受ける運動

次に，やや進んだ例として空気の抵抗が無視できない雨滴の落下の運動を考えてみる．空気の抵抗が速度のどのような関数になるかは，難しい問題であるが，ここでは速度に比例した抵抗力 $\boldsymbol{F}=-k\boldsymbol{V}\,(k>0)$ を受ける場合を考える．鉛直上方向を y 軸の正の方向とする（図 5.6）．

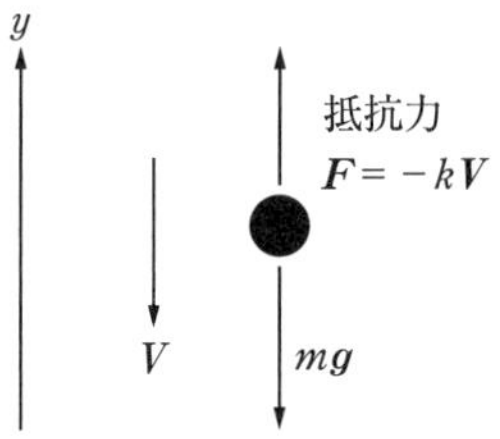

図 5.6

運動方程式の y 方向成分は

$$m\frac{dV}{dt}=-mg-kV \tag{5.13}$$

と表される．よって

$$\frac{dV}{dt}=-\left(g+\frac{k}{m}V\right)$$

である．$g+(k/m)V=\eta$ とおき，両辺を t で微分すると

$$\frac{dV}{dt}=\frac{m}{k}\frac{d\eta}{dt}$$

となるので，(5.13)式は，

$$\frac{d\eta}{dt}=-\frac{k}{m}\eta$$

と変形できる．さらに $d\eta/\eta=-(k/m)dt$ と変形して，両辺を積分すると，

$$\int\frac{d\eta}{\eta}=\int-\frac{k}{m}dt, \qquad \log\eta=-\frac{k}{m}t+C$$

---

[2] 高校で物理学を学んでいない諸君はとばしてよい．

ここで η をもとに戻すと

$$\log\left(g+\frac{k}{m}V\right)=-\frac{k}{m}t+C, \qquad \left(g+\frac{k}{m}V\right)=e^C\cdot e^{-\left(k/m\right)t}$$

となる．ここで，初期条件として，$t=0$ のとき $V=0$ とすると，$e^C=g$ となる．この式を V について整理すると，

$$V=\frac{mg}{k}\left(e^{-\left(\frac{k}{m}\right)t}-1\right) \qquad (5.14)$$

これをグラフにすると（図 5.7）のようになる．V が $t\to\infty$ で収束する速度 V_∞ を**終端速度**という．

$$V_\infty=\lim_{t\to\infty}V=\lim_{t\to\infty}\frac{mg}{k}\left(e^{-\left(k/m\right)t}-1\right)=-\frac{mg}{k}$$

また，終端速度 V_∞ は一定なので $dV_\infty/dt=0$ であるから，運動方程式より

$$m\frac{dV_\infty}{dt}=-mg-kV_\infty=0, \qquad V_\infty=-\frac{mg}{k} \qquad (5.15)$$

と，求めることもできる．

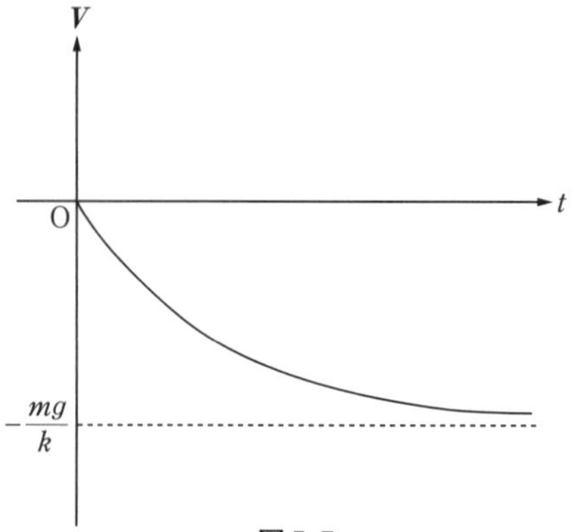

図 5.7

問題 5.4　質量 m の木球が，発射口 $x=0,\ y=y_0$ から初速度 $\boldsymbol{V}_0$ で水平方向に飛び出した．この球は空気の抵抗力 $\boldsymbol{F}=-B\boldsymbol{V}$ を受けながら運動する．このとき，① 鉛直上向きを y の正の方向として，木球の運動方程式を速度 $V_x,\ V_y$ を用いて表せ．② t 秒後の木球の速度 $\boldsymbol{V}=(V_x,\ V_y)$ を求めよ．③ 終端速度の大きさ V_∞ と向きを求めよ．

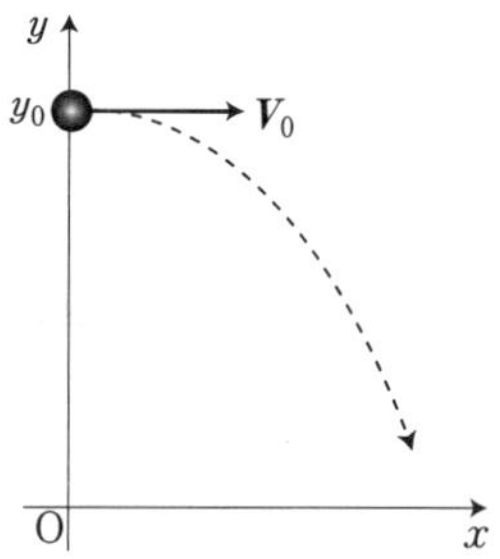

図 5.8

《より進んだ学習のために》

5.1.3　慣性抵抗

本文で扱った，速度に比例する抵抗力は比較的粘性の大きな媒質の中を小さな物体がゆっくり運動している場合に働き，粘性抵抗とも呼ばれる．一方この逆の場合すなわち比較的大きな物体が速い速度で粘性の小さな媒質の中を運動する場合は，速度の 2 乗に比例する抵抗力が主として働く．この抵抗力は慣性抵抗とも呼ばれ，大きさは $|\boldsymbol{F}|=kv^2$，向きは $\boldsymbol{v}$ と逆の向きである．問題 5.5，5.6 で実際にこの力を解いてみよう．

問題 5.5　質量 m の物体が慣性抵抗を受けながら落下運動をしている場合の運動方程式を作り，速度 V について解け．ただし，初期条件は $t=0$ のとき，$V=0$ とし，図 5.9 のように y 軸上方を正の方向にとる．

問題 5.6　空気中でパラシュートが落下する際，空気の抵抗力 $\boldsymbol{F}$ の大きさは，$F=(1/4)B\rho_{\mathrm{air}}V^2$ と表される慣性抵抗を受ける。ρ_{air} は空気の密度で $\rho_{\mathrm{air}}=1.20\ \mathrm{kg/m^3}$，$B$ は落下物体（パラシュート）の落下する方向と垂直な面での断面積で有効断面積と呼ばれる．問題 5.5 で得られた方程式よりこのパラシュートの終端速度 V_∞ を式で求め，全質量（人間も含めて）80.0 kg，半径 10 m のパラシュートの V_∞ を見積もれ．

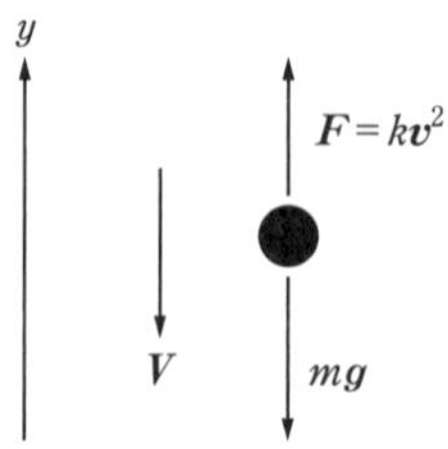

図 5.9

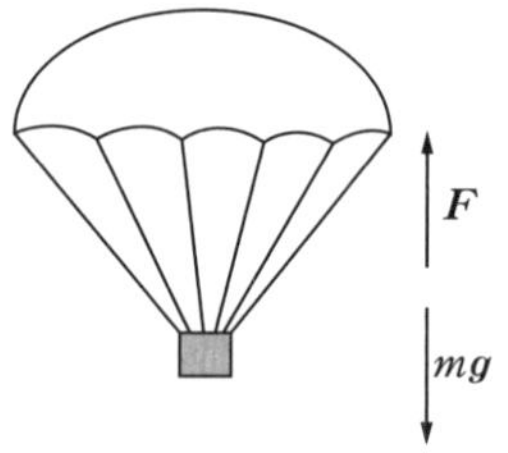

図 5.10

5.2 単 振 動

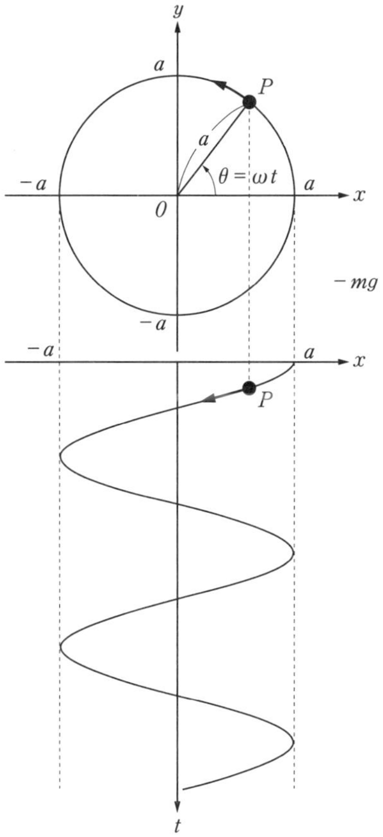

図 5.11　x 軸に投影された点 P の運動

まず最初に「単振動」についておさらいしておこう．(3.18)式ですでに学んだように，半径aの円周上を一定の角速度ωで運動する点 P のx座標，y座標は，それぞれ，

$$x = a\cos\omega t \qquad (5.16)$$

$$y = a\sin\omega t \qquad (5.17)$$

で与えられる．ここで，点 P のx座標は，$\omega t = 0$ で$x = a$，$\omega t = \pi/2$ で$x = 0$，$\omega t = \pi$ で$x = -a$というようにx軸上を往復運動をしている（図 5.11）．y座標についても同じである．このような，(5.16)式あるいは (5.17)式で表される運動を**単振動**という．

例として，ばねの先につけられた質量mの質点の運動を考えてみる．ばねが自然長のときの位置を原点とすると，ばねが伸び縮みするに従い，床と質点の間に摩擦がなければ質点mはx軸上を往復運動，すなわち単振動をすることは容易に理解できるであろう．この質点には，原点からの距離に比例し，いつも原点の方に向いている力が作用している（図 5.12）．この力は$x>0$のときは負で$x<0$のときは正であるから，

$$F = -kx \qquad (k>0) \qquad (5.18)$$

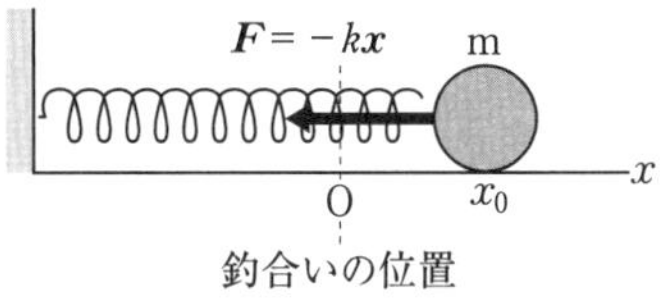

図 5.12　バネの復元力

と表される．実はこれが単振動を与える力である．運動方程式は

$$m\frac{d^2x}{dt^2} = -kx \qquad (5.19)$$

となる．さらに，$\omega = \sqrt{k/m}$ とおくと

$$\ddot{x} + \omega^2 x = 0 \qquad (5.20)$$

と表される．この (5.20)式は力学では基礎的な方程式であるから，いくつかの解き方を示しておく．

■　**解法 1**　具体的な計算に入る前に，若干の数学的準備をしよう．

$$f(x) = \frac{1}{2}\left(\frac{dx}{dt}\right)^2 = \frac{1}{2}\dot{x}^2 \qquad (5.21)$$

という関数を考える．いま，$\dot{x}$はtの関数であるから，(5.21)式をtで微分すると，合成関数の微分の公式を用いて，

$$\frac{d}{dt}\left[\frac{1}{2}\dot{x}^2\right] = \frac{1}{2}(2\dot{x})\frac{d\dot{x}}{dt} = \dot{x}\cdot\ddot{x} \qquad \text{(合成関数の微分)} \qquad (5.22)$$

となる．逆に，(5.22)式の右辺をtで積分すると，(5.21)式が得られる．以上の関係をふまえて，(5.20)式の両辺にdx/dt（$=\dot{x}$）を掛けると

$$\ddot{x}\cdot\dot{x}+\omega^2 x\cdot\dot{x}=0 \tag{5.23}$$

が得られる．(5.23)式の両辺を t で積分すると，(5.21)→(5.22)式の微分の逆（積分！）をたどることになるので

$$\frac{1}{2}\left(\frac{dx}{dt}\right)^2+\frac{1}{2}(\omega x)^2=定数=\frac{1}{2}(\omega a)^2 \tag{5.24}$$

となる．実際（5.24)式を微分してみると（5.23)式になることは容易にわかる．ここで，右辺の正の積分定数は，以下の式を簡単化するために導入した．これを変形して，

$$\frac{dx}{dt}=\pm\omega\sqrt{a^2-x^2} \quad または \quad \pm\frac{dx}{\sqrt{a^2-x^2}}=\omega dt \tag{5.25}$$

(5.25)式の左辺は $x=a\cos\theta$ とおくと $dx=-a\sin\theta\cdot d\theta$ であるから

$$\pm\frac{dx}{\sqrt{a^2-x^2}}=\mp\frac{a\sin\theta}{a\sin\theta}d\theta=\mp d\theta$$

となるので，$\mp d\theta=\omega dt$. これはすぐ積分できて，$\theta=\pm(\omega t+\alpha)$ が得られる．また，$\cos\theta=x/a$ であるから $\theta=\cos^{-1}(x/a)$ である．この関数は，$\cos\theta=x/a$ の**逆関数**と呼ばれる．よって

$$x=a\cos(\omega t+\alpha) \tag{5.26}$$

となり，これが求める解である．これは前に述べたように，**単振動**を表す式である．ここで，

a：振幅，　$\omega t+\alpha$：位相［rad］，　α：初期位相

$\omega=\sqrt{\dfrac{k}{m}}$：角振動数［rad/sec］，　$T=\dfrac{2\pi}{\omega}=2\pi\sqrt{\dfrac{m}{k}}$：周期［sec］，　$f=\dfrac{1}{T}$：振動数［Hz］

であり，積分定数として現れる初期位相 α，振幅 a は，初期条件によって求められる．

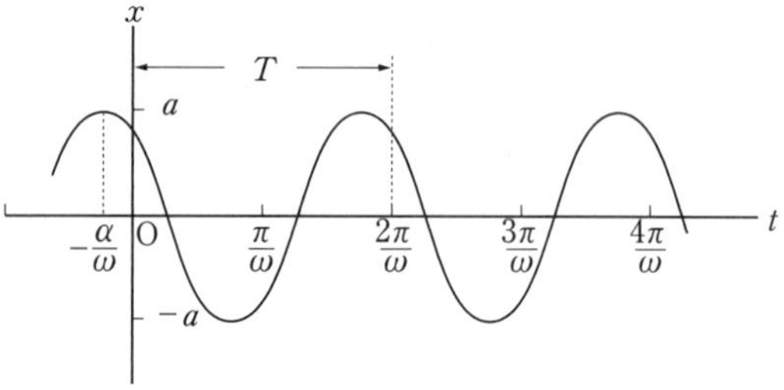

図 5.13

■ **解法 2**　$x=e^{\lambda t}$ とおいて（5.20)式に代入すると，

$$\lambda^2 e^{\lambda t}+\omega^2 e^{\lambda t}=0$$

$$\lambda^2+\omega^2=0 \qquad \therefore \lambda=\pm i\omega$$

となる．この式より $x=e^{i\omega t}$ と，$x=e^{-i\omega t}$ の 2 つの独立な解が得られるが，微分方程式論の教えるところによると，(5.20)式の解は，この 2 つの解（独立解）の線形一次結合として与えられるので[3)]，

$$x=Ae^{i\omega t}+Be^{-i\omega t} \tag{5.27}$$

となる．ただし，A，B は積分定数である．

(5.26)式と（5.27)式が同じ解であることを見るために，$e^{\pm i\omega t}=\cos\omega t\pm i\sin\omega t$ というオイラーの公式（1.13)式を使って（5.27)式を整理すると，

3) たとえば久保　健，打波　守「応用から学ぶ理工学のための基礎数学」（培風館）の 5 章微分方程式の章を参照されたい．

$$x=(A+B)\cos\omega t+i(A-B)\sin\omega t$$

ここで，$A+B=a\cos\alpha$，$i(A-B)=-a\sin\alpha$ とおくと[4)]

$$x=a(\cos\omega t\cdot\cos\alpha-\sin\omega t\cdot\sin\alpha)=a\cos(\omega t+\alpha)$$

となり，(5.26)式と一致する．

問題 5.7　先に挙げた図 5.12 のように，ばね係数 k のばねの先に質量 m の錘りをつけ，ばねの自然長から x_0 だけ引き伸ばして手を放す．（つまり $t=0$ のとき $x=x_0$）このときの錘りの運動は（5.26)式の形となるが，これを運動方程式に代入することによって角振動数 ω を，また初期条件によって，運動の振幅 a と位相 α を決定せよ．

5.3 単振り子

単振動の簡単な応用例として，**単振り子**をとりあげる．単振り子とは，一端を固定した糸に吊るして鉛直面内でこれを振動させたものである．図 5.14 に示すように力は鉛直下方向に重力 mg が働いている．この単振り子において，糸と垂線の角度を θ とすると，振り子の接線方向の力は

$$F=-mg\sin\theta \qquad (5.28)$$

となる．マイナスの負号は，θ が増える方向と逆の方向に力が働いているからである．また，円弧の変位 s は $s=l\theta$ だから

$$m\frac{d^2s}{dt^2}=ml\frac{d^2\theta}{dt^2}=-mg\sin\theta \qquad (5.29)$$

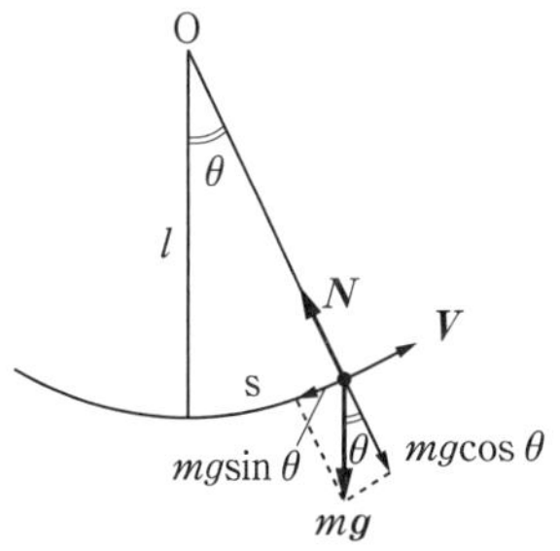

図 5.14　単振り子

$\theta\ll 1$ のとき，$\sin\theta\simeq\theta$ の近似が使えるので

$$\frac{d^2\theta}{dt^2}=-\frac{g}{l}\theta \qquad (5.30)$$

となる．(5.30）式は（5.19）式の単振動の式と同じ形をしている．したがって，前の単振動の結果を利用することができて，$\omega=\sqrt{g/\ell}$ とおくと，(5.20)式と同じ形になるので

$$\theta=\theta_0\cos\left(\sqrt{\frac{g}{l}}t+\alpha\right) \qquad (5.31)$$

となり，周期 T は $T=2\pi\sqrt{l/g}$ となる．

問題 5.8　錘りが 1.0 m の紐に吊るされた単振り子の微小振動の周期を求めよ（この答えは知っていると便利である）．

問題 5.9　(5.31)式より，錘りの速さ V を表す式を導け．

問題 5.10　地上で周期が同じばね振り子と，単振り子を，重力加速度が地球上の 1/6 である月面上に持っていって振動させるとそれぞれ周期はどのようになるか．

---

4) このようにおくことに不自然な感じを持つ諸君も多いと思われるが，一般的に A,B は複素数であり，B を A の複素共役な数にとると，$A=(a/2)(\cos\alpha+i\sin\alpha)$, $B=A^*=(a/2)(\cos\alpha-i\sin\alpha)$ となるので，$A+B=a\cos\alpha$, $i(A-B)=-a\sin\alpha$ となり，与えられた式を得る．

5.4 減衰振動

物理学の実際の系ではほとんどの問題に空気などの抵抗力が関与している．抵抗力は一般に速度の関数であるが，速度のどのような関数であるかは難しい問題を含んでいる．ここではその問題に深入りせずに，(5.19)式の単振動の方程式に速度に比例した抵抗力が働く場合を考察する．

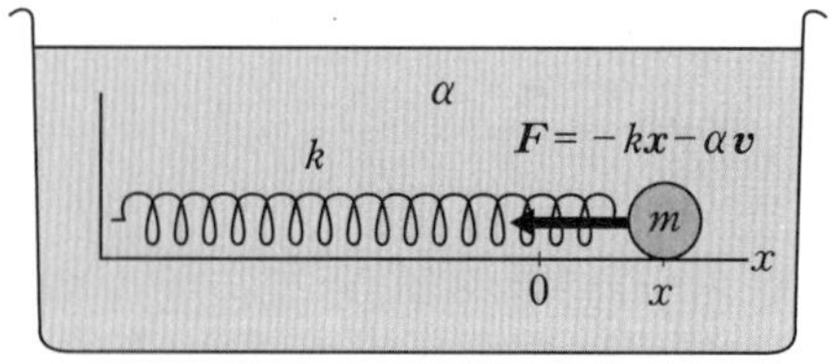

図 5.15 抵抗のある振動運動を引き起こすイメージ図

(5.19) 式の運動方程式に速度に比例した抵抗力をつけ加えると，

$$m\frac{d^2x}{dt^2}=-kx-\alpha\frac{dx}{dt} \quad (k：ばね定数，\alpha：速度に比例する抵抗係数) \tag{5.32}$$

となる．ここで，$\omega^2=k/m$，$2\gamma=\alpha/m$ とおこう．すると運動方程式は

$$\frac{d^2x}{dt^2}+2\gamma\frac{dx}{dt}+\omega^2x=0 \tag{5.33}$$

ここで，(5.33)式の解を，$x=ye^{-\gamma t}$ とおく．

$$\frac{dx}{dt}=\frac{dy}{dt}e^{-\gamma t}-\gamma ye^{-\gamma t}, \qquad \frac{d^2x}{dt^2}=\frac{d^2y}{dt^2}e^{-\gamma t}-2\gamma\frac{dy}{dt}e^{-\gamma t}+\gamma^2ye^{-\gamma t}$$

となるので (5.33)式に代入すると，

$$\frac{d^2y}{dt^2}+(\omega^2-\gamma^2)y=0 \tag{5.34}$$

(5.34) 式の方程式を y について解く．ω と γ の大小関係で解き方は次の 3 通りがある．

(1) $\omega>\gamma$ のとき（媒質の抵抗力よりばねの弾性力の方が強い場合）

$\omega^2-\gamma^2=\omega'^2(>0)$ とおくと $d^2y/dt^2+\omega'^2y=0$ となり，この方程式は単振動の方程式と同じ形になる．この解は，$y=A\cos(\omega't+\theta_0)=A\cos(\sqrt{\omega^2-\gamma^2}\,t+\theta_0)$ となる．したがって (5.32) 式の解は

$$x(t)=Ae^{-\gamma t}\cos(\sqrt{\omega^2-\gamma^2}\,t+\theta_0) \tag{5.35}$$

である．この式は，単振動における振幅が指数関数的に減衰することを示しており，**減衰振動**と呼ばれる．(図 5.16)

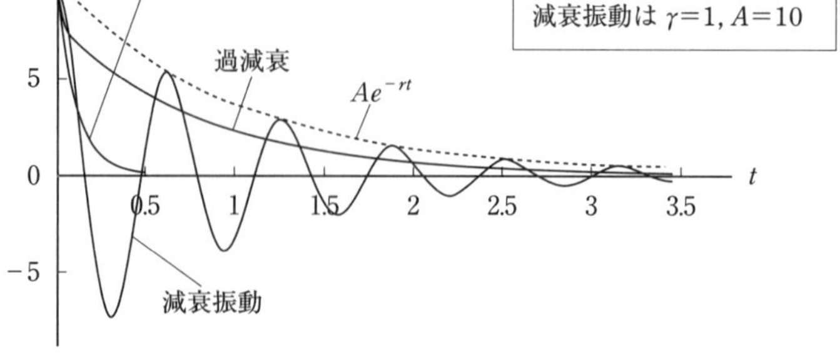

図 5.16 減衰振動

(2)　$\omega=\gamma$ のとき（媒質の抵抗力とばねの弾性力とが特別の関係にある場合）

$\omega=\gamma$ であれば，(5.34)式は，$d^2y/dt^2=0$ となる．この方程式の一般解は $y=C+Dt$ となるので，(5.33)式の解は

$$x(t)=(C+Dt)e^{-\gamma t} \tag{5.36}$$

となる．これは振動せずにすみやかに減衰するので，**臨界減衰**と呼ばれ，たとえば自動ドア装置などに利用されている．（図 5.16）

(3)　$\omega<\gamma$ のとき（媒質の抵抗力の方がばねの弾性力より強い場合）

$\gamma^2-\omega^2=p^2$ とおくと，(5.34)式は $d^2y/dt^2=p^2y$ となる．この方程式を満たす解は，$y=e^{\lambda t}$ とおくと $\lambda=\pm p$ となるので，y の一般解は単振動における〈解法 2〉にならって $y=Je^{pt}+Ke^{-pt}$ となる．したがって (5.33)式の解は

$$x(t)=(Je^{pt}+Ke^{-pt})e^{-\gamma t}=Je^{-(\gamma-p)t}+Ke^{-(\gamma+p)t} \tag{5.37}$$

となる．$\gamma+p>0, \gamma-p>0$ なのでどちらの項も減衰曲線となる．したがって $x(t)$ は減衰曲線となる．この運動は，振動せずにゆっくり減衰していくので，**過減衰**と呼ばれる．（図 5.16）

問題 5.11　臨界減衰を与える解 $x(t)=(C+Dt)e^{-\gamma t}$ が元の運動方程式 (5.32)式を満たすことを確かめよ．

《より進んだ学習のために》

5.5 強制振動

これまで取り扱ってきたのは，外場のない（系の外部からの力に影響されない），いわゆる自由振動であるが，本節では外場の作用を受ける系の振動，**強制振動**について考察する．強制振動の場合の運動方程式は，単振動の式に外からの力 $F(t)$ を加えた式で与えられる．

$$m\ddot{x}+kx=F(t)$$

あるいは

$$\ddot{x}+\omega_0^2x=\frac{1}{m}F(t) \tag{5.38}$$

である．ここで，$F(t)$ は系に外から働く力である．とくに興味ある場合として，外からの力も周期関数である場合を考える．すなわち，

$$F(t)=X_0\sin\omega t \tag{5.39}$$

$$\therefore\ \ddot{x}+\omega_0^2x=\frac{X_0}{m}\sin\omega t \tag{5.40}$$

この方程式は**非同次線型方程式**と呼ばれ，右辺$=0$ とおいた方程式を**同次方程式**という．これはもちろん単振動を与える方程式である．微分方程式論の教えるところによると[5)]，

（非同次式の一般解）＝（同次式の一般解）＋（非同次式の特解）

で与えられる．特解をみつけるためには，(5.40)式を満足するような解を 1 つ“めのこ”でみつける必要がある．非同次式の特解は $x=A\sin\omega t$ とおいて (5.40)式に代入してみると，

$$A=\frac{X_0}{m(\omega_0^2-\omega^2)}$$

5) たとえば，久保・打波「応用から学ぶ理工学のための基礎数学」を参照のこと．

となるので

$$x=\frac{1}{\omega_0^2-\omega^2}\frac{X_0}{m}\sin\omega t$$

が（5.40）式の特解であることがわかる．同次式の一般解は $x=a\cos(\omega_0 t+\alpha)$ なので，（5.40）式の一般解は，次式のようになる．

$$x=a\cos(\omega_0 t+\alpha)+\frac{1}{\omega_0^2-\omega^2}\frac{X_0}{m}\sin\omega t \tag{5.41}$$

問題 5.12 （5.41）式が，方程式（5.40）式の解になっていることを代入して確かめよ．

（5.41）式の第1項は，単振動からくる自由振動の項で，第2項は外力による強制振動の項である．たとえばブランコでいえば第2項は外から与える押す力で，$\omega\approx\omega_0$ の周期で押すとき効果が最大になることはいうまでもない．このように $\omega\approx\omega_0$ になるとき，振幅が大きくなる現象のことを**共振**という．今，第1項と第2項の振幅をほぼ同じにとってみる．すなわち，

$$a\approx A\left(=\frac{X_0}{m({\omega_0}^2-\omega^2)}\right)$$

とおき，簡単のため $\alpha=\pi/2$ とおくと（5.41）式は

$$x\approx A\{\sin(\omega_0 t)+\sin(\omega t)\}=2A\sin\left(\frac{\omega_0+\omega}{2}t\right)\cdot\cos\left(\frac{\omega_0-\omega}{2}t\right)$$

となる．これは $\omega\cong\omega_0$ のとき，大きな周期 $4\pi/(\omega_0-\omega)$ を持っている振幅の中に小さな周期 $4\pi/(\omega+\omega_0)$ を持つ振動があることを示している．（図 5.17）このように振幅が大きな周期で波打っている現象を「**うなり**」と呼ぶ．

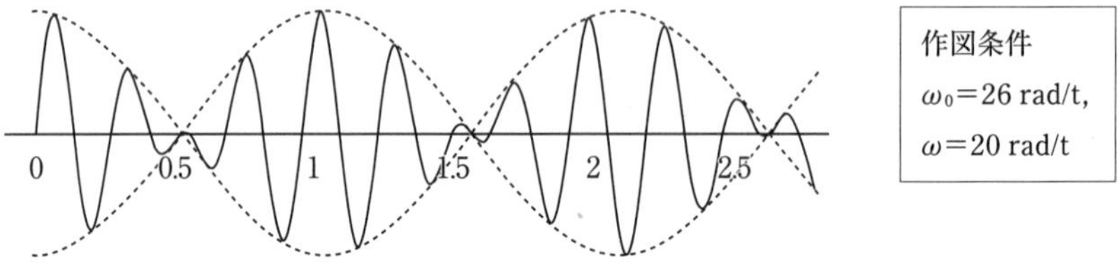

図 5.17 うなり

談話室5　仁科芳雄

日本の物理学の歴史を考えるとき，忘れてならない人物が仁科芳雄である．

仁科は1890年岡山県に生まれ，東京帝国大学工科大学（現東京大学工学部）電気工学科を卒業して，ヨーロッパに留学し，最後にコペンハーゲンのニールス・ボーアのもとで研究し，クライン・仁科の式という有名な式を引提げて帰国した．その後理化学研究所において日本の近代物理学をリードし続けてきた人である．

仁科の一生を見て感ずることはその全力疾走の人生とそれから来る彼の悲劇性である．その悲劇性の遠因は，西洋の物理に追いつき追い越したい，という彼の絶望的な闘いにあるといってもよいであろう．ローレンス（ご存知のようにローレンスはサイクロトロンの発明者で，1939年のノーベル賞の受賞者である.）からもらったサイクロトロンの図面を見て，一挙にローレンスに追いつこうとした．敗戦間近の日本が最も物資に困窮していたときであり，その頃の日本の状況からみると絶望的試みであった．結果はほとんど出来上がったサイクロトロンを占領軍により東京湾に沈められてしまうという悲劇で幕を閉じた．それがもとで60歳という若さで亡くなってしまった．死ぬ前に作った句が，「働きて　働きて病む　秋の暮れ」だったそうである．

筆者の作った格言（？）に，「人間は志が大きすぎると不幸になり，小さすぎると馬鹿になる」というのがある．仁科の不幸は志の高さにある．しかし，果たして彼は不幸だったであろうか．現在彼を記念して，「仁科記念賞」という賞が設けられており，日本の物理学界における最高の賞になっている．彼こそはその志の高さゆえに敗れたかもしれないが，彼の志を継いで朝永振一郎，湯川秀樹らが輩出し，日本における近代物理学が生まれたことを思うとまさに仁科は日本の物理学の父といっても過言ではないであろう．

第6章　万有引力とケプラーの法則

この章では万有引力が働いたときの運動と，その典型例としてケプラーの法則を取り上げる．

6.1　万有引力のはたらく運動

たとえば，地球と月との間の運動の関係を考えると，(4.6)式で与えられるような引力が存在することはよく知られている．それでは，月はなぜ地球に向かって“落ちて”来ないのであろうか．

実は，月は地球の引力が存在しなければ，直線運動を行い，飛び去ってしまう．月が地球の周りを回っているということは，月は時々刻々，地球に向かって“落ちて”いるのである．これは地球の方向に向かって常に向心力が生じていることに他ならない

この向心力は，(3.24)式で与えられる加速度と月の質量の積，$-mr\omega^2$ で与えられる．負の符号は力が中心に向かっていることを表している．この力の原因は (4.6)式で与えられる万有引力であり，

$$-mr\omega^2=-G\frac{mM}{r^2} \tag{6.1}$$

となる．

この関係式は月と地球の関係だけではなく，太陽の周りを回る惑星，地球の周りを回る人工衛星などにもあてはめることができる．

例題 6.1　静止衛星の高度を求めよ．

［**解**］　図6.1のように，質量 m の人工衛星が半径 r の円軌道を角速度 ω で飛んでいるものとしよう．(6.1)式を整理すると

$$r^3=G\frac{M}{\omega^2},\qquad r=\sqrt[3]{G\frac{M}{\omega^2}}$$

となる．また，静止衛星は，1日に地球の周りを1周するから，周期 $T=1$ 日なので，

$$\omega=\frac{2\pi}{1\text{日}}=\frac{2\pi}{(24\times60\times60)}=7.27\times10^{-5}\ \text{rad/s}$$

$$G=6.67\times10^{-11}\ \text{m}^3/\text{kg}\cdot\text{s}^2,\qquad M=5.97\times10^{24}\ \text{kg}$$

これらの値を上式に代入すると，

$$r=4.2\times10^7\ \text{m}$$

である．地球の半径 R は 0.6×10^7 m なので，地球の表面からの高さ h は，

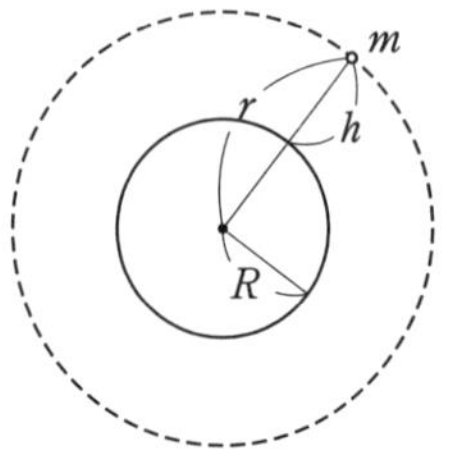

図 6.1

$$h = r - R\ (\text{地球の半径}) = 3.6\times10^{7}\,\text{m}$$

と求められる．

このように，万有引力は，質量の大きな惑星同士間の力として考えられることが多いが，ここでは他の例題をとりあげる．

例題 6.2　北極から南極にまっすぐに掘られたトンネルを通る乗り物を考える．この乗り物はどのような運動をするか，北極を出発してから南極に到着するまでの片道の所要時間はどれだけか．ただし，図 6.2 のように質量 m の乗り物が地球中心から r の距離まで達した（落下した）ときに，乗り物に働く力は，次に示す 3 つの考え方を使って求められるとする．

① 地球は一様な密度 ρ を持った球とする．

② 乗り物が地球中心から距離 r にあるとき，半径 r の球より外側の部分はこの乗り物に力を及ぼさずこの球の内側にある部分のみがこの乗り物に力を及ぼす．

③ この球の内側の部分の質量 M_{ins} は，地球中心に全質量が集中したとして扱ってよい．

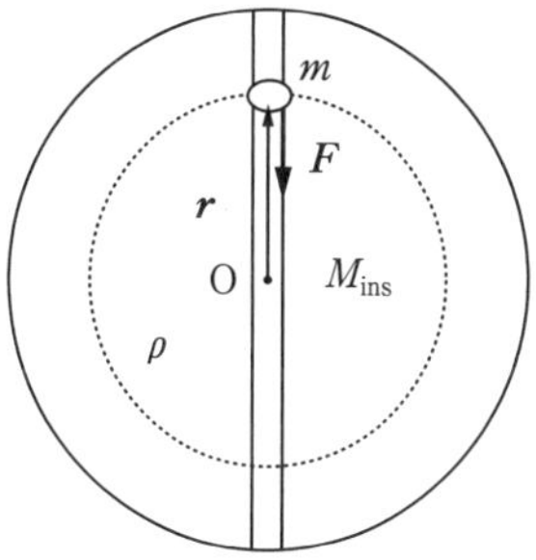

図 6.2

［**解**］ 上の 3 つの考え方を使って乗り物が位置 $\boldsymbol{r}$ にあるときに受ける力 $\boldsymbol{F}$ は，

$$\boldsymbol{F} = -G\frac{M_{\text{ins}}\,m}{r^2}\frac{\boldsymbol{r}}{r}$$

である．この式に $M_{\text{ins}} = (4/3)\pi r^3\rho$ を代入すると，

$$\boldsymbol{F} = -\frac{4}{3}G\pi\rho m\cdot\boldsymbol{r}$$

と表される．したがって乗り物の運動方程式は

$$m\frac{d^2\boldsymbol{r}}{dt^2} = -\left(\frac{4}{3}G\,\pi\,\rho\,m\right)\cdot\boldsymbol{r}$$

となる．この式は地球中心（$r=0$）から変位に比例した復元力が働いているので，乗り物は $r=0$ を中心にして単振動をする．角振動数 $\omega = \sqrt{(4/3)G\pi\rho}$ より，運動の周期は $T = 2\pi\sqrt{3/(4G\pi\rho)}$ であるので，北極から南極までの片道の所要時間は $T/2$ となる．$G = 6.7\times10^{-11}\,\text{N}\cdot\text{m}^2/\text{kg}^2$，$\rho = 5.5\times10^{3}\,\text{kg/m}^3$ とすると $T/2 = 2.528\times10^{3}\,\text{s}$ となる．これは約 42 分という驚くべき短さである．

問題 6.1 図6.3のように，地球上のA点からB点までトンネルを掘ったとき，トンネルを通ってA点からB点まで行く所要時間はどれだけか．例題6.2を参考に考えよ．

問題 6.2 ある地点から地平線に向けて人工衛星を発射させて，地球のまわりを地球の半径と同じ軌道半径で回すためには，どれだけの初速度を与えなければならないか．その速さと，周期を求めよ（この人工衛星の速さを，**第1宇宙速度**という）．

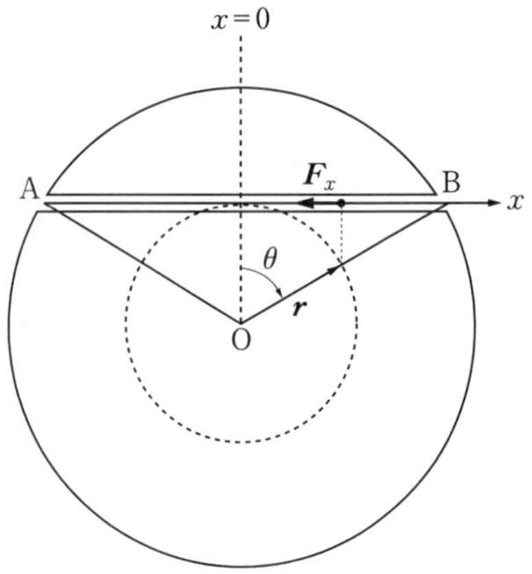

図6.3

6.2 ケプラーの3法則

ケプラーは，17世紀の初め，ティコ・ブラーエが長年行った惑星の運行に関する観測結果を整理して，3つの経験法則を提出した．この3つの法則は，後にニュートンの万有引力の法則の発見に重要な役割を果たした[1]．この「ケプラーの3法則」とは

i）ケプラーの第1法則：惑星は太陽を焦点の一つとする楕円軌道を画く．

ii）ケプラーの第2法則：惑星と太陽を結ぶ直線が単位時間に掃く面積は一定である．

iii）ケプラーの第3法則：惑星の周期の2乗は楕円の長半径の3乗に比例する．

というものである．

これら「ケプラーの3法則」は，ニュートンの運動方程式から一般的に導き出すことができる．まず(3.17)式からr方向の加速度A_r, θ方向の加速度A_θが求まっているので，運動方程式は

$$mA_r = F_r, \qquad mA_\theta = F_\theta$$

と書ける．惑星の運動においては，惑星と太陽の間に万有引力しか働かないので，

$$F_r = -G\frac{Mm}{r^2}, \qquad F_\theta = 0$$

である．したがって運動方程式は，r方向に関して，(3.17)式から

$$m(\ddot{r} - r\dot{\theta}^2) = -G\frac{Mm}{r^2} \tag{6.2}$$

θ方向に関して同じく

$$\frac{m}{r}\cdot\frac{d}{dt}(r^2\dot{\theta}) = 0 \tag{6.3}$$

となる．このように常に動径方向（r方向）にしか働かないような力を**中心力**と呼ぶ．中心力では(6.3)式より

$$r^2\dot{\theta} = 一定 = \mathrm{h} \tag{6.4}$$

が成り立つ．このことの物理的意味を説明しよう．

■1 ケプラーの第2法則 図6.4に示すように，dt時間の間に惑星が点PからP′へ動いたとする．そのとき原点O（太陽）と点P（惑星）を結ぶ直線がdt時間に掃く面積はPP′Oである．この面積はPP′を直線で近似

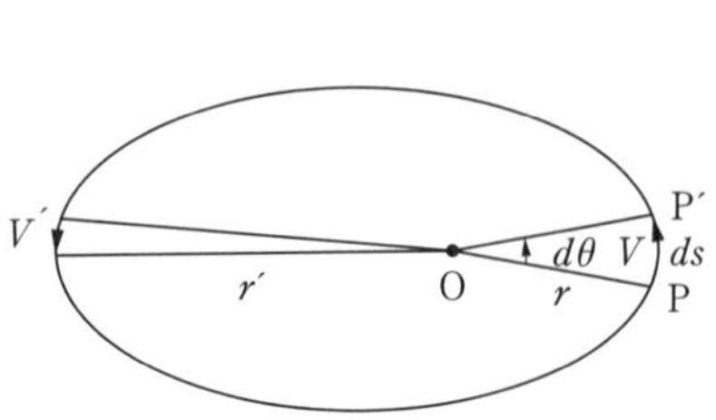

図6.4

[1] この事情を物語風に書いたものに，朝永振一郎「物理学とは何だろう（上）」（岩波新書）がある．一読をすすめる．

すると，ΔPP′O の面積で近似できる．

$$\Delta \mathrm{PP'O} \cong \frac{1}{2} r ds, \qquad ds = r d\theta$$

であるから，

$$\Delta \mathrm{PP'O} \cong \frac{1}{2} r^2 d\theta \tag{6.5}$$

である．(6.5)式を dt で割ったものを**面積速度**と名づける．したがって

$$\text{面積速度} = \frac{1}{2} r^2 \dot{\theta} = \frac{h}{2} \tag{6.6}$$

これは，(6.4)式の半分の値に他ならない．$V = r\dot{\theta}$ より，面積速度は $(1/2)rV$ とも表される．

面積速度とは単位時間に軌道半径が掃く面積のことであるからこの値が一定に保たれているということは，たとえば太陽と惑星との距離 r が長いところでは惑星はゆっくり進み，r が短いところでは速く進むことを示している．この典型的な例がハレー彗星である．ハレー彗星は 76 年の周期で，太陽を焦点のひとつとする楕円軌道を描いているが，太陽に近づくにつれて速度を増すので，地球で観測できるのはわずかな期間なのである．

続けて (6.2)，(6.3)式を使ってケプラーの第１法則と第３法則を導こう．

■2　ケプラーの第１法則

(6.2)式を解くためには，(6.4)式から得られる，

$$\dot{\theta} = \frac{d\theta}{dt} = \frac{h}{r^2}$$

を (6.2)式に代入して

$$\frac{d^2 r}{dt^2} - \frac{h^2}{r^3} = -\frac{GM}{r^2} \tag{6.7}$$

一方，

$$\frac{d}{dt} = \frac{d\theta}{dt} \cdot \frac{d}{d\theta} = \frac{h}{r^2} \cdot \frac{d}{d\theta}$$

これを繰り返すと，

$$\frac{d^2 r}{dt^2} = \frac{h^2}{r^2} \cdot \frac{d}{d\theta} \left(\frac{1}{r^2} \frac{dr}{d\theta} \right)$$

となるので

$$\frac{h^2}{r^2} \cdot \frac{d}{d\theta} \left(\frac{1}{r^2} \frac{dr}{d\theta} \right) - \frac{h^2}{r^3} = -\frac{GM}{r^2} \tag{6.8}$$

が得られる．さらに $1/r = u$ とおくと

$$\frac{1}{r^2} \frac{dr}{d\theta} = u^2 \frac{d}{d\theta} \left(\frac{1}{u} \right) = u^2 \left(-\frac{1}{u^2} \right) \frac{du}{d\theta} = -\frac{du}{d\theta}$$

となるので (6.8)式は

$$\frac{d^2 u}{d\theta^2} = \frac{GM}{h^2} - u$$

ここで右辺 $GM/h^2 - u = -x$ とおくと，

$$\frac{d^2 x}{d\theta^2} = -x \qquad \therefore x = a \cos \theta$$

$x = u - (GM/h^2)$, $u = 1/r$ であるから，r を求めると

$$r=\frac{\ell}{1+e\cos\theta} \qquad \left(\ell=\frac{h^2}{GM},\quad e=\frac{h^2a}{GM}\right) \tag{6.9}$$

が得られる．この（6.9)式は原点（すなわち太陽）を焦点とする**円錐曲線**[2)]であって，eを**離心率**，ℓを**半直弦**と呼ぶ．

(6.9)式はeの値によって以下のような曲線になることがわかっている．

$$e=0：円,\quad 0<e<1：楕円,\quad e=1：放物線,\quad e>1：双曲線 \tag{6.10}$$

例題6.3 (6.9)式を直交座標で表して（6.10)式を証明せよ．

［**解**］ 2次元極座標を直交座標（xy座標）に変換するには，

$$r=\sqrt{x^2+y^2},\qquad \cos\theta=\frac{x}{r}=\frac{x}{\sqrt{x^2+y^2}}$$

を（6.9)式に代入して整理すればよいので，

$$x^2+y^2=(\ell-ex)^2$$

が得られる．この式の表す曲線は定数eの値に応じて，

① $$e=0,\qquad x^2+y^2=\ell^2 \tag{6.12}$$

これは半径ℓの円を表す．

② $$0<e<1,\qquad (1-e^2)\left(x+\frac{e\ell}{1-e^2}\right)^2+y^2=\frac{\ell^2}{1-e^2}$$

これを通常の楕円の形に書き改めると，

$$\frac{\left(x+\frac{e\ell}{1-e^2}\right)^2}{\left(\frac{\ell}{1-e^2}\right)^2}+\frac{y^2}{\left(\frac{\ell}{\sqrt{1-e^2}}\right)^2}=1 \tag{6.13}$$

これは，

$$長半径\quad a=\frac{\ell}{1-e^2},\qquad 短半径\quad b=\frac{\ell}{\sqrt{1-e^2}} \tag{6.14}$$

を持つ楕円である．

③ $$e=1,\qquad x=\frac{\ell}{2}-\frac{y^2}{2\ell} \tag{6.15}$$

これは放物線である．

④ $$e>1,\qquad (e^2-1)\left(x-\frac{e\ell}{e^2-1}\right)^2-y^2=\frac{\ell^2}{e^2-1}$$

$$\frac{\left(x-\frac{e\ell}{e^2-1}\right)^2}{\left(\frac{\ell}{e^2-1}\right)^2}-\frac{y^2}{\left(\frac{\ell}{\sqrt{e^2-1}}\right)^2}=1 \tag{6.16}$$

となり，これは次式の漸近線

$$y=\pm\sqrt{e^2-1}\left(x-\frac{e\ell}{e^2-1}\right)$$

を持つ双曲線を表している．

---

2) 円錐曲線とは，円錐の切り口によって生ずる曲線のことである．図6.5の円，楕円，放物線，双曲線は円錐をいろいろな断面で切ることによって生ずるので，これらを総称して円錐曲線と呼ぶ．

このように（6.9)式は種々の円錐曲線を表しているが，双曲線や放物線を描く星は惑星にはなりえない．したがって惑星は楕円軌道もしくは円を描いていることがわかる．

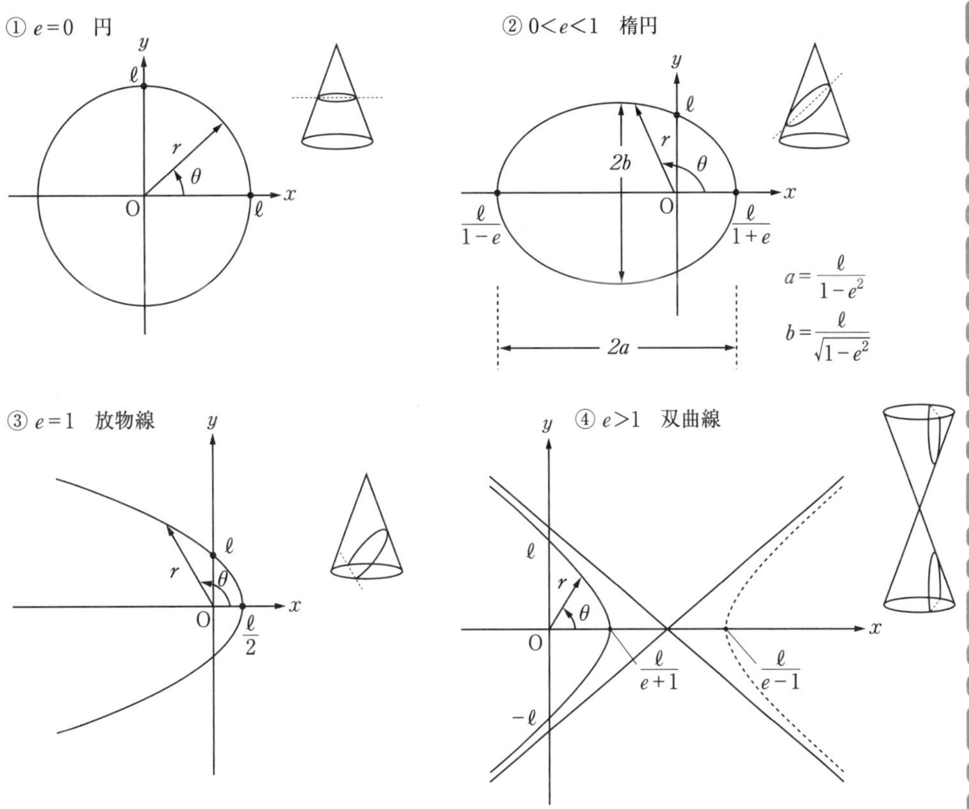

図6.5

図中の各曲線の原点Oが焦点または焦点の1つとなっている．

■3　ケプラーの第3法則　まず，面積速度とは，単位時間の間に径が掃く面積であり，(6.4)，(6.6)式より $h/2$ で与えられる．したがって，面積速度($=h/2$) に周期（$=T$）をかけた値は楕円の面積（$=\pi ab$）に等しい．ゆえに

$$T=\frac{2\pi ab}{h} \tag{6.17}$$

また，(6.14)式より，a と b の関係は

$$b=\sqrt{a\ell} \tag{6.18}$$

である．また，(6.9)式の括弧内より

$$h^2=GM\ell \tag{6.19}$$

(6.18）の b，(6.19)式の h を（6.17)式に代入すると，

$$T^2=\frac{4\pi^2}{GM}a^3 \tag{6.20}$$

となり，ケプラーの第3法則が得られる．

このケプラーの第3法則は，惑星の軌道を円軌道としても，簡単に求めることができる．質量 M の太陽の周りを回る質量 m の惑星の運動を円軌道とすると，(6.1)式が成立する．角速

度 ω と周期 T の関係は $\omega=2\pi/T$ であるから，これを（6.1)式に代入すると

$$T^2=\left(\frac{4\pi^2}{GM}\right)r^3$$

となり，同じくケプラーの第3法則が得られる．表6.1に太陽系の惑星についてのデータを示す．T^2/a^3 の値を比べるとケプラーの第3法則がいかによく成立しているかがわかる．

表6.1　太陽系の惑星についてのデータ（理科年表（国立天文台編））

天体	質量[kg]	赤道半径[m]	太陽からの平均距離 長半径 a [m]	離心率 e	公転周期 T [s]	$\frac{T^2}{a^3}$ [s²/m³]
水星	3.30×10^{23}	2.44×10^{6}	5.79×10^{10}	0.2056	7.60×10^{6}	2.98×10^{-19}
金星	4.87×10^{24}	6.05×10^{6}	1.08×10^{11}	0.0068	1.94×10^{7}	2.99×10^{-19}
地球	5.97×10^{24}	6.38×10^{6}	1.50×10^{11}	0.0167	3.16×10^{7}	2.96×10^{-19}
火星	6.42×10^{23}	3.40×10^{6}	2.28×10^{11}	0.0934	5.94×10^{7}	2.98×10^{-19}
木星	1.90×10^{27}	7.15×10^{6}	7.78×10^{11}	0.0485	3.74×10^{8}	2.97×10^{-19}
土星	5.68×10^{26}	6.03×10^{7}	1.43×10^{12}	0.0555	9.30×10^{8}	2.96×10^{-19}
天王星	8.69×10^{25}	2.56×10^{7}	2.88×10^{12}	0.0463	2.65×10^{9}	2.94×10^{-19}
海王星	1.02×10^{26}	2.48×10^{7}	4.50×10^{12}	0.0090	5.20×10^{9}	2.97×10^{-19}
冥王星	1.37×10^{22}	1.14×10^{6}	5.92×10^{12}	0.2490	7.82×10^{9}	2.95×10^{-19}
太陽	1.99×10^{30}	6.96×10^{8}				

例題 6.4　76年の周期で太陽の周りをまわるハレー彗星は，1986年，太陽に最も近い近日点距離 $R_p=8.9\times10^{10}$ m に至った．（これは，水星と金星の軌道の間である．）この彗星が太陽から最も遠くなる遠日点距離 R_a はどれだけか．

［**解**］　ハレー彗星の軌道の長半径を a とすると，（図6.6）から，$R_a+R_p=2a$ であることがわかる．したがって a がわかれば R_a を求めることができる．ケプラーの第3法則，(6.21)式を a について解くと，

$$a=\left(\frac{GMT^2}{4\pi^2}\right)^{1/3}$$

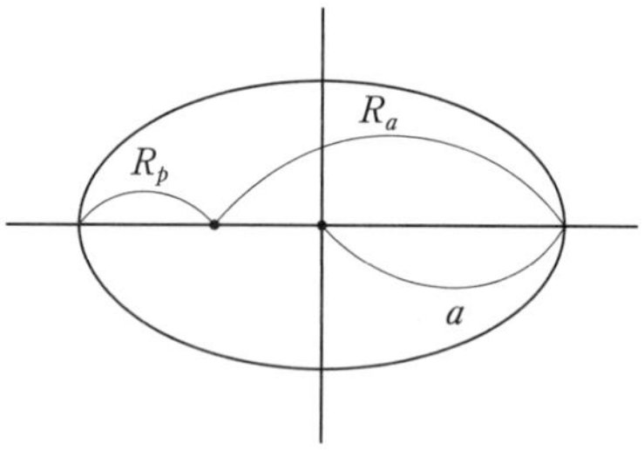

図6.6

上式に，M（太陽の質量）$=2.0\times10^{30}$ kg，T（彗星の周期）$=76$ 年 $=2.4\times10^9$ s を代入すると，

$$a=2.7\times10^{12}\ \mathrm{m}$$

であるから

$$R_a=2a-R_p=5.3\times10^{12}\ \mathrm{m}$$

となる．

問題 6.3　例題6.4で取り上げた彗星の，近日点と遠日点における速度の比を求めよ．

問題 6.4　① 木星の衛星イオは，軌道周期1.77日，軌道半径 4.22×10^8 m である．このデータから，木星の質量を計算せよ．② 木星には，有名な「赤点」があり，この調査のため静止衛星を木星をまわる軌道にのせたい．この静止衛星の高度を求めよ．ただし，木星の自転周期は，0.414日である．

問題 6.5　月が地球のまわりを一周するのに，27.3日かかること，地上での重力加速度 $g=9.80\ \mathrm{m/s^2}$，地球の半径 $R=6.40\times10^6$ m であることを使って地球と月の間の平均距離を求めよ．

談話室6.　湯川秀樹と朝永振一郎

仁科芳雄を日本の量子力学の生みの親とすれば，それを開花させたのは湯川秀樹と朝永振一郎である．二人とも京大教授を父に持ち，京大を同時に卒業した親友である．しかし，二人の生き方はずいぶん異なる．

湯川は27歳のとき中間子論を発表し，それで40歳過ぎでノーベル賞を受賞する．文学にも造詣が深く，多くの栄誉に包まれながらおそらく精神的には孤高の人として一生を終わった．革新的なアイディアを尊重して物理学を変革しようと考えた湯川は晩年まであまり気持ちは安らかではなかったであろうと考える．恐れ多いことであるが，筆者にも晩年の湯川の焦りに似た気持ちがわかるような気がしている．

一方朝永は若い頃，その才能を高く評価されながら，大きな仕事が出ないことに大変苦しんだようである．彼のドイツ日記を読むと，あらわには湯川の名前は出てこないが彼が湯川を意識して苦しんでいるさまがうかがえる．朝永が歴史に残るようないい仕事をしたのは40歳前後であり，その後彼の持つ性格をうまく生かして東京教育大学学長，日本学術会議会長などを歴任し，弟子に囲まれながら晩年まで自由闊達に生きた．二人の人生を考えると，どちらが幸せであっただろうかと考えることがある．

第7章　仕事とエネルギー

この章では，ニュートンの運動方程式を発展させて，運動エネルギー，ポテンシャルエネルギー（位置エネルギー）という概念を導く．また，それらのエネルギーの和が一定であるというエネルギー保存則を導く．この章は，力学の中心部分をなすものである．

7.1　仕事とポテンシャルエネルギー

質点が x 方向に，一定の力 F を受けて，x 軸上を x_A から x_B まで長さ x だけ動いたとき，力が質点にした**仕事** W は

$$W=F\cdot x \tag{7.1}$$

で定義される．次に，各点で力の大きさが異なる場合を考えよう．直線 x_A から x_B までを n 個の微小部分 $\Delta x_i(i=1,\cdots,n)$ に分けて，Δx_i にはそれぞれ場所に依存する力 $F(x_i)$ が働いているとすると，各微小部分で $F(x_i)$ がする仕事は

$$\Delta Wi=F(x_i)\Delta x_i \tag{7.2}$$

である．したがって，$x_A\sim x_B$ の間にする仕事は

$$W\fallingdotseq\sum_{i=1}^{n}F(x_i)\Delta x_i \tag{7.3}$$

と表すことができ，区分 Δx_i を限りなく小さくしていくと

$$W=\lim_{n\to\infty}\sum_{i=1}^{n}F(x_i)\Delta x_i=\int_{x_A}^{x_B}F(x)dx \tag{7.4}$$

となる．

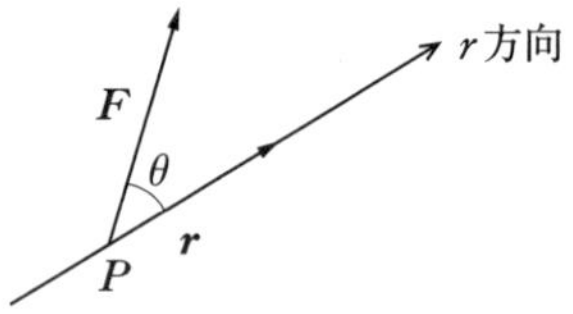

図7.1

以上は x 軸上のみの1次元運動についてであるが，これを3次元の場合に拡張してみよう．今，図7.1のように，任意の方向に向いている力 $\boldsymbol{F}$ が $\boldsymbol{r}$ 方向に仕事をしようとする時，力 $\boldsymbol{F}$ は $\boldsymbol{r}$ 方向の成分（$F\cos\theta$）のみが有効であるから，ベクトルの内積の定義から，仕事は

$$W=F\cdot r\cos\theta=\boldsymbol{F}\cdot\boldsymbol{r} \tag{7.5}$$

で表される．次に，各点で力のかかり方が異なる場合を考えると，上記の1次元での考え方がそのまま適用できて，質点を $\boldsymbol{r}_i$ から $\boldsymbol{r}_i+d\boldsymbol{r}_i$ まで移動させる微小仕事は

$$dW_i=\boldsymbol{F}(\boldsymbol{r}_i)\cdot d\boldsymbol{r}_i \tag{7.6}$$

で表され，質点を r_{A} から r_{B} まで移動させる仕事 W は

$$W=\lim_{n\to\infty}\sum_{i=1}^{n}dW_i=\int_C\boldsymbol{F}(\boldsymbol{r})d\boldsymbol{r} \tag{7.7}$$

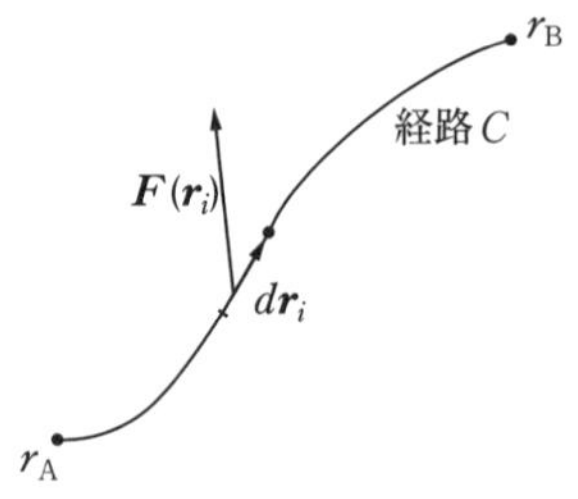

図7.2

である（図7.2）．ただし C は，経路C を表し，この積分は経路 C にそって r_A から r_B まで積分するので，**線積分**と呼ばれる．

例題 7.1　力が$F(x, y)=(y^2, xy)$で与えられるとき，原点Oから点P(a, b)までの仕事を$\overrightarrow{OBP}(C_1)$と$\overrightarrow{OP}(C_2)$の2つの経路にそって積分せよ（図7.3）.

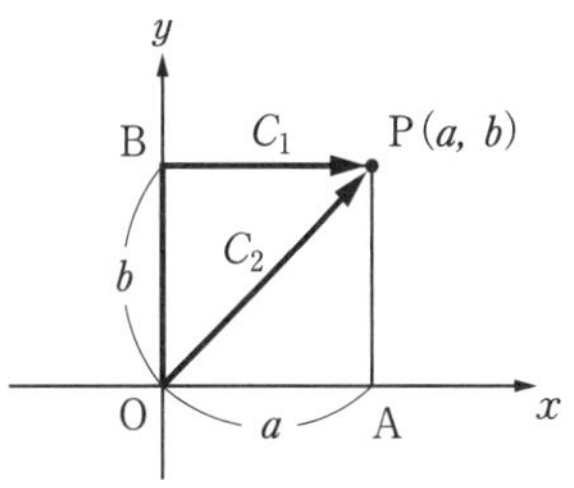

図7.3

［**解**］　C_1：OBの積分は，y軸上に進む積分なので$dx=0$．$x=0$より$\boldsymbol{F}=(y^2, 0)$, $d\boldsymbol{r}=(0, dy)$であるから，

$$\boldsymbol{F}\cdot d\boldsymbol{r}=F_x\cdot dx+F_y\cdot dy=0$$

BPでは$y=b$から$\boldsymbol{F}=(b^2, bx)$,　$d\boldsymbol{r}=(dx, 0)$より

$$\boldsymbol{F}\cdot d\boldsymbol{r}=b^2dx \qquad \therefore W_{C_1}=\int_0^a b^2dx=ab^2$$

C_2：OPの積分は，$\boldsymbol{F}=(y^2, xy)$,　$d\boldsymbol{r}=(dx, dy)$

$$\boldsymbol{F}\cdot d\boldsymbol{r}=y^2dx+xydy$$

であるが，経路の式が，$y=(b/a)x$であるから，

$$\boldsymbol{F}\cdot d\boldsymbol{r}=\left(\frac{b}{a}x\right)^2dx+\left(\frac{a}{b}y\right)ydy, \qquad \therefore W_{C_2}=\int_0^a\left(\frac{b}{a}\right)^2x^2dx+\int_0^b\left(\frac{a}{b}\right)y^2dy=\frac{2ab^2}{3}$$

したがって，この積分は経路によって異なる.

例題7.1で示したように，その仕事の積分は一般に，経路（径路とも書く）によって異なるが，力によってはこの積分がどのような経路をとっても等しくなり，始点と終点を指定するだけで決まってしまう場合がある．例として，$\boldsymbol{F}(\boldsymbol{r})=(0, 0, -mg)$という重力を考えよう．物体が$P_1=(x_1, y_1, z_1)$から$P_2=(x_2, y_2, z_2)$まで移動したときの重力のした仕事Wは，

$$dW=\boldsymbol{F}(\boldsymbol{r})\cdot d\boldsymbol{r}=0\cdot dx+0\cdot dy-mgdz=-mgdz \qquad \therefore W=\int_{z_1}^{z_2}(-mg)dz=-mg(z_2-z_1)$$

となり，高さだけで決まり，途中の経路にはよらない．

このことを，登山を例にとって考えてみる．一般に“山に登る”ということは，重力に逆らって“仕事”をしているわけであるが，山の登り方としては，Aのような道とBのような道が考えられる（図7.4）．Aのような道は，距離は短いが，単位長さあたりの仕事は大きくなり，また，Bはその逆である．しかし，P_1からP_2に達するのに，**仕事の量が道筋によらない**のだから，力学的には途中どの道を通ったかは必要ではない．ただ山の高さ（P_2-P_1）のみで仕事の量が決まる．

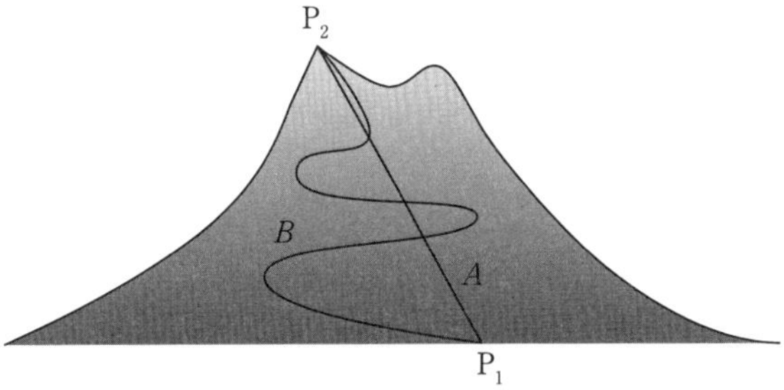

図7.4

このように，仕事の積分が経路によって変わらないような力を**保存力**という．一般に，万有引力，重力，クーロン力，変位に比例する復元力などは保存力である．

今，仕事$\int_{P_1}^{P_2}\boldsymbol{F}\cdot d\boldsymbol{r}$が途中の経路によらず，$P_1$，$P_2$の位置（高さ）のみによって決まるとすると，

$$\int_{P_1}^{P_2}\boldsymbol{F}\cdot d\boldsymbol{r}=[-U(\boldsymbol{r})]_{P_1}^{P_2}=U(P_1)-U(P_2) \tag{7.8}$$

のような位置の関数 $U(\boldsymbol{r})$ を定義することができる.

$$U(\boldsymbol{r})=-\int \boldsymbol{F}\cdot d\boldsymbol{r} \tag{7.9}$$

この $U(\boldsymbol{r})$ のことを，**ポテンシャルエネルギー**という．ここで，負の符号がついているのは，力 $\boldsymbol{F}$ のした仕事だけポテンシャルエネルギーが減少することを表している．先の例でいうと，物体は P_1 から P_2 へ上ることによって重力にさからって仕事をしたことになる．そのために費やした仕事 $mg(P_2-P_1)$ だけポテンシャルエネルギーを蓄えると考えるとよい．つまり，P_1 から P_2 へ移動するときは，重力は仕事をされることになり（これを負の仕事と考える），その分だけ重力のポテンシャルエネルギーは増加する．

ここでポテンシャルエネルギーについて以下のことを注意しておきたい．

① ポテンシャルエネルギーは**位置エネルギー**とも呼ばれるが，バネの持つ弾性エネルギーなどもポテンシャルエネルギーの一種であり，一般に座標のみの関数になっている．

② ポテンシャルエネルギーは，その差が問題なのであり，通常は基準点からのエネルギーの差をもってポテンシャルエネルギーとする．

③ ポテンシャルエネルギーは，スカラー量であり，x，y，z 成分を持たない．

(7.9)式では力からポテンシャルエネルギーを求めたが，逆にポテンシャルエネルギーから力を求めてみよう．

今，$\boldsymbol{r}_1\rightarrow\boldsymbol{r}_2$ の距離が大変短く，$\Delta\boldsymbol{r}(\Delta x, \Delta y, \Delta z)$ だけしか離れていないとすると，2点間のポテンシャルエネルギーの差 ΔU は，

$$\Delta U=-\boldsymbol{F}\cdot\Delta\boldsymbol{r}=-(F_x\Delta x+F_y\Delta y+F_z\Delta z)$$

であるから，$\Delta y, \Delta z$ を固定して，Δx のみを変数と考えると

$$F_x=-\frac{\Delta U}{\Delta x} \tag{7.10}$$

ここで，$\Delta x\rightarrow 0$ の極限をとると，$\Delta U/\Delta x$ は U の x についての微分になる．他の変数（ここでは y と z）を一定にしたままで微分することを第1章で述べたように偏微分といい，$\partial/\partial x$ と書くので，

$$F_x=-\lim_{\Delta x\rightarrow 0}\frac{\Delta U}{\Delta x}=-\frac{\partial U}{\partial x} \tag{7.11}$$

となる．y 成分，z 成分についても同様に

$$F_y=-\frac{\partial U}{\partial y} \tag{7.12}$$

$$F_z=-\frac{\partial U}{\partial z} \tag{7.13}$$

と表される．これがポテンシャルエネルギーと力の関係を表す式である．ベクトル量としての力 $\boldsymbol{F}$ は

$$\boldsymbol{F}=F_x\boldsymbol{i}+F_y\boldsymbol{j}+F_z\boldsymbol{k}=-\left(\frac{\partial U}{\partial x}\boldsymbol{i}+\frac{\partial U}{\partial y}\boldsymbol{j}+\frac{\partial U}{\partial z}\boldsymbol{k}\right)=-\mathrm{grad}\,U \tag{7.14}$$

と書き，これを U の勾配（gradient）という[1)]．

また，(7.11)式を y で偏微分すると，$\dfrac{\partial F_x}{\partial y}=-\dfrac{\partial^2 U}{\partial x\partial y}$ となり，同様に（7.12)式を x で偏微

1) これはすでに（2.21)式で述べてある．

分すると，$\dfrac{\partial F_y}{\partial x}=-\dfrac{\partial^2 U}{\partial x \partial y}$ となる．両式の右辺は等しいので，

$$\frac{\partial F_x}{\partial y}=\frac{\partial F_y}{\partial x} \tag{7.15}$$

という関係がある．同様に，

$$\frac{\partial F_y}{\partial z}=\frac{\partial F_z}{\partial y} \tag{7.16}$$

$$\frac{\partial F_z}{\partial x}=\frac{\partial F_x}{\partial z} \tag{7.17}$$

となる．これらの関係式は，力が保存力であることの条件になっている[2]．

例題 7.2　ポテンシャルエネルギー U を，① 万有引力，② 重力，③ 変位に比例する復元力に対して求めよ．

［解］　① 万有引力

$$\boldsymbol{F}=-G\frac{m_1 m_2}{r^2}\cdot\frac{\boldsymbol{r}}{r}$$

この場合の基準点は，万有引力が 0 になるところとして r が ∞ のところにするとよい．

$$U=-\int_{\infty}^{r}\boldsymbol{F}\cdot d\boldsymbol{r}=-\int_{\infty}^{r}-G\frac{m_1 m_2}{r^2}\cdot dr=\left[-\frac{Gm_1 m_2}{r}\right]_{\infty}^{r}=-\frac{Gm_1 m_2}{r} \tag{7.18}$$

② 重力　$F_z=-mg$，一般には $z=0$ の位置を基準点にとり，

$$U=-\int_0^z -mg\cdot dz=[mgz]_0^z=mgz \tag{7.19}$$

と表せる[3]．

③ 変位に比例する復元力

$$F_x=-kx$$

基準点を $x=0$ にとると，

$$U=-\int_0^x -kx\cdot dx=\left[\frac{1}{2}kx^2\right]_0^x=\frac{1}{2}kx^2 \tag{7.20}$$

(7.14)式の利点は，保存力においては，ただ 1 つのスカラー量 U を知れば，あとはその成分に関して微分すれば，力のその方向の成分が求められることである．

---

2) 実は (7.15)～(7.17)式は (2.24)式の rot$\boldsymbol{F}$ の，x，y，z 成分に他ならない．したがって，保存力であるための条件は，rot$\boldsymbol{F}=0$ であるということができる．

3) このように扱えるのは，地表面（厳密にいうと地球の半径に比して無視できるくらいの高さ）での運動のみである．この問題を万有引力の法則からより一般的に扱ってみよう．地上 z の位置にある質量 m の物体について地球の半径を R とすると $r=R+z$ であり，$z=0$ の位置を基準にとる．

$$U=-\int_R^{R+z}-\frac{GMm}{r^2}dr=\left[-\frac{GMm}{r}\right]_R^{R+z}=\frac{GMm}{R}-\frac{GMm}{R+z}$$

ここで，重力加速度 $g=GM/R^2$ を代入して整理すると，

$$U=mgz\left(\frac{R}{R+z}\right)=mgz\left(1+\frac{z}{R}\right)^{-1}$$

と表される．ここで

$$\left(1+\frac{z}{R}\right)^{-1}=1-\frac{z}{R}+\frac{(-1)(-2)}{2!}\left(\frac{z}{R}\right)^2-\cdots$$

と展開できるから，

$$U=mgz-\frac{mgz^2}{R}+\cdots$$

したがって $z \ll R$ の場合は $U=mgz$ としてよいが，z が大きい場合は 2 項目以降を無視できなくなる．

問題 7.1 質点に作用する力の x, y 成分が, $F_x=ay$, $F_y=bx$ で与えられる.

(1) 図 7.5 に示す経路に沿って力がなす仕事を求めよ.

① 経路 R_1（直線 $y=x$ 上で, $0\to B$), ② 経路 R_2 $(0\to A\to B)$, ③ 経路 R_3（放物線 $y=x^2/\ell$ 上で $0\to B$）

(2) この力が保存力であるための条件を求めよ.

問題 7.2 次のポテンシャルエネルギーを与える力を求めよ.

① kz, ② kr^2, ③ $k\dfrac{e^{-kr}}{r}$, ④ $k\log_e r^2$

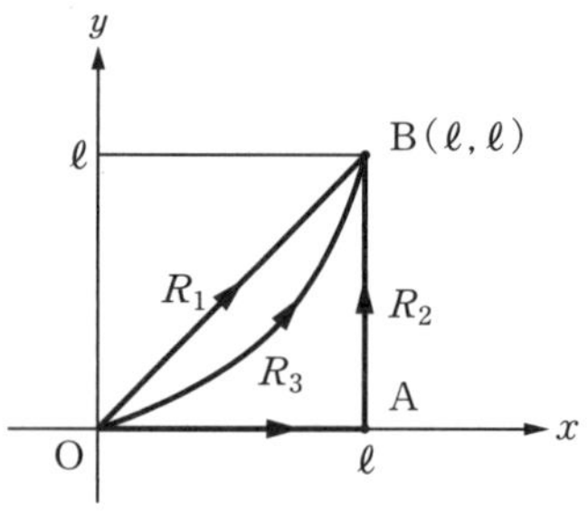

図 7.5

7.2 エネルギー保存則

(4.2)式は, ニュートンの運動方程式を x, y, z 成分に分けて書いたものであるが, それぞれに $dx/dt, dy/dt, dz/dt$ を掛けて加えると

$$m\left(\frac{d^2x}{dt^2}\frac{dx}{dt}+\frac{d^2y}{dt^2}\frac{dy}{dt}+\frac{d^2z}{dt^2}\frac{dz}{dt}\right)=F_x\frac{dx}{dt}+F_y\frac{dy}{dt}+F_z\frac{dz}{dt}$$

となる. 左辺は, (5.22)式から (5.21)式を導いた関係と同様なので

$$\text{左辺}=\frac{d}{dt}\left\{\frac{1}{2}m\left[\left(\frac{dx}{dt}\right)^2+\left(\frac{dy}{dt}\right)^2+\left(\frac{dz}{dt}\right)^2\right]\right\}=\frac{d}{dt}\left\{\frac{1}{2}mV^2\right\}$$

となる. したがって

$$\frac{d}{dt}\left\{\frac{1}{2}mV^2\right\}=F_x\frac{dx}{dt}+F_y\frac{dy}{dt}+F_z\frac{dz}{dt} \tag{7.21}$$

である. 今, 点 $\boldsymbol{r}_1(x_1, y_1, z_1)$ を通過するときの速度を $\boldsymbol{V}_1$, $\boldsymbol{r}_2(x_2, y_2, z_2)$ を通過する速度を $\boldsymbol{V}_2$ として, $\boldsymbol{r}_1$ から $\boldsymbol{r}_2$ まで時間 dt に関して積分すると

$$\frac{1}{2}mV_2{}^2-\frac{1}{2}mV_1{}^2=\int_{r_1}^{r_2}(F_xdx+F_ydy+F_zdz) \tag{7.22}$$

右辺は内積の定義から

$$F_xdx+F_ydy+F_zdz=\boldsymbol{F}\cdot d\boldsymbol{r}$$

$$\frac{1}{2}mV_2{}^2-\frac{1}{2}mV_1{}^2=\int_{r_{11}}^{r_2}\boldsymbol{F}\cdot d\boldsymbol{r} \tag{7.23}$$

この (7.23)式の右辺は, 前節で述べた力 $\boldsymbol{F}$ のする**仕事**である. また, $(1/2)mV^2$ を**運動エネルギー**という. すなわち,

質点が力 F の作用を受けて運動する際, その時間内の運動エネルギーの増加は, その時間内に力 F のした仕事に等しい.

例題 7.3 運動エネルギーを直角座標系, および極座標系（二次元）で求めよ

［解］

直角座標系 $\dfrac{m}{2}(\dot{x}^2+\dot{y}^2+\dot{z}^2)$ (7.25)

極座標系（二次元） $\dfrac{m}{2}(\dot{r}^2+r^2\dot{\theta}^2)$ （(3.10)式参照.） (7.26)

問題 7.3 15 m/s (54 km/h) で走っていた 3.00×10^3 kg のトラックが急ブレーキをかけたところ，タイヤが路面を 20.0 m 滑って停止した．タイヤと路面間の摩擦力のした仕事はいくらか．

(7.8)式と (7.23)式を組み合わせると，作用する力が保存力であるときに限り，

$$\frac{1}{2}mV_2{}^2-\frac{1}{2}mV_1{}^2=U(\boldsymbol{r}_1)-U(\boldsymbol{r}_2) \qquad \therefore\ \frac{1}{2}mV_1{}^2+U(\boldsymbol{r}_1)=\frac{1}{2}mV_2{}^2+U(\boldsymbol{r}_2)=E \qquad (7.24)$$

と表される．(7.24)式の E を**力学的エネルギー**と呼ぶ．(7.24)式の左辺は $(\boldsymbol{r}_1, \boldsymbol{V}_1)$ のみ，右辺は $(\boldsymbol{r}_2, \boldsymbol{V}_2)$ のみの関数である．すなわち E は速度，座標によらず一定に保たれる．(7.24)式を**力学的エネルギー保存則**という．

エネルギー保存則を言葉でいうと，「保存力場では運動エネルギーとポテンシャルエネルギーの和は一定に保たれる」ということができる．これはニュートンの運動方程式の別の表現の1つであり，エネルギー保存則を使って多くの問題を解くことができる．

例題 7.4 地上から発射するロケットを重力圏外に脱出させるためには少なくともどれだけの初速度を与えなければならないか．

[**解**] ロケットの全エネルギー E が負である限り，ロケットは重力による束縛から脱することはできない．よって，

$$E=\frac{1}{2}mV^2-\frac{GMm}{R}\geqq 0$$

であればよい．

$$\frac{1}{2}mV^2=\frac{GMm}{R}$$

より，$V=\sqrt{2GM/R}$ が，与えるべき最小初速度となるので，$M=5.98\times10^{24}\,4^{13}$ kg，$R=6.37\times10^6$ m を代入すると，$V=1.12\times10^4$ m/s となる．この速度を**第2宇宙速度**と呼ぶ．

問題 7.4 アポロ11号が，月のまわりを軌道半径 r でまわっている．月の質量を M，アポロ11号の質量を m とする．アポロ11号の軌道は円形であるとし，月は一様な球体であると仮定して次の問に答えよ．

① アポロ11号の全エネルギーを，M，m，r，G を使って表せ．

② アポロ11号がこの軌道を去って月の引力圏から脱するのに必要な最小エネルギーを表せ．

問題 7.5 高度 3.00×10^6 m で，地球の周りを円形軌道でまわる，質量 2.00×10^3 kg の人工衛星がある．この衛星の高度を 6.00×10^6 m に移動させるために必要なエネルギーはいくらか（地球の半径と質量については，表6.1のデーターを用いよ）．

例題 7.5 単振り子の運動をエネルギー保存則から求めよ．またその周期を求めよ．

[**解**] 振り子の角度が最大になったときの角度を θ_0 とすると，そのときの運動エネルギーは0である．エネルギー保存則は

$$\frac{1}{2}m(l\dot{\theta})^2+mgl(1-\cos\theta)=mgl(1-\cos\theta_0) \qquad (7.27)$$

と表される．ここで重力のポテンシャルエネルギーは mgz であるが，図7.6からわかるように，最下点をエネルギーの原点にとると $z=l(1-\cos\theta)$ で与えられる．(7.27)式を整理すると

$$\dot{\theta}^2=\frac{2g}{l}(\cos\theta-\cos\theta_0) \qquad (7.28)$$

$\cos\theta$ をテイラー展開すると，$\cos\theta\simeq 1-\theta^2/2$ $(\theta\ll 1)$ であるから（7.28)式は

$$\left(\frac{d\theta}{dt}\right)^2=\frac{g}{l}({\theta_0}^2-\theta^2) \Rightarrow \frac{d\theta}{\sqrt{{\theta_0}^2-\theta^2}}=\sqrt{\frac{g}{l}}dt$$

となる．これは（5.25)式とまったく同じ積分であるからすぐできる．結果は

$$\theta=\theta_0\cos\left(\sqrt{\frac{g}{l}}t+\alpha\right)$$

これは（5.26)式と一致している．この運動の角速度 ω は，$\omega=\sqrt{g/l}$ であるから，周期 T は，

$$T=\frac{2\pi}{\omega}=2\pi\sqrt{\frac{l}{g}}$$

と求められる．

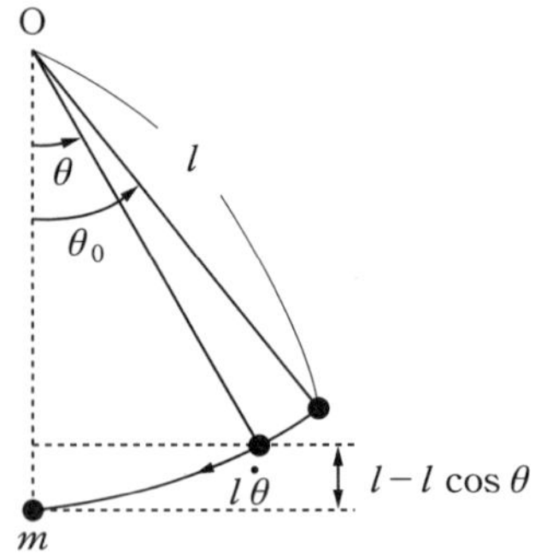

図7.6

例題 7.6　ばね係数 k のばねの先に質量 m の小球をつけて（図7.7）のように振動させる．小球と床との間の摩擦はないものとする．おもりの変位 x は，$x=A\cos\omega t$ と表される．この系全体で力学的エネルギーが保存されていることを示せ．

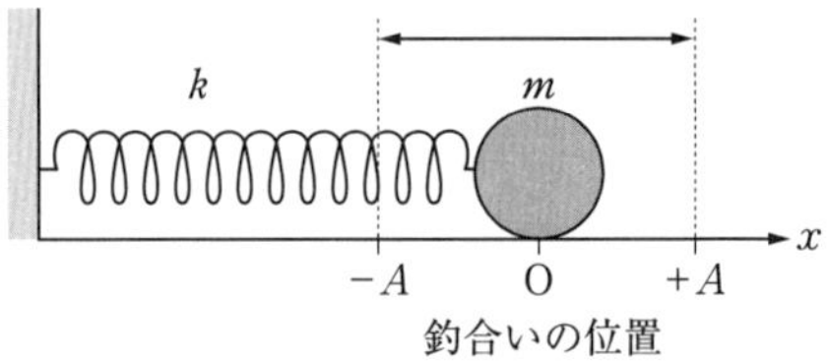

図7.7

［**解**］　ばねが変位 x を受けた時に生じる復元力は $\boldsymbol{F}=-k\boldsymbol{x}$ であるから，この復元力によるポテンシャルエネルギー $U(x)$ は，

$$U(x)=-\int_0^x F_x dx=\int_0^x kx\cdot dx=\frac{1}{2}kx^2=\frac{1}{2}kA^2\cos^2\omega t \qquad (7.29)$$

一方，小球の運動エネルギー $K(\dot{x})$ は，

$$K(\dot{x})=\frac{1}{2}m(\dot{x})^2=\frac{1}{2}m(A\omega)^2\sin^2\omega t$$

したがってこの系全体の力学的エネルギー $E=K(\dot{x})+U(x)$ は，

$$E=\frac{1}{2}m(A\omega)^2\sin^2\omega t+\frac{1}{2}kA^2\cos^2\omega t$$

となるが，この単振動の角振動数 ω と k との間には $\omega^2=k/m$ の関係があるので，

$$E=\frac{1}{2}m(A\omega)^2(\cos^2\omega t+\sin^2\omega t)=\frac{1}{2}m(A\omega)^2 \qquad (7.30)$$

と表される．(7.30)式は時間を含まず，この系全体の力学的エネルギー E は一定に保たれる．すなわち保存されることが示された．

問題 7.6　単振動では運動エネルギー K と，ポテンシャルエネルギー U の1周期 T にわたる時間平均は互いに等しいことを証明せよ．ここで，たとえば運動エネルギー K の時間平均 $\langle K\rangle_{平均}$ は，$\langle K\rangle_{平均}=(1/T)\int_0^T K\,dt$ で与えられる．

いままで述べてきたように，エネルギー保存則は $E=K+U=$一定である．例題 7.6 のような単振動の場合は，$E=(1/2)mV_x^2+(1/2)kx^2$ で与えられることはすでに学んできたとおりである．このポテンシャルエネルギー $U(x)$ を x に対してグラフにした図を**ポテンシャル図**という．単振動 $U(x)=(1/2)kx^2$ の場合をグラフにすると，図 7.8 のようになる．

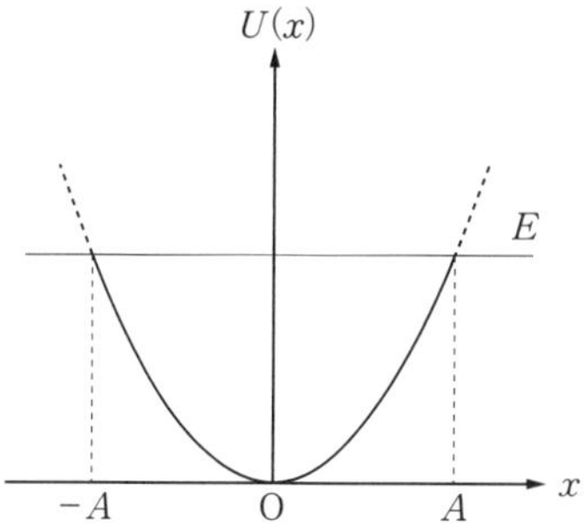

図 7.8

ただし，運動エネルギー K は負にならない（$K\geqq 0$）ので，ポテンシャルエネルギーの範囲は常に $E\geqq U(x)$ である．

ポテンシャル図は，x 軸上にのびた抵抗のないジェットコースターを考えるとわかりやすい．いま，図 7.9 のようなポテンシャル図（ジェットコースターの軌道）を考える．まず，$x=x_2$ の点（$E=E_0$ の所）にジェットコースターを置いたのでは，ジェットコースターは無論動かない．次に，$x_1(E=E_1)$ という点からジェットコースターを出発させると，x_2 を通り過ぎて x_3 まで行き，そこで運動エネルギーが 0 になるので $x_3\to x_2\to x_1$ に戻り往復運動をする．これは運動の範囲が限られている束縛運動である．

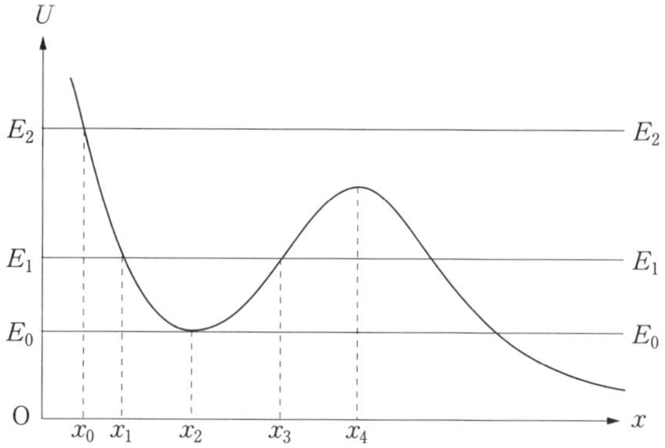

図 7.9

一方，$x_0(E=E_2)$ から出発すると運動エネルギーがじゅうぶん大きいため，$x_0\to x_2\to x_4$ のポテンシャルの山を越え，$x\to\infty$ の方向に去ってしまう．

以上をポテンシャルと力の関係に直して説明すると，ジェットコースターに働く力は，$F_x=-\partial U/\partial x$ であったから，グラフでは傾きが正の領域では $-x$ 方向に，また傾きが負の領域では $+x$ 方向に働いていることがわかる．グラフが極小値を示している位置（$x=x_2$）では $-\partial U/\partial x=0$ であるので力は作用していない．すなわち $x=x_2$ は安定な釣合いの位置となる．

問題 7.7 図 7.10 は一次元運動をしている質量 m の粒子に対する，系のポテンシャルエネルギー関数 $U(x)$ を表す曲線である．図中の E は系の全力学的エネルギーである．

① 図中の，$x_1<x<x_2$ の領域では，力は粒子に対してどちら向きに働いているか（x の正の向きか，負の向きか）
② 力 F が 0 になるところはどこか
③ 位置 x_4 での粒子の速度を表す式を求めよ．
④ 位置 x_1 では粒子の運動エネルギーの値はどのようになるか．また，粒子はどのように運動するか．

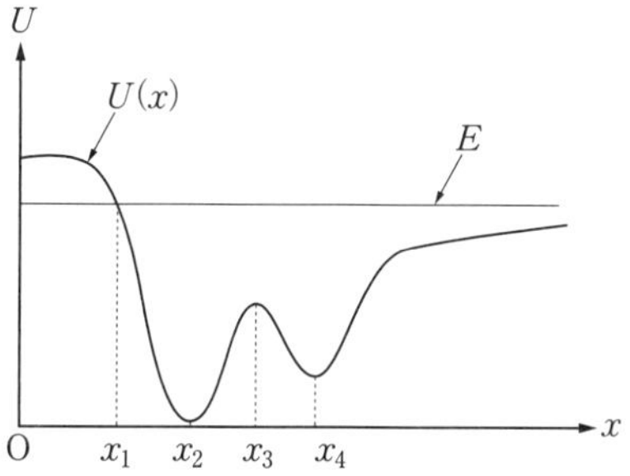

図 7.10

談話室7. お札の話1— 福沢諭吉

歴史をひも解いてみると，文化が爛熟してくると内圧（たとえば平安末期から鎌倉初期による武士階級の台頭）もしくは外圧（江戸末期の外国からの圧力）により，その文化に破壊的な力がはたらき，大きな変革を迫られる．

日本におけるもっとも大きな変革のひとつは明治維新である．このような変革期には旧勢力と新勢力がぶつかりあい，多くのドラマが生まれる（これを，物理の世界では「相転移」という）．明治維新での一番大きな変革は，今まで江戸時代の人が理由もなしに当然と信じていたことを，なぜそうなのかと科学的，思想的に問い，その理由を迫ったことである．

- なぜ，人間には身分の違いがあり，平等ではないのか．
- なぜ，はるかかなたの星の運行から人間の運命が判断できるのか．（占星術）
- なぜ，拝めば病気は治るのか．

⋮

等々である．このような因果関係のはっきりしない理由が支配している世界を批判し，科学的に考えることを教えたのが福沢諭吉である．福沢諭吉の「福翁自伝」を読むと，神社の御神体を石にとりかえ，それを拝んでいる人を笑ったという話が出てくるが，（そのような悪ふざけはゆるされないにしても）あの時代にこのような合理精神はなかなか持てるものではない．また緒方洪庵の適塾での彼の精神的な自由さとその勉強ぶりは今なお我々を感激させる．「福翁自伝」は，今読んでもまったく古さを感じさせないのは驚くべきことである．福沢諭吉が究極述べたかったことは，日本が発展するためには日本人個々の自覚が必要であり，それは結局個々人が「学問をして，科学的精神を身につける」ということにつきる，ということである．

（本書での紙幣の肖像画は，2008年8月現在のものを基準にしている．）

第 8 章　動いている座標系での運動

今まで我々は，質点の運動を記述するのに，空間（座標）はいつも動かないと考えてきた．たとえばニュートンの時代には宇宙はまったく静止していると考えられており，ニュートンはこれを**絶対空間**と呼んだ．しかし，「絶対空間」というような概念は，科学の進歩とともに変わっていく．実際，静止していると思われていた地球は太陽の周りを回っており，その太陽を含めた銀河系も回転していて，太陽はその中で 220 km/s の速度で回転していることがわかってきた．さらにその銀河系を含めた宇宙自身も膨張していることは現在の常識となっている．

我々は，「絶対空間」のようにそれ自身確かめようもない概念の替わりに**慣性系**という概念を考える．慣性系とはニュートンの第一法則が成り立つような仮想的な座標系である．しかし，すべての座標系が慣性系であるとは限らない．たとえば，電車が急停車したとき，乗客が前に倒れるという現象が起きるが，このときの電車内の座標系は慣性系ではない．急停車している時の車内でつんのめる力を感じるのは外から力が働いたためではなく，座標系が変化したためなのである．

この章では，一般的に**慣性系に対して運動している座標系の運動**を調べ，その座標系上の質点の運動の運動方程式がどのように表されるかを考察する．以下，次の 3 つの座標系について考えていく．

① 慣性系に対して等速直線運動をしている座標系．

② 慣性系に対して並進加速度運動をしている座標系．

③ 慣性系に対して一定の角速度で回転している回転座標系．

8.1　慣性系に対して等速直線運動をしている座標系

今，図 8.1 のように，止まっている座標系（K 系と呼ぶ）の原点を O とし，O に対して一定の速度 $\boldsymbol{V}$ で動いている座標系（K' 系と呼ぶ）の原点を O′ とする．$t=0$ のとき O と O′ が一致しているとしよう．質点 P の座標は K' 系では $\boldsymbol{r}'$ であるが K 系では

$$\boldsymbol{r}=\boldsymbol{v}t+\boldsymbol{r}' \tag{8.1}$$

で表される．両辺を微分すると，

$$\boldsymbol{V}=\frac{d\boldsymbol{r}}{dt}, \qquad \boldsymbol{V}'=\frac{d\boldsymbol{r}'}{dt}$$

なので

$$\boldsymbol{V}=\boldsymbol{v}+\boldsymbol{V}' \tag{8.2}$$

同じようにこの質点の加速度は $d\boldsymbol{v}/dt=0$ なので

$$\dot{\boldsymbol{V}}=\dot{\boldsymbol{V}}' \tag{8.3}$$

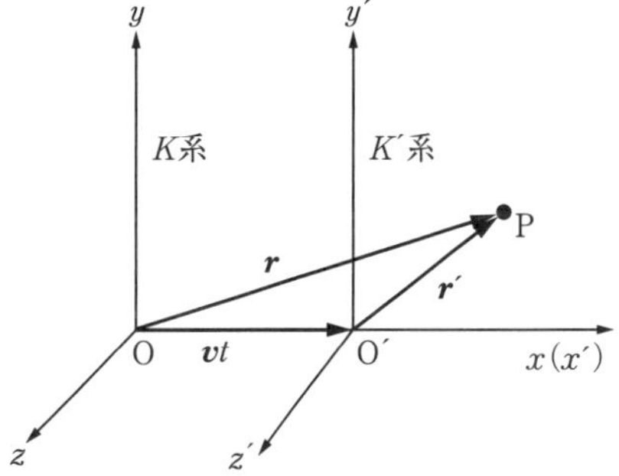

図 8.1

同じことであるが

$$\ddot{\boldsymbol{r}}=\ddot{\boldsymbol{r}}' \tag{8.4}$$

つまり座標系の相対運動が一定速度 $\boldsymbol{v}$ のとき，加速度はどちらの系から見ても同じ値をとることがわかる．

今，K 系は慣性系なのでこの系における運動方程式は

$$m\frac{d^2\boldsymbol{r}}{dt^2}=\boldsymbol{F}$$

と書かれる．$\boldsymbol{F}$ は力すなわち物体間の相互作用であるから，K 系でも K' 系でも同じである．K' 系での力を $\boldsymbol{F}'$ とすると，

$$\boldsymbol{F}=\boldsymbol{F}' \qquad \therefore\ m\frac{d^2\boldsymbol{r}'}{dt^2}=\boldsymbol{F}'(=\boldsymbol{F}) \tag{8.5}$$

が得られる．つまり 1 つの慣性系（ここでは K 系）に対して等速直線運動をしている座標系もまた慣性系である．これを**ガリレイの相対性原理**という[1]．言葉をかえていえば，ガリレイの相対性原理とは，「1 つの慣性系に対して等速直線運動をしている座標系も同じく慣性系であり，両者を区別することはできない.」ということができる．たとえば，等速直線運動をしている電車の中で，この電車が動いているのか静止しているのかを力学の法則を使って調べる方法はないのである．勿論 K' 系で見る運動は K 系で見ると異なって見えることはいうまでもない．次の簡単な例題で考えてみよう．

例題 8.1　等速度 $\boldsymbol{v}$ で動いている電車の中（K' 系）で初速度 V_0 でボールを上に投げ上げる．このボールを電車の外（K 系）から見るとどのように見えるか．

［解］　ボールが手から離れた瞬間（$t=0$）の座標を（$0, 0, z_0$）（K 系），（$0, 0, z_0'$）（K' 系）とする．

K' 系でのボールの運動は，

$$x'=0, \qquad y'=0, \qquad z'=-\frac{1}{2}gt^2+V_0t+z'_0$$

K 系と K' 系の座標の間には $x=vt+x'$, $y=y'$, $z=z'$ の関係があるから，

$$x=vt, \qquad y=0, \qquad z=-\frac{1}{2}gt^2+V_0t+z_0$$

よって軌跡は

$$z=-\frac{1}{2}\frac{g}{v^2}x^2+\frac{V_0}{v}x+z_0$$

つまり，「K' 系（電車内）で上に投げ上げたボールは K 系（電車の外）から見ると放物線のように見える.」という当然の結果を表している．

8.2　慣性系に対して並進加速度運動をしている座標系

次に K 系と K' 系の間をより一般的に考えてみよう．図 8·1 の K 系の原点 O から見た K' 系の原点 O′ の位置を $\boldsymbol{R}$ とすると，質点 P の座標は K' 系では $\boldsymbol{r}'$ であるが，K 系では

[1] このことは，すでに 4.2.1 項でふれているので，読み返してほしい

$$\boldsymbol{r}=\boldsymbol{r}'+\boldsymbol{R} \tag{8.5}$$

で表される．(8.5)式を t で2階微分して，両辺に m をかけると，

$$m\frac{d^2\boldsymbol{r}}{dt^2}=m\frac{d^2\boldsymbol{r}'}{dt^2}+m\frac{d^2\boldsymbol{R}}{dt^2} \tag{8.6}$$

(8.6)式を K' 系での運動方程式の形にしてみよう．

$$m\frac{d^2\boldsymbol{r}'}{dt^2}=m\frac{d^2\boldsymbol{r}}{dt^2}-m\frac{d^2\boldsymbol{R}}{dt^2}$$

慣性系（K 系）での運動方程式では，力を $\boldsymbol{F}$ とすると，$m(d^2\boldsymbol{r}/dt^2)=\boldsymbol{F}$ であるから，

$$m\frac{d^2\boldsymbol{r}'}{dt^2}=\boldsymbol{F}-m\frac{d^2\boldsymbol{R}}{dt^2}=\boldsymbol{F}-m\boldsymbol{a} \quad \left(\boldsymbol{a}=\frac{d^2\boldsymbol{R}}{dt^2}\right) \tag{8.7}$$

$\boldsymbol{a}$ は座標系 K' の，K 系に対する並進加速度を表している．(8.7)式を言葉でいえば，「慣性系に対して加速度 $\boldsymbol{a}$ で動いている座標系での運動は，力 $\boldsymbol{F}$ の他に見かけの力 $-m\boldsymbol{a}$ を考えると慣性系のように扱うことができる.」ということができる．

例題 8.2 図 8.2のように一定の加速度 $\boldsymbol{a}$ で上昇するエレベーターの中で単振り子の運動を行わせたときの振動の周期を求めよ．

［解］ エレベーターが上昇する方向を z 方向にとる．エレベーター内の物体に働く力はエレベーターの中では（8.7）式より

$$m\frac{d^2z}{dt^2}=-mg-ma=-m(g+a)$$

と書ける．振り子の運動方程式は

$$m\ell\frac{d^2\theta}{dt^2}=-m(g+a)\sin\theta$$

と表される．$\sin\theta\cong\theta$ の範囲で，振り子の各周波数は，$\omega=\sqrt{(g+a)/\ell}$ となり，周期は $T=2\pi\sqrt{\ell/(g+a)}$ となる．これは単振り子の周期 T の g を，$g+a$ と置きなおした形となる．

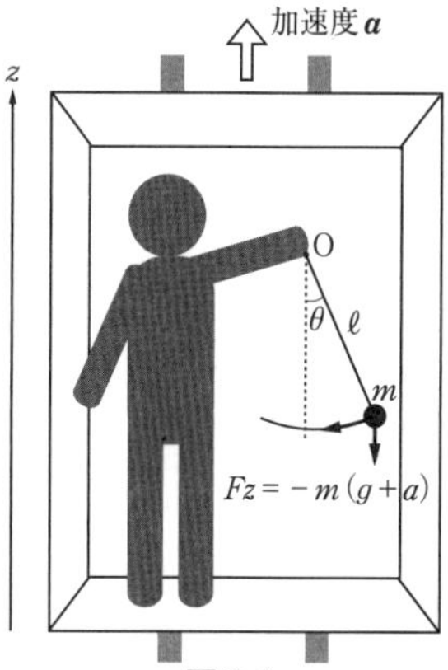

図 8.2

問題 8.1 ① 図 8.3のように，加速度 $\boldsymbol{a}$ で加速している電車の車内で，天井から質量 m の物体を糸で吊るすと，どちらにどれだけ傾くか．糸の張力の大きさと，糸が鉛直方向となす角 θ を求めよ．

② ①の車内で，風船を床に固定した糸につなぎ浮かす．浮いた風船はどのような方向に動くか．

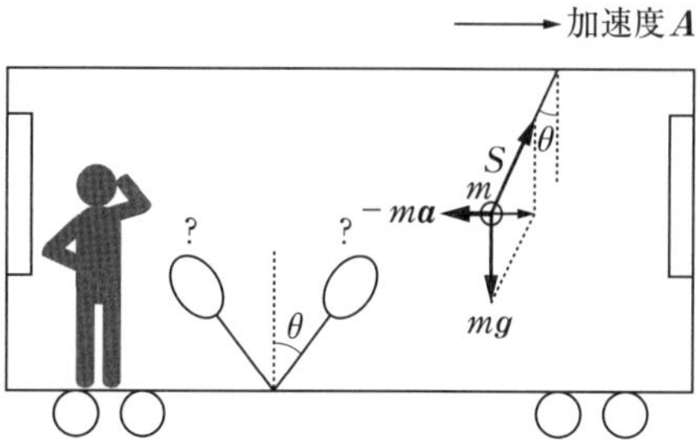

図 8.3

8.3　慣性系に対して一定の角速度で回転している回転座標系

いま，図 8.4 のように慣性系に固定された座標系を x, y 座標とし，その単位ベクトルを $\boldsymbol{i}, \boldsymbol{j}$ とする．この，x, y 座標を原点 0 を中心として $\theta=\omega t$ だけ回転したときの回転座標系を x', y' 座標とし，その単位ベクトルを $\boldsymbol{i}', \boldsymbol{j}'$ とする．$\boldsymbol{i}, \boldsymbol{j}$ と，$\boldsymbol{i}', \boldsymbol{j}'$ の関係は，(2.12)，(2.13) 式より，

$$\left.\begin{aligned} \boldsymbol{i}' &= \boldsymbol{i}\cos(\omega t)+\boldsymbol{j}\sin(\omega t) \\ \boldsymbol{j}' &= -\boldsymbol{i}\sin(\omega t)+\boldsymbol{j}\cos(\omega t) \end{aligned}\right\} \tag{8.8}$$

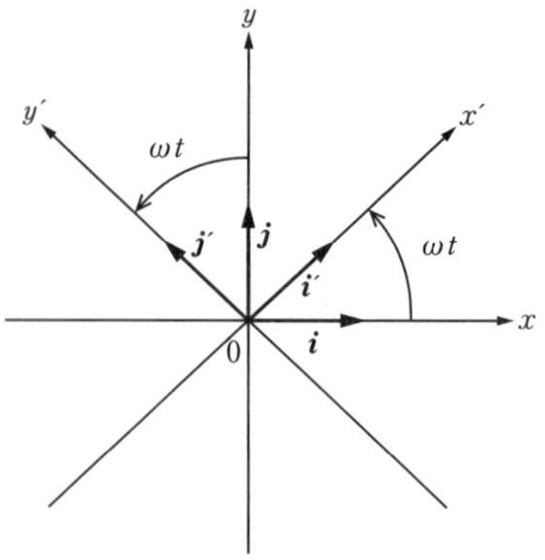

図 8.4

$\boldsymbol{i}', \boldsymbol{j}'$ の時間的変化は，

$$\left.\begin{aligned} \frac{d\boldsymbol{i}'}{dt} &= \{-\boldsymbol{i}\sin(\omega t)+\boldsymbol{j}\cos(\omega t)\}\omega=\omega\boldsymbol{j}' \\ \frac{d\boldsymbol{j}'}{dt} &= \{-\boldsymbol{i}\cos(\omega t)-\boldsymbol{j}\sin(\omega t)\}\omega=-\omega\boldsymbol{i}' \end{aligned}\right\} \tag{8.9}$$

ここで $\boldsymbol{i}, \boldsymbol{j}$ は慣性系に固定されている座標系なので時間的に変化しないことに注意してほしい． いま，位置ベクトル $\boldsymbol{r}$ を，回転座標系 x', y' 系で表すと，

$$\boldsymbol{r}=x'\boldsymbol{i}'+y'\boldsymbol{j}' \qquad \therefore\ \frac{d\boldsymbol{r}}{dt}=\left(\frac{dx'}{dt}\boldsymbol{i}'+\frac{dy'}{dt}\boldsymbol{j}'\right)+\left(x'\frac{d\boldsymbol{i}'}{dt}+y'\frac{d\boldsymbol{j}'}{dt}\right) \tag{8.10}$$

となる．(8.10)式の 2 項目に (8.9)式を代入すると，

$$\frac{d\boldsymbol{r}}{dt}=\left(\frac{dx'}{dt}-\omega y'\right)\boldsymbol{i}'+\left(\frac{dy'}{dt}+\omega x'\right)\boldsymbol{j}' \tag{8.11}$$

が得られる．加速度ベクトル $d^2\boldsymbol{r}/dt^2$ を得るのに，(8.11)式をもう一度微分すると，

$$\frac{d^2\boldsymbol{r}}{dt^2}=\left(\frac{d^2x'}{dt^2}-\omega\frac{dy'}{dt}\right)\boldsymbol{i}'+\left(\frac{d^2y'}{dt^2}+\omega\frac{dx'}{dt}\right)\boldsymbol{j}'+\left(\frac{dx'}{dt}-\omega y'\right)\frac{d\boldsymbol{i}'}{dt}+\left(\frac{dy'}{dt}+\omega x'\right)\frac{d\boldsymbol{j}'}{dt} \tag{8.12}$$

この (8.12)式を (8.9)式を用いて書き直し，整理すると，

$$\frac{d^2\boldsymbol{r}}{dt^2}=\left(\frac{d^2x'}{dt^2}-2\omega\frac{dy'}{dt}-\omega^2x'\right)\boldsymbol{i}'+\left(\frac{d^2y'}{dt^2}+2\omega\frac{dx'}{dt}-\omega^2y'\right)\boldsymbol{j}' \tag{8.13}$$

となる．(8.13)式は回転座標系で見た加速度の式である．
一方，回転座標系でみた力 $\boldsymbol{F}$ は，

$$\boldsymbol{F}=F_{x'}\boldsymbol{i}'+F_{y'}\boldsymbol{j}' \tag{8.14}$$

であるから，両者を比較すると，

$$m\frac{d^2x'}{dt^2}=F_{x'}+2m\omega\frac{dy'}{dt}+m\omega^2x', \qquad m\frac{d^2y'}{dt^2}=F_{y'}-2m\omega\frac{dx'}{dt}+m\omega^2y' \tag{8.15}$$

を得る．この (8.15)式を言葉で表現すると，

「慣性系に対して ω という角速度で回転している座標系で見ると，実際に働いている力 $(F_{x'}, F_{y'})$ のほかに成分が $(2m\omega(dy'/dt), -2m\omega(dx'/dt))$ の見かけの力と，成分が $(mx\omega^2, my\omega^2)$ の見かけの力とが質点に働くと考えれば，回転している座標系での運動も慣性系での運動として扱うことができる．」

ということができる．ここで（8.15）式をまとめてベクトルで表すと，

$$m\frac{d^2\boldsymbol{r}}{dt^2}=\boldsymbol{F}'-2m[\boldsymbol{\omega}\times\boldsymbol{V}']+m\omega^2\boldsymbol{r}' \tag{8.16}$$

となる．ここで $\boldsymbol{\omega}$ は，ω を正の方向（右ねじをまわす方向）にとったときの右ねじの進む方向（z 方向）である．そうすると ω_y，ω_x 成分は存在しないので，（8.16）式の第 2 項の x' 成分，y' 成分は（8.15）式と比較するとそれぞれ

$$x'\text{成分}：-2m(\omega_y V_z'-\omega_z V_y')=+2m\omega_z\frac{dy'}{dt},\qquad y'\text{成分}：-2m(\omega_z V_x'-\omega_x V_z')=-2m\omega_z\frac{dx'}{dt}$$

となる．（8.16）式の第 2 項を**コリオリの力**，第 3 項を**遠心力**と呼ぶ．

このように，回転座標系で運動を記述しようとすると，上記の 2 つの**見かけの力**が生ずる．これらについて簡単に述べてみよう．

8.3.1　コリオリの力

たとえば，図 8.5 のように O 点を中心に右巻きに回っている円板上の端点 B と，円板の外点 A に人がいるとしよう．点 O から点 B と点 A が直線上に重なる瞬間に点 B（点 A）に向かってボールを投げると，点 A の人にはボールは真直ぐに飛んでくる（図 8.5(a)）が，この間円板は回転しているので，回転している座標系にいる点 B の人から見ると，ボールの進行方向は左に反れていくように見える（図 8.5(b)）．これは回転座標系に現れる見かけの力，すなわちコリオリの力による運動に他ならない．

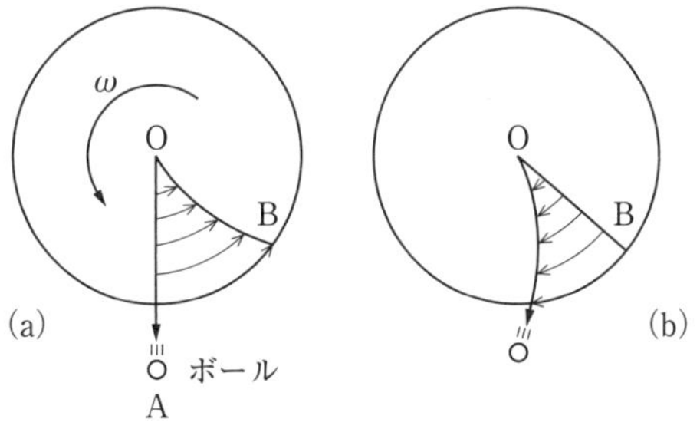

図 8.5

このようなことは自転している地球上でも観測される．たとえば，台風を気象衛星などで上から見ると，台風の目に吹き込む風が北半球では左回りの渦巻きとなって観測される．また，南半球では台風の進行方向に対して地球の自転は逆回りなので風の渦は右回りに観測される．

問題 8.2　なぜ台風の目に吹き込む風が北半球では左回りの渦巻きとなって観測されるのかを考えてみよ．

8.3.2　遠　心　力

遠心力とは，たとえば電車や自動車がカーブを曲がるとき，車内に乗った人が感じるカーブの外向きに引っ張られる力で，多くの諸君も常日頃体感することであろう．この力は，回転している系に生ずる見かけの力で，本書でもこれまでたびたび出てきている．たとえば第 6 章の（6.1）式

$$-mr\omega^2=-G\frac{mM}{r^2} \tag{6.1}$$

は，地球の周りを回転運動する月の向心力が万有引力であると考えて表したものであるが，回転している月から見ると，月が感じている外向きの遠心力と，地球との万有引力がちょうど釣り合っていて，回転座標系から見ると静止している（図8.6）ので

$$-G\frac{mM}{r^2}+mr\omega^2=0$$

と考えることもできる．

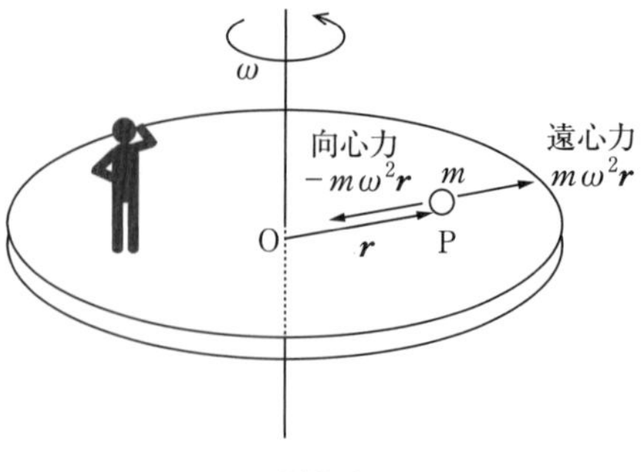

図8.6

例題8.3　地球は地軸を中心に自転している（図8.7）．遠心力は赤道上で最も大きく，北（南）極では0である．地球は球形であるとして，赤道上の重力加速度は北（南）極での重力加速度より何%小さいか．ただし北極での重力加速度を9.80 m/s²とする．

［解］　赤道上の見かけの重力加速度 g' は遠心力の効果のために北（南）極の重力加速度 g より小さくなっている．地球の半径 $R=6.38\times10^6$ m，自転の角速度 $\omega=2\pi$ rad/day $=7.27\times10^{-5}$ rad/s であるから，質量 m の物体が受ける遠心力の大きさは，$mR\omega^2=3.37\times10^{-2}\,m$[N] である．遠心力は，任意の地点では $mR\omega^2\sin\theta$ であるが，赤道上では $\sin(\pi/2)=1$ であるから

$$mg'=mg-mR\omega^2$$

である．これより

$$g'-g=-R\omega^2=-3.37\times10^{-2}\ \mathrm{m/s^2}$$

$$\frac{g'-g}{g}\times100=\frac{-R\omega^2}{g}\times100=-\frac{3.37\times10^{-2}}{9.80}\times100=-0.344$$

g' は g に比べて約0.34%小さい．

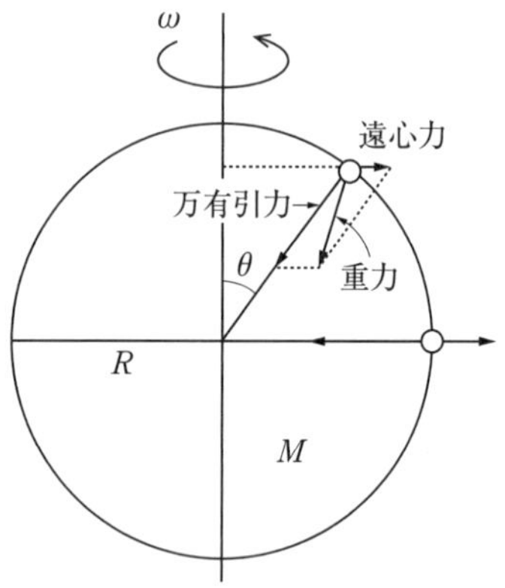

図8.7

問題8.3　図8.8のように，900 km/h で航行している旅客機が回転半径10 km で左方向に回転する．機内の人が［遠心力を感じない］ようにするためには，機体をどの向きに何度傾けたらよいか．ただし，簡単のために上空での重力加速度を $g=9.8\ \mathrm{m/s^2}$ とする．

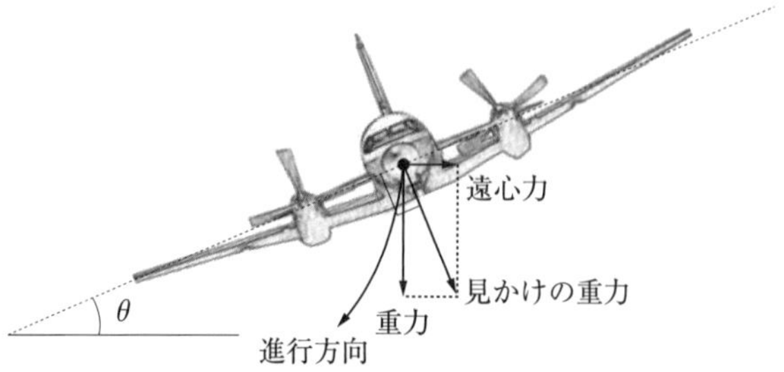

図8.8

例題 8.4　長さ ℓ の糸の一端を O に固定し，他端 P に質量 m の錘りをつけ，糸が鉛直下方と一定の角度 θ を保つように P を水平面内で一定の角速度 ω で回転させる（これを**円錐振り子**という）．この円錐振り子を ① 慣性系（静止座標系），② 回転する座標系のそれぞれの座標系から見た運動の様子を調べよ（図 8.9）．

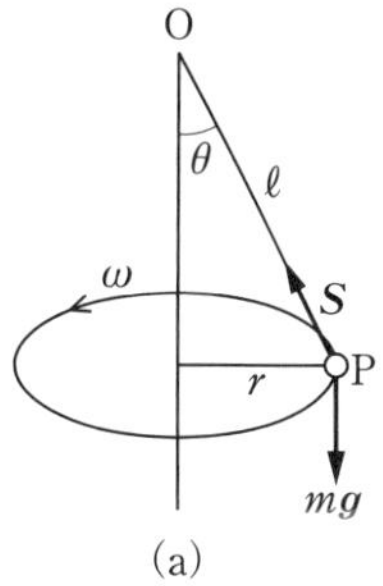

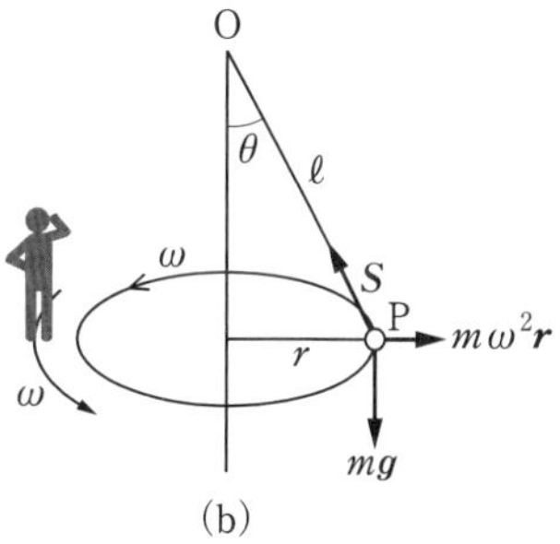

図 8.9

［解］ ① 慣性系では，錘りに働く力は重力 $\boldsymbol{mg}$ と糸の張力 $\boldsymbol{S}$ である（図 8.9）．(a) の慣性系では錘りの加速度は，錘りの円運動の半径を r として，円の中心に向かって $r\omega^2$ であるから，運動方程式は，

$$-mr\omega^2=-S\sin\theta \qquad (8.17)$$

$$0=S\cos\theta-mg \qquad (8.18)$$

$r=\ell\sin\theta$ を代入し，2 式から S を消去すると，$\omega=\sqrt{g/\ell\cos\theta}$ となり，周期 T は

$$T=\frac{2\pi}{\omega}=2\pi\sqrt{\frac{\ell\cos\theta}{g}}$$

となる．

② 錘りの回転運動とともに回転する座標系では，図 8.9(b) のように錘りには実際に働く力，$\boldsymbol{mg}$，$\boldsymbol{S}$，のほかに見かけの力である遠心力 $m\boldsymbol{r}\omega^2$ が働く．回転座標系から見ると錘りは静止しているから，力は釣り合っているはずであり，その条件式は

水平方向の釣合い：$mr\omega^2-S\sin\theta=0$，　鉛直方向の釣合い：$S\cos\theta-mg=0$

となり，(8.17)，(8.18)式と一致する．

問題 8.4　例題 8.3 を参考にして，水平面で一様な角速度 ω で回転している棒に束縛されている質点の運動を ① 静止座標系 ② 角速度 ω で回転する座標系でそれぞれ調べよ．

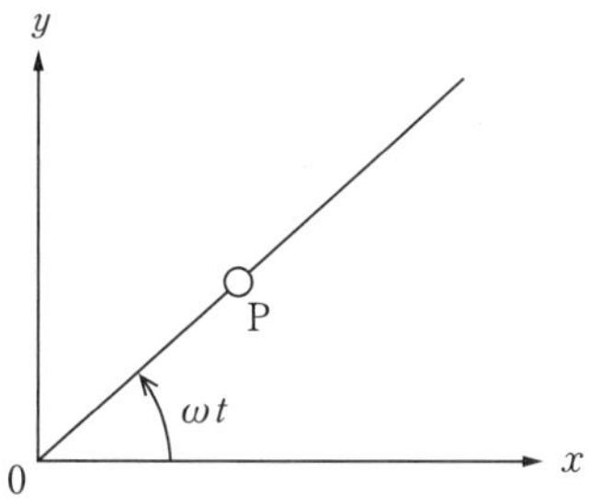

図 8.10

《より進んだ学習のために》

8.3.3　荷電粒子——回転している座標系

回転している座標系のより進んだ応用例として，磁場 $\boldsymbol{B}$ が働いている荷電粒子の運動を考えてみよう．いま，電荷 q を持つ荷電粒子が磁場 $\boldsymbol{B}$ に垂直に速度 $\boldsymbol{v}$ で入ってくる．簡単のために磁場は一定で z 軸の方向に向いているとする．すなわち，$\boldsymbol{B}=(0, 0, B)$ と表される．荷電粒子はローレンツ力と呼ばれる力 $\boldsymbol{F}$

$$\boldsymbol{F}=q(\boldsymbol{v}\times\boldsymbol{B})$$

を受ける．この力を x, y, z 成分に分けて荷電粒子についての運動方程式を書くと，

$$m\frac{d^2x}{dt^2}=q(\boldsymbol{v}\times\boldsymbol{B})_x=q\frac{dy}{dt}B,\qquad m\frac{d^2y}{dt^2}=q(\boldsymbol{v}\times\boldsymbol{B})_y=-q\frac{dx}{dt}B,\qquad m\frac{d^2z}{dt^2}=q(\boldsymbol{v}\times\boldsymbol{B})_z=0$$

となる．これを回転座標系に直すと

$$m\frac{d^2x'}{dt^2}=(qB+2m\omega)\frac{dy'}{dt},\qquad m\frac{d^2y}{dt^2}=-(qB+2m\omega)\frac{dx'}{dt} \tag{8.19}$$

である（ここで ω^2 の項（遠心力の項）は小さいとして省略した）．いま，$qB+2m\omega=0$ すなわち，

$$\omega=-\frac{qB}{2m} \tag{8.20}$$

とおくと，

$$m\frac{d^2x'}{dt^2}=0,\qquad m\frac{d^2y'}{dt^2}=0,\qquad m\frac{d^2z'}{dt^2}=0 \tag{8.21}$$

となり，これは粒子にまったく力が働いていないときと同じ運動である．すなわち z 軸の方向に磁場 $\boldsymbol{B}$ が加わると，粒子の運動は磁場がない時の運動を z 軸のまわりに $\omega_L=-qB/2m$ の角速度で回転させた運動と同じになる．これを**ラーモアーの定理**，また，ω_L を**ラーモアー周波数**という．

談話室 8　お札の話 2 ─樋口一葉

お札の話のついでに，5 千円札の樋口一葉について述べてみたい．一葉は膨大な日記を著しているが，その日記を読むとまさに貧窮の一生であったといえる．小説を書き始めた動機も，家計の足しにしようという意図から始まったということである．一葉は 25 歳で肺結核のため死ぬがその晩年，1 年半の間に，名作「たけくらべ」「おおつごもり」「にごりえ」などの名作を残してまさにその最盛期に亡くなる．

多くの人は，彼女が大変不幸であったというが，筆者は決してそうだとは思わない．一葉の文章は流麗な擬古文で書かれているが，それはもはや口語文への転換期のぎりぎりの時期であった．たとえば夏目漱石や森鴎外も初期の頃は擬古文を書いているが，すぐそのあと口語文へ転換している．はたして一葉は口語文に転換できたであろうか．彼女のあまりに完成された擬古文を読んでみるとその転換は難しく，かえって苦しんだのではないかと思う．その意味では彼女は大変幸せなときに死んだともいえる．

「詩になるような生き方をしたい」（若者の言葉でいえば「かっこよく生きたい」）と思うのはすべての人間の願いであろう．一葉自身の生き方は，自分はそうは思っていなかったであろうがまさに「詩になる人生」であり，後世の我々から見ると大変幸せな一生であったといえよう．

筆者は若いときに徒然草を読み，「命長ければ恥多し，長くとも四十路（今の 60 才過ぎに相当するであろうか）に足らぬほどにて死なんこそ目安かるべけれ．」という一文に，強い印象を受けた記憶があるが，今となってはわかるような気もする．

第Ⅲ編

質点系の力学

これまで，本書では1個の質点の運動について述べてきた．しかし，一般の物体は多数の互いに相互作用を及ぼしあう数多くの質点からなる「質点系」である．この第Ⅲ編では質点が1個1個数えられる系「質点系」について考え，次の第Ⅳ編では質点が連続的に分布している系「剛体」について考察する．

第9章　質点系の運動量と運動量保存則

9.1　二体問題—換算質量

一般の質点系の話に入る前に2つの質点からなる系,「二体問題」について述べる.

質量m_1,m_2の2個の質点が，互いに力を及ぼし合いながら運動している場合を考える．m_1がm_2に及ぼす力を$\boldsymbol{F}_{12}$，m_2がm_1に及ぼす力を$\boldsymbol{F}_{21}$とする．力$\boldsymbol{F}_{12}$と$\boldsymbol{F}_{21}$の間には，(4.4)式のような**ニュートンの第3法則**と呼ばれる作用反作用の法則が成り立つことは，第4章ですでに学んだ.

$$\boldsymbol{F}_{12}=-\boldsymbol{F}_{21} \tag{4.4}$$

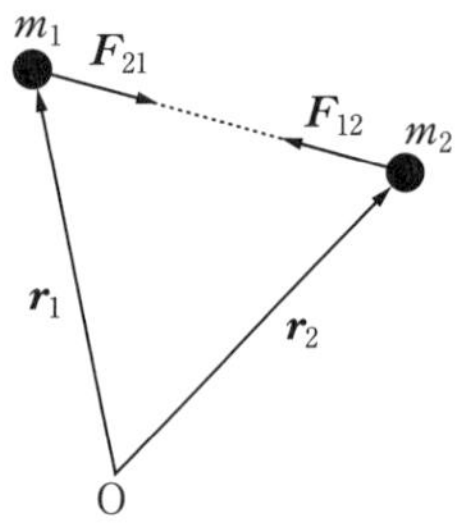

図9.1

今，2個の質点に対して運動方程式を書くと

$$m_1\frac{d^2\boldsymbol{r}_1}{dt^2}=\boldsymbol{F}_{21},\qquad m_2\frac{d^2\boldsymbol{r}_2}{dt^2}=\boldsymbol{F}_{12} \tag{9.1}$$

となる．(9.1)式の両辺をひいて，(4.4)式を用いると,

$$\frac{d^2}{dt^2}(\boldsymbol{r}_2-\boldsymbol{r}_1)=\left(\frac{1}{m_1}+\frac{1}{m_2}\right)\boldsymbol{F}_{12} \tag{9.2}$$

そこで

$$\frac{1}{\mu}=\frac{1}{m_1}+\frac{1}{m_2} \tag{9.3}$$

とおき，図9.1からわかるように，$\boldsymbol{r}=\boldsymbol{r}_2-\boldsymbol{r}_1$と表すと (9.2)式は

$$\mu\frac{d^2\boldsymbol{r}}{dt^2}=\boldsymbol{F}_{12} \tag{9.4}$$

となり，質量μの1個の質点の運動方程式と同じになる．(9.4)式は，m_1とm_2の相対運動を与える式である．μを**換算質量**と呼び，(9.1)式の2つの方程式をμを使うことによって (9.4)式のようにm_1から見たm_2の相対運動に対する1つの方程式に置き換えられる.

問題9.1　水素原子は中心に質量$M=1.67\times10^{-27}$ kgの原子核があり，その周りを静止質量$m_0=0.911\times10^{-30}$ kgの電子が運動している．原子核から見た電子の運動を解析するときの，電子の換算質量μは，静止質量に対して何パーセント増加，または減少することになるか.

9.2　質量中心

次にこの系全体の運動を考えてみる．(9.1)式を加えると

$$\frac{d^2}{dt^2}(m_1\boldsymbol{r}_1+m_2\boldsymbol{r}_2)=0 \tag{9.5}$$

が成り立つ．今，$M=m_1+m_2$として

$$\boldsymbol{R}=\frac{m_1\boldsymbol{r}_1+m_2\boldsymbol{r}_2}{m_1+m_2} \tag{9.6}$$

を定義し，これを**質量中心**，または**重心**と呼ぶ．そうすると（9.5）式は

$$M\frac{d^2\boldsymbol{R}}{dt^2}=0 \tag{9.7}$$

となり，外力が働いていない場合には系の重心は等速度運動をすることになる．

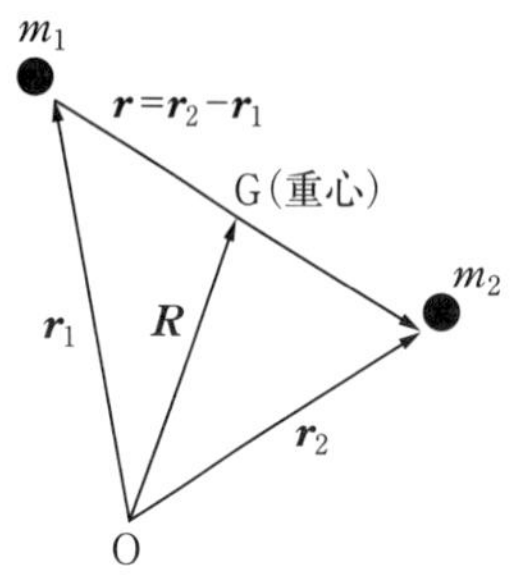

図 9.2

このように 2 個の質点（n 個の質点でも同じである）からなる質点系の重心の運動は，これらを $M=m_1+m_2$ の 1 個の質点と考えたときの運動と等しい．今まで主に質点の運動を考えてきたが質点の力学を学ぶ重要性はここにある．

今まで述べたことをまとめると，

① お互いに力を及ぼしあっている 2 つの質点の運動は，2 質点の重心の運動と，相対運動に分離することができる．

② 重心の運動については，重心に全質量が集中した 1 個の質点の運動として扱うことができる．

③ 2 質点間の相対運動は換算質量という概念を使って 1 個の質点の運動方程式として記述できる．

このように，2 質点間の重心が等速度運動していても 2 質点間の運動には影響しないことがわかる[1]．重心の定義は，質点がたくさん集まっているような系でも同様に成り立つ．（9.6）式を拡張すると，一般の質点系の重心は，

$$\boldsymbol{R}=\frac{\sum_i m_i\boldsymbol{r}_i}{\sum_i m_i} \tag{9.8}$$

と表される．このことは第 12 章でも取り上げるので，参考にしてほしい．

問題 9.2　図 9.3 のように，m_1, m_2, m_3 の 3 質点が，それぞれ位置，（−3.0，−2.0），（1.0，4.0），（4.0，−1.0）にある（数値の単位は m）．$m_1=7.0$ kg，$m_2=5.0$ kg，$m_3=8.0$ kg である．これについて以下の問いに答えよ．

① この系の重心を求めよ．

② これらの質点のうち，m_1 が，速度 $v_{1y}=4.0$ m/s で，m_3 が，速度 $v_{3x}=-5.0$ m/s で運動しているとき，重心の速度の大きさと，向きを求めよ．

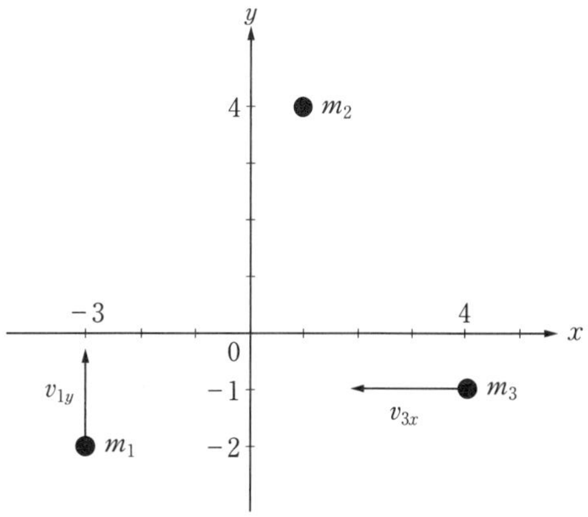

図 9.3

問題 9.3　静かな湖面に，長さ L，質量 M のボートが岸の乗

[1] このことを太陽と地球を例にとって考えてみよう．太陽の質量を m_1，地球の質量を m_2 とすると，もちろん太陽も地球の影響を受けて動いているのであるが，換算質量 μ を導入することにより運動を簡単化することができる．しかし実際の運動は $m_1 \gg m_2$ なので $\mu \cong m_2$ となり，地球の運動のみを考えてもそんなに大きな誤差は生じない．また，太陽と地球間の運動は，両者が一様に等速度運動をしていても影響を受けない．実際，宇宙は膨張しており，太陽と地球の重心も等速度で動いているが，太陽と地球の運動には何も影響を与えていないのである．

り場から A のところに浮かんでいる．図 9.4 のようにボートの左端に質量 m の少年が乗っていたが，この少年がボートの上を歩いて右端まで移動した．この系の運動には外力が働いていないので，系の重心は一定に保たれるはずである．このことを用いてボートが岸の方向に，どれだけ移動したか（$A-x$ の値）を求めよ．ただし岸の位置を $x=0$ とし，ボートの重心はボートの中央にあるものとする．

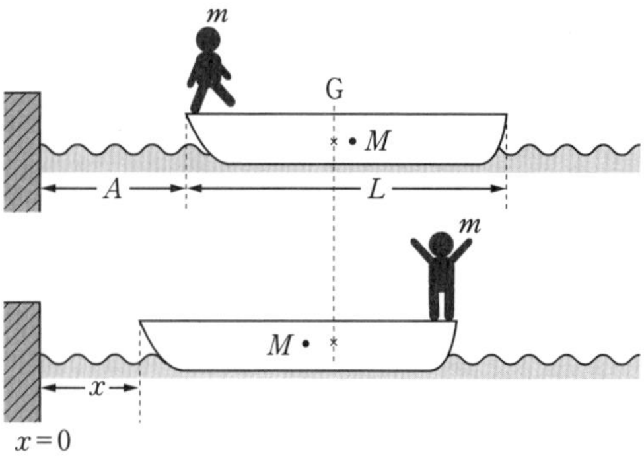

図 9.4

9.3　運動量と力積

質量mの質点が，速度ベクトル $\boldsymbol{V}$で運動するとき

$$\boldsymbol{p}=m\boldsymbol{V} \tag{9.9}$$

を**運動量**といい，この時の運動方程式は

$$\boldsymbol{F}=\frac{d\boldsymbol{p}}{dt} \tag{9.10}$$

と書くことができる．(9.10)式をt_1からt_2まで積分すれば

$$\boldsymbol{p}(t_2)-\boldsymbol{p}(t_1)=m\boldsymbol{V}_2-m\boldsymbol{V}_1=\int_{t_1}^{t_2}\boldsymbol{F}dt \tag{9.11}$$

である．この式の右辺をt_1からt_2までの**力積**という．(9.11)式を言葉でいうと，「質点の運動量の変化は，その間に作用した力の力積に等しい」となる．

例題 9.1　運動量が $\boldsymbol{p}_1=(p\cos\theta, p\sin\theta)$ で与えられる質点が図 9.5 に示したように壁に完全弾性衝突した際，質点の受ける力積を求めよ．

［**解**］ 質点が壁と完全弾性衝突をしたとき，衝突の前後で質点の運動エネルギーが保存されるので，$\boldsymbol{p}$ の大きさ p は，衝突の前後で一定に保たれる．衝突後の運動量は，壁面に垂直な成分だけ符号が変わって

$$\boldsymbol{p}_2=(-p\cos\theta, p\sin\theta)$$

したがって，この質点の受ける力積は

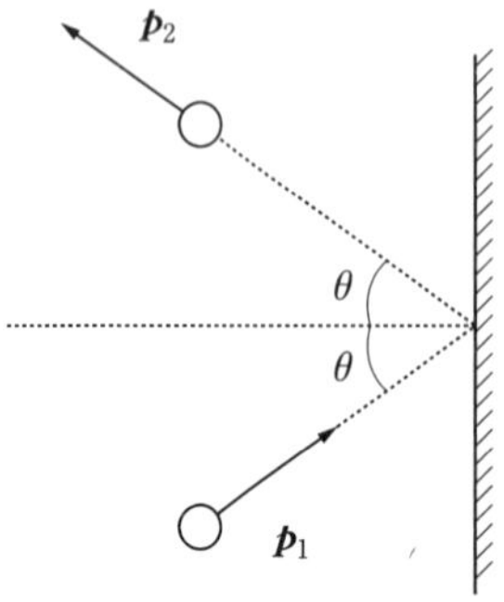

図 9.5

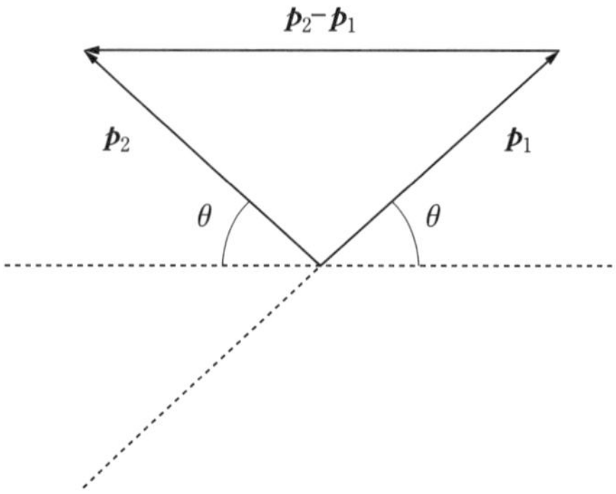

図 9.6

$$\boldsymbol{p}_2-\boldsymbol{p}_1=(-2p\cos\theta,0)$$

である（図9.6）．このように力積はベクトル量であり，大きさは$2p\cos\theta$，向きは $-x$（左向き）方向となる．

9.4 質点系の運動量保存則

ここで，図9.7のような質点がたくさん集まった質点系を考える．i番目の質点の質量をm_i，速度を$\boldsymbol{V}_i$とすれば，この系の全運動量は

$$\boldsymbol{p}=\sum_i m_i\boldsymbol{V}_i \tag{9.12}$$

i番目の質点に働く**外力**を$\boldsymbol{F}_i$，k番目の質点からi番目の質点へ働く**内力**を$\boldsymbol{F}_{ki}$とするとi番目の質点の運動方程式は，

$$m_i\frac{d\boldsymbol{V}_i}{dt}=\boldsymbol{F}_i+\sum_{k(\neq i)}\boldsymbol{F}_{ki} \tag{9.13}$$

と書き表される．ここで$\sum_{k(\neq i)}\boldsymbol{F}_{ki}$は，$k$についての和であるが$i\to i$という力は意味がないので，除くことを意味している．したがってこの質点系の運動方程式は，これをiについて足し合わせて，

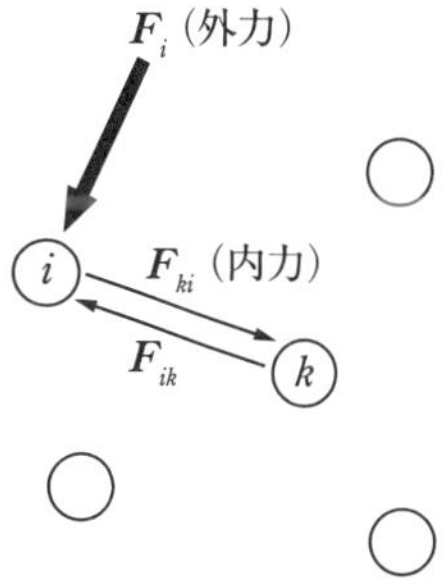

図9.7

$$\frac{d}{dt}\left(\sum_i m_i\boldsymbol{V}_i\right)=\sum_i\boldsymbol{F}_i+\sum_i\sum_{k(\neq i)}\boldsymbol{F}_{ki} \tag{9.14}$$

となる．右辺の最後の項は，iとkに関して対称であるから，$\boldsymbol{F}_{ik}$という力があれば$\boldsymbol{F}_{ki}$という力がある．ところが，作用・反作用の法則により$\boldsymbol{F}_{ik}=-\boldsymbol{F}_{ki}$であるから，

$$\sum_i\sum_{k\neq i}\boldsymbol{F}_{ki}=0 \qquad \therefore\frac{d}{dt}\left(\sum_i m_i\boldsymbol{V}_i\right)=\sum_i\boldsymbol{F}_i \tag{9.15}$$

となる．これは，「質点系の全運動量の時間的変化の割合は外力の総和に等しく，内力には無関係である」ということを表している．これは当然の帰結で，もし内力が打ち消しあわなければ外力が働かなくても動いてしまうという，事実に反する結果が得られてしまう．

もし，外力が働いていないか，その総和が0ならば，$\sum_i\boldsymbol{F}_i=0$であるから

$$\sum_i m_i\boldsymbol{V}_i=\text{一定}$$

が成り立つ．これを**運動量保存則**という．

運動量保存則は「外力が働かない，もしくは外力の総和が0であるような**閉じた系**では，全運動量は常に保存している．」ということができる．これは，衝突の問題などに応用することができる．ここでは典型例として2つの例題を取り上げる．

例題9.2 図9.8のような質量Mのロケットが，質量mの燃料を積んで速さvで飛んでいる．燃料をロケットに対し速さVで後方に噴射したときのロケットの速さはいくらか．

［解］ 噴射後のロケットの速さをv'とすると，燃料のロケットに対する相対速度がuだから，外から見た燃料の速度は$v'-V$である．燃料の噴射前後で系全体の運動量は保存しているので

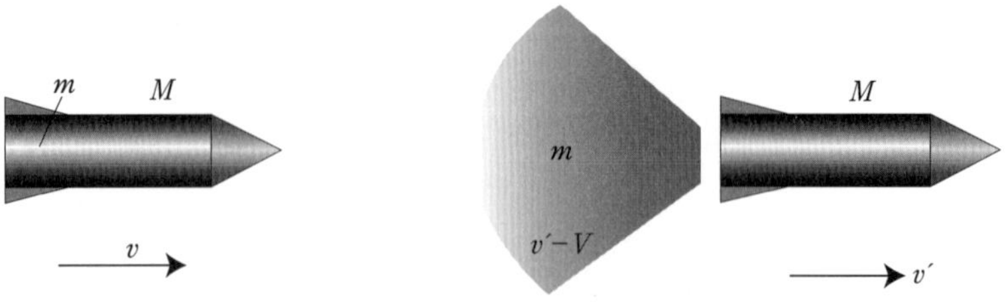

図 9.8

$$(m+M)v=(v'-V)m+Mv'$$

が成り立つ．よって

$$v'=v+\frac{m}{M+m}V \tag{9.17}$$

となる．

例題 9.3　図 9.9 のように質量 m_1，速度 v_1 の粒子が，質量 $m_2=3m_1$ で静止している他の粒子に完全弾性衝突する．衝突後の m_2 の運動は，衝突前の m_1 の方向に対し $\theta_2=45°$ の方向である．m_1 の方向 θ_1 と，速さ u_1，u_2 を求めよ．

［**解**］　完全弾性衝突をしたということは，衝突前後で力学的エネルギーが保存則されている．

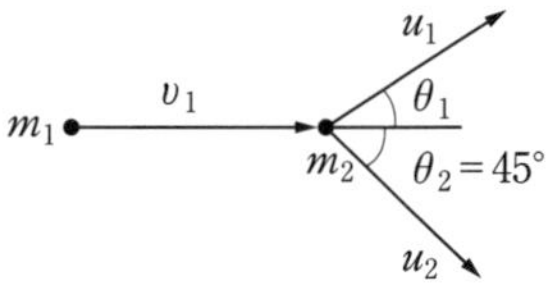

図 9.9

$$\frac{1}{2}m_1v_1{}^2=\frac{1}{2}m_1u_1{}^2+\frac{1}{2}(3m_1)u_2{}^2 \tag{9.18}$$

運動量保存則より

$$m_1v_1=m_1u_1\cos\theta_1+(3m_1)u_2\cos 45° \tag{9.19}$$

$$m_1u_1\sin\theta_1=(3m_1)u_2\sin 45° \tag{9.20}$$

(9.19)，(9.20)式より，θ_1 を消去すると

$$u_1{}^2=v_1{}^2+9u_2{}^2-\frac{6}{\sqrt{2}}u_2v_1 \tag{9.21}$$

(9.21)，(9.18)式より

$$u_2=\frac{\sqrt{2}}{4}v_1$$

また，(9.18)式より

$$u_1=\sqrt{v_1{}^2-3u_2{}^2}=\frac{\sqrt{10}}{4}v_1$$

であるから，(9.19)，(9.20)式より

$$\tan\theta_1=\frac{((3/\sqrt{2})u_2)}{(v_1-(3/\sqrt{2})u_2)}=3 \qquad \therefore \theta_1=72°$$

問題 9.4　図 9.10 のような，質量 $M=20\times10^6$ kg のロケットを発射台に垂直に立て，燃料に点火した．ロケットのエンジンからはガス分子を $V=4.0\times10^4$ m/s の速さで噴出させることができる．エンジンの推力でロケットが上昇しはじめるためにはガスの噴出量を何 kg/s にしなければならないか．

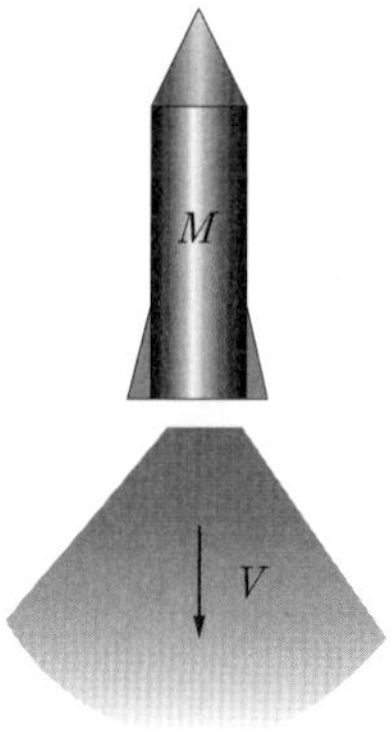

図 9.10

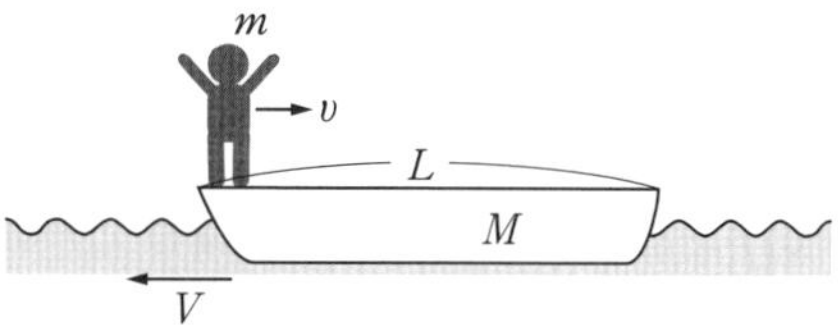

図 9.11

問題 9.5　静かな湖面に，長さ L，質量 M のボートが浮かんでいる．図 9.11 のようにボートの左端に質量 m の少年が乗っていたが，この少年がボートの上を歩いて右端まで移動した（問題 9.3 参照）．ボートはどの方向にどれだけ移動したか，水に対するボートの速度を V，水に対する少年の速度を v として，運動量保存則を用いて求めよ．

《より進んだ学習のために》

9.5　質量が変わる物体の運動

ここでは，運動量保存則を使った次のような総合問題を考えてみよう．

ロケットのように燃料を噴射して飛行するような場合は，燃料の噴射とともにロケットの全質量は減少していく．このように系の質量が時間とともに変化する場合でも，ある微小時間 Δt に限ってロケットと噴射したガスをひとまとめの系として扱えば，全運動量の変化がその間の外力による力積に等しくなるという関係が成り立っている．当然外力が働かなければ運動量保存則が適用され，これらの例は 9.4 節の例題や問題で考えてきた．ここではこの考え方を一歩進めて，時間とともに質量が変化するロケットを例に，運動方程式を作ってみよう．

はじめは簡単のために，ロケットが一直線上を飛行するとする（図 9.12）．時刻 t でのロケットの全質量を m，速度を v とする．噴射ガスの，ロケットに対する相対速度を V とし，これは一定であるとしよう．Δt 秒間にロケットの全質量は Δm，速度は Δv だけ変化する．すると時刻 $t+\Delta t$ では，ロケットの全質量は $m+\Delta m$，速度は $v+\Delta v$ であり，噴射ガスの質量は $-\Delta m$，速度は地上から見て $v-V$ となる．ロケットの全質量は減少していくのだから $\Delta m<0$

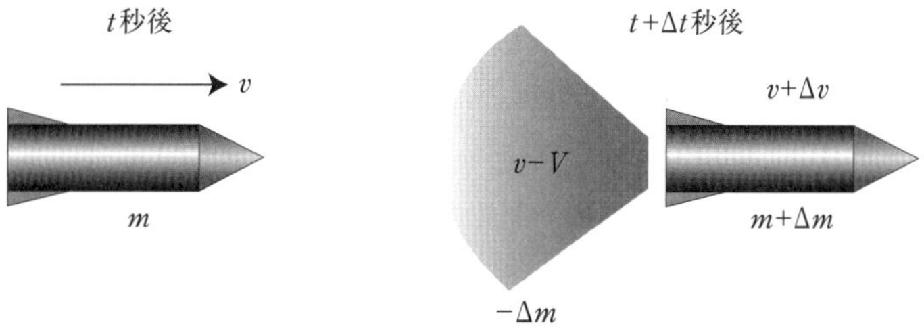

図 9.12

であることに注意しておこう．

この Δt 間に変化する運動量 Δp は，

$$\Delta p=[(m+\Delta m)(v+\Delta v)+(-\Delta m)(v-V)]-mv\cong m\Delta v+\Delta m\cdot V \quad (9.22)$$

ただし，$\Delta m\cdot\Delta v$ は2次の微小量なので無視している．この運動量の変化は外力 $\boldsymbol{F}$ による力積に等しいから，$\Delta p=F\cdot\Delta t$ に（9.22）式を代入すると，

$$m\Delta v+\Delta m\cdot V=F\cdot\Delta t \quad (9.23)$$

（9.23）式の両辺を Δt で割り，$\Delta t\to 0$ の極限を考え，$\Delta v/\Delta t\to dv/dt$, $\Delta m/\Delta t\to dm/dt$ と表すと，

$$m\frac{dv}{dt}+\frac{dm}{dt}V=F \quad (9.24)$$

この（9.24）式がロケットの一次元の運動方程式となる．単位時間当たり噴射する燃料の質量を c とすると，$dm/dt=-c$ となるので，（9.24）式は

$$m\frac{dv}{dt}=cV+F \quad (9.25)$$

と表すことができる．（9.25）式の右辺第1項，cV がロケットの推進力となる．

次に，以上の考え方を，地上からロケットを仰角 α で発射させるという場合を想定した二次元の運動に拡張しよう．

（9.25）式は水平方向（x 成分）と鉛直方向（y 成分）の2つの式に分けられる．水平方向には外力は働かず，鉛直方向には重力 $-mg$ が働くので，

水平方向： $$m\frac{dv_x}{dt}=cV_x \quad (9.26)$$

鉛直方向： $$m\frac{dv_y}{dt}=cV_y-mg \quad (9.27)$$

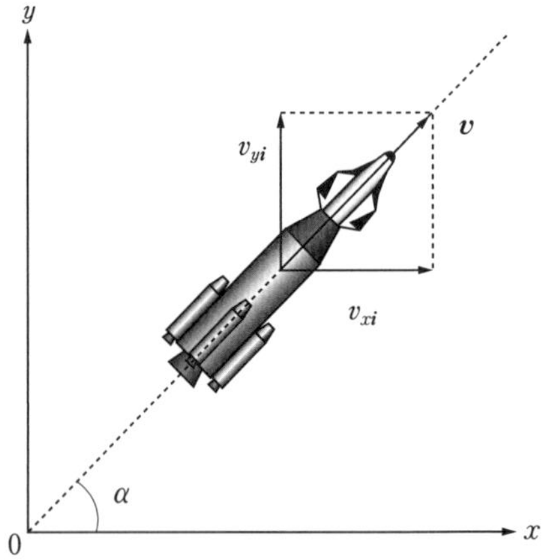

図9.13

ここで，

$$v_x=v\cos\alpha,\quad v_y=v\sin\alpha,\qquad V_x=V\cos\alpha,\quad V_y=V\sin\alpha$$

と表すことができる．

例題 9.4 燃料を単位時間当たり c[kg] 噴射するロケットを地上から仰角 α で発射させるとき，発射してから t 秒後のロケットの速度と位置を求めよ．

［**解**］ まず，速度について，（9.26）式と（9.27）式を，v_x，v_y について解く．水平方向は，（9.26）式より，

$$\frac{dv_x}{dt}=\frac{cV_x}{m},\qquad dv_x=\frac{cV_x}{m}dt$$

ここで，$dm/dt=-c$ であったから，$dt=-(1/C)dm$ より，

$$dv_x=-V_x\frac{dm}{m}$$

両辺を積分すると，

$$v_x=-V_x\int\frac{1}{m}dm=-V_x\log m+C'$$

ただし，$\log m$ は自然対数，また C' は積分定数である．初期条件として，$t=0$ のとき $m=m_0$，$v_x=0$ とすると，$0=-V_x\log m_0+C'$ より，$C'=V_x\log m_0$ となる．また，m は t 秒後のロケットの質量なので，$m=m_0-ct$ と表されるから，

$$v_x=V_x\left(\log\frac{m_0}{m}\right)=V_x\left(\log\frac{m_0}{m_0-ct}\right) \tag{9.28}$$

鉛直方向は，(9.27)式より，

$$\frac{dv_y}{dt}=\frac{cV_y}{m}-g, \qquad dv_y=\left(\frac{cV_y}{m}-g\right)dt$$

両辺を積分すると，

$$v_y=\int\frac{cV_y}{m}dt-\int g dt$$

右辺の第1項目の積分は水平方向での積分とまったく同じであるから，

$$v_y=-V_y\log m-gt+C''$$

となる．初期条件 $t=0$ のとき $m=m_0$，$v_y=0$ を入れると，$C''=V_y\log m_0$ となる．ゆえに

$$v_y=V_y\log\frac{m_0}{m}-gt=V_y\log\frac{m_0}{m_0-ct}-gt \tag{9.29}$$

次に位置について考える．水平方向は $dx/dt=v_x$ より，$x=\int v_x dt$，(9.28) を代入すると，

$$x=\int V_x\log\frac{m_0}{m_0-ct}dt=\int V_x\log m_0\,dt-\int V_x\log(m_0-ct)\,dt$$

右辺，第2項目の積分は，$\int\log Z dZ=Z\log Z-Z$ の関係を利用すると，

$$x=(V_x\log m_0)\cdot t+\frac{V_x}{c}[(m_0-ct)\log(m_0-ct)-(m_0-ct)]+C'''$$

積分定数については初期条件 $t=0$ のとき $x=0$ であるから，

$$C'''=\frac{V_x m_0}{c}(1-\log m_0)$$

となる．これを代入して整理すると，

$$x=\frac{V_x}{c}\left(ct-(m_0-ct)\log\frac{m_0}{m_0-ct}\right) \tag{9.30}$$

鉛直方向については，水平方向と同様，(9.29)式をもう一度 t で積分する．

$$y=\int v_y dt=\int\left(V_y\log\frac{m_0}{m_0-ct}-gt\right)\cdot dt$$

この積分は，x を求めるときの積分とまったく同様にできて，

$$y=\frac{V_y}{c}\left(ct-(m_0-ct)\log\frac{m_0}{m_0-ct}\right)-\frac{1}{2}gt^2 \tag{9.31}$$

この例題で求めた速度と位置は，ロケットが燃料を使い切るまで有効である．

諸君はペットボトルを利用して作る水ロケットで遊んだことがあるだろうか．図 9.14 のように，ペットボトルに水と高圧の空気を詰め，小さな噴出口から水を噴出させて飛ばす．燃料の代りの水がすべて噴出し切ったとき（$t=t_1$）の位置と速度は，ロケット本体だけの質量を M とすると，$t_1=(m_0-M)/c$ となるので，(9.28)式より，

$$v_{x1}=V_x\log\frac{m_0}{M} \tag{9.32}$$

(9.29)式より

$$v_{y1}=V_y \log \frac{m_0}{M}-gt_1 \tag{9.33}$$

(9.30)式より

$$x_1=\frac{V_x}{c}\left(m_0-M-M \log \frac{m_0}{M}\right) \tag{9.34}$$

(9.31)式より

$$y_1=\frac{V_y}{c}\left(m_0-M-M \log \frac{m_0}{M}\right)-\frac{1}{2}gt_1^2 \tag{9.35}$$

と表すことができる．ロケットは，$t>t_1$ で，位置 (x_1, y_1) から初速度 v_{x_1}, v_{y_1} の放物運動をするので，たとえばロケットの水平到達距離 R を求めると，

$$R=x_1+v_{x1}\times\frac{v_{y1}\sqrt{v_{y1}^2+2y_1g}}{g} \tag{9.36}$$

となる（図9.15）．

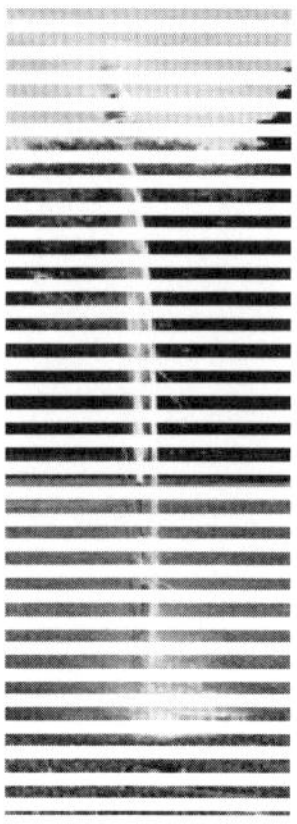

図9.14

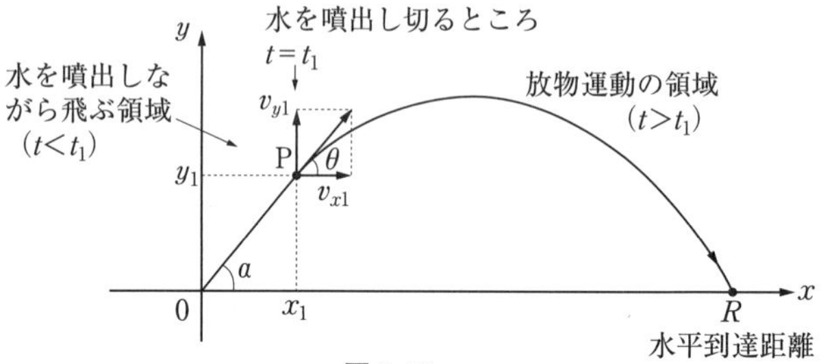

図9.15

問題9.6 水ロケットの水平到達距離 R が，(9.36)式となることを確かめよ．

問題9.7 水ロケットの水の噴出速度 V は，流体に対するベルヌーイの定理，$1/2\rho V^2=P$ より，$V=\sqrt{2P/\rho}$ となる．P はロケットの中に詰める空気の圧力と外気の圧力との差，ρ は水の密度である．また，水の噴出量 c は，水の噴出口の断面積を s とすると，$c=sV\rho$ であるから，$c=s\rho\sqrt{2P/\rho}=s\sqrt{2P\rho}$ となる．いま，ロケット本体の質量 $M=0.20$ kg として，発射前の水の量 $(m_0-M)=0.40$ kg，水の噴出口の直径 8.0×10^{-3} m，ロケット内と外気との空気圧差 5気圧 $=5.0\times1.013\times10^5$ Pa，仰角 45° で発射させた場合の，水平到達距離を計算せよ．ただし，ロケット内の空気圧は，水の噴出中変わらないものとする．

第 10 章　角運動量と角運動量保存則

今まで我々は，運動量 $\boldsymbol{p}=m\boldsymbol{V}$ という量を定義し，閉じた系では全運動量は常に保存している，ということを述べてきた（運動量保存則）．しかし，すべての物理量を記述するためには，それだけでは十分ではない．たとえば物体を回転させる能力は，それにかかる力だけではない．一例としてシーソーについて考えてみよう（図 10.1）．シーソーが釣り合うためには W_a，W_b だけではなく支点（回転中心）からの距離 a,b にも関係していることは容易に推測できるであろう．すなわち図において釣合いが保たれるためには

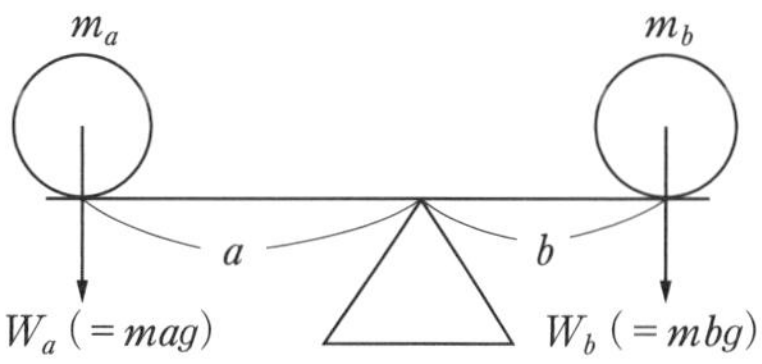

図 10.1

$$W_a \cdot a = W_b \cdot b$$

が成り立っていなければならないことは「てこの原理」としてよく知られている．W_a, W_b を力のモーメントと名づける．このように質点のある軸のまわりの回転運動に対する運動量を**角運動量**という．

以下に質点の角運動量とその保存則について述べる．

10.1　質点の角運動量と角運動量保存則

(9.10)式と $\boldsymbol{r}$ とのベクトル積をとってみると，

$$\boldsymbol{r}\times\frac{d\boldsymbol{p}}{dt}=\boldsymbol{r}\times\boldsymbol{F} \qquad (10.1)$$

が得られる．ところが（10.1)式の左辺については，

$$\frac{d}{dt}(\boldsymbol{r}\times\boldsymbol{p})=(\dot{\boldsymbol{r}}\times\boldsymbol{p})+(\boldsymbol{r}\times\dot{\boldsymbol{p}}) \qquad (10.2)$$

の関係があり，$\dot{\boldsymbol{r}}\times\boldsymbol{p}=\boldsymbol{V}\times(m\boldsymbol{V})=0$ であるから（10.1)式は，

$$\frac{d}{dt}(\boldsymbol{r}\times\boldsymbol{p})=\boldsymbol{r}\times\dot{\boldsymbol{p}}=\boldsymbol{r}\times\boldsymbol{F} \qquad (10.3)$$

と書き表される．ここで，$\boldsymbol{r}\times\boldsymbol{F}=\boldsymbol{N}$ を**力のモーメント**，$\boldsymbol{r}\times\boldsymbol{p}=\boldsymbol{L}$ を**角運動量**という（図 10.2)．これを用いて (10.3)式を書き直すと，

$$\frac{d\boldsymbol{L}}{dt}=\boldsymbol{N} \qquad (10.4)$$

と表される．これは（9.10)式と比較される，大変重要な

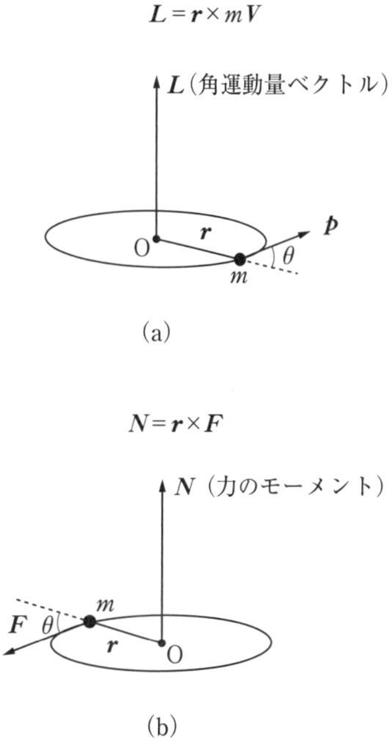

図 10.2

方程式である．

力のモーメントは，**トルク**とも呼ばれ，力 $\boldsymbol{F}$ がある点のまわりに回転させようとする作用である．ここで注意しなければならないのは，$\boldsymbol{N}$ を決めるためにはどの点のまわりの回転であるかを指定しなければならないことである．

$\boldsymbol{N}$ の大きさは $N=r\cdot F\sin\theta$，同様に $\boldsymbol{L}$ の大きさは $L=r\cdot p\sin\theta$ であり，$\boldsymbol{N}$ も $\boldsymbol{L}$ もベクトルの向きは $\boldsymbol{p}$ や $\boldsymbol{F}$ を右ネジの向きに回転させたときのネジの進行方向を向く．

例題 10.1 角運動量 $\boldsymbol{L}$ を直交座標で求めよ．

［解］ $\boldsymbol{L}=\boldsymbol{r}\times\boldsymbol{p}$ なので，第1章のベクトル積の計算をそのままあてはめると，

$$\left.\begin{aligned} L_x&=yp_z-zp_y=m(y\dot{z}-z\dot{y}) \\ L_y&=zp_x-xp_z=m(z\dot{x}-x\dot{z}) \\ L_z&=xp_y-yp_x=m(x\dot{y}-y\dot{x}) \end{aligned}\right\} \qquad (10.5)$$

たとえば，(4.6)式から (4.8)式であげた万有引力，クーロン力，変位に比例する弾性力などの力が働く運動では，$\boldsymbol{F}$ の方向が $\boldsymbol{r}$ の方向と平行である（これを**中心力**ということはすでに述べた）．したがって，$\boldsymbol{r}/\!/\boldsymbol{F}$ であるから，ベクトル積の定義より

$$\boldsymbol{N}=\boldsymbol{r}\times\boldsymbol{F}=0 \qquad (10.6)$$

となり，(10.4)式から

$$\boldsymbol{L}=\boldsymbol{r}\times\boldsymbol{p}=一定 \qquad (10.7)$$

となる．これを**角運動量保存則**という．角運動量保存則は，「外力が働かないか，もしくは力が中心力である場合，角運動量は常に保存している．」ということができる．

角運動量保存則は $\boldsymbol{L}$ ベクトルの向きが一定であることを意味しており，これは「自転車やコマが回転すると倒れにくくなる．」「ピストルの弾は，回転させて飛ばすと飛ぶ方向が正確になる．」など，多くの例がある．

例題 10.2 図10.3のような惑星の面積速度が一定であることを角運動量保存則から示せ

［解］ 万有引力は中心力なので，$\boldsymbol{F}/\!/\boldsymbol{r}$ だから，角運動量は保存される．よって

$$\boldsymbol{L}=\boldsymbol{r}\times\boldsymbol{p}=\boldsymbol{r}\times m\boldsymbol{V}=m(\boldsymbol{r}\times\boldsymbol{V}) \quad\Rightarrow\quad 一定$$

に保たれる．一方，

$$惑星の面積速度=\frac{1}{2}\boldsymbol{r}\times\boldsymbol{V}$$

である．なぜなら1秒間に惑星の軌道半径が掃く面積は $(1/2)rV\sin\theta$ であるからである．角運動量保存則より $\boldsymbol{r}\times\boldsymbol{V}$ が一定に保たれているのだから面積速度も一定となる[1]．

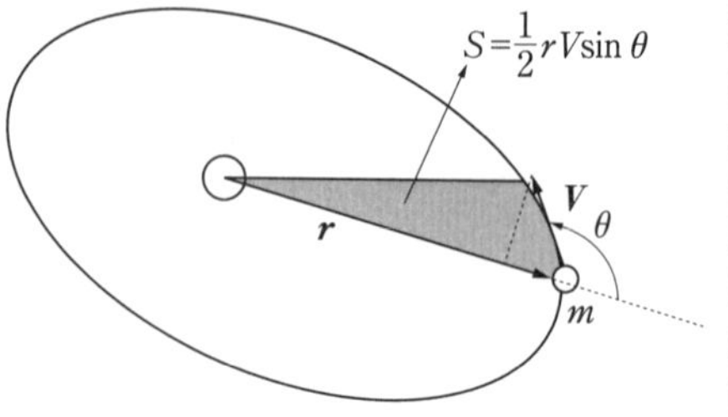

図 10.3

問題 10.1 図10.4のように，自由に回転できる円板の上に，回転している一輪車の車輪の軸を持っている人が立っている．はじめ，車輪は上向きの角運動量ベクトル $\boldsymbol{L}_0$ を持って水平面内で回転しており，人と円板は静止し

---

1) この解き方は6.2節のケプラーの法則のところで解いた方法と若干異なっている（θ の定義など）．そんな大きな相違があるわけではないが，両者を読み比べてみることを希望する．

ている．この車輪の車軸をその中心のまわりに人が180°反転させると，人と円板はどのような運動をするか．

問題 10.2　図 10.5 のような摩擦のない質量の無視できる固定滑車に伸び縮みしない質量の無視できる糸をかけ，その両端に質量がそれぞれm_1，m_2（$m_1>m_2$）の錘りを吊るし，手で支えておく（アトウッドの器械）．手を放すと錘りが動き出す．このときの錘りの加速度を次の各問に従って求めよ．

① 2つの錘りが吊り下がっていることによる力のモーメントの和を表せ．

② 錘りが速度Vで動いているときのこの系の角運動量を求めよ．

③ 力のモーメントがこの系の角運動量の時間変化を引き起こすということから，錘りの加速度を求めよ．

④ このアトウッドの器械の問題をm_1，m_2についての運動方程式を立てることによって解き，③の結果と同じになることを確かめよ．

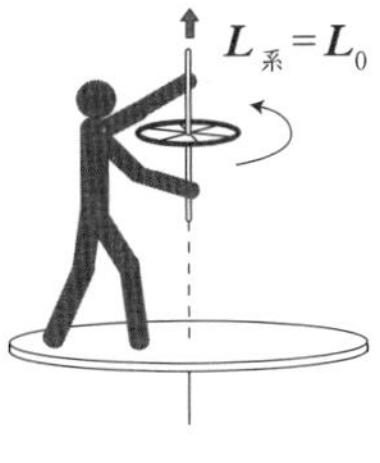

図 10.4

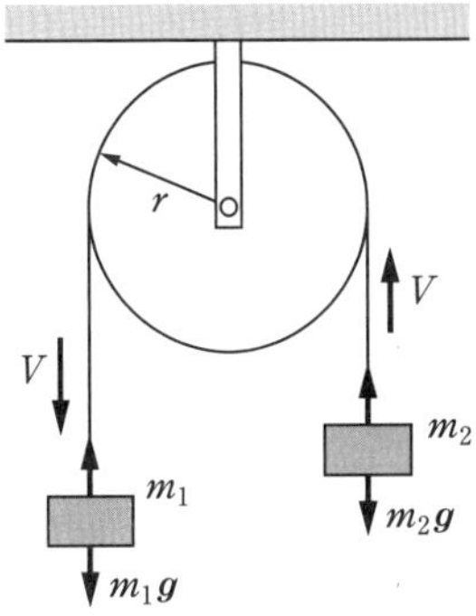

図 10.5

10.2　質点系の角運動量と角運動量保存則

質点の角運動量を質点系の場合に拡張する．質点系の全角運動量と力のモーメントは，

$$\boldsymbol{L}=\sum_i m_i(\boldsymbol{r}_i\times\boldsymbol{V}_i) \tag{10.8}$$

$$\boldsymbol{N}=\sum_i \boldsymbol{r}_i\times(\boldsymbol{F}_i+\sum_{k(\neq i)}\boldsymbol{F}_{ki}) \tag{10.9}$$

であるが，(10.9) 式の右辺の第2項は，$\sum_i \boldsymbol{r}_i\times\sum_k \boldsymbol{F}_{ki}=\sum_i\sum_{i(\neq k)}\boldsymbol{r}_i\times\boldsymbol{F}_{ki}$となり，この和には$\boldsymbol{r}_i\times\boldsymbol{F}_{ki}+\boldsymbol{r}_k\times\boldsymbol{F}_{ik}$の形の項が1つずつある．ところが，$\boldsymbol{F}_{ki}=-\boldsymbol{F}_{ik}$であるので，

$$\boldsymbol{r}_i\times\boldsymbol{F}_{ki}+\boldsymbol{r}_k\times\boldsymbol{F}_{ik}=(\boldsymbol{r}_i-\boldsymbol{r}_k)\times\boldsymbol{F}_{ki}=\boldsymbol{r}_{ki}\times\boldsymbol{F}_{ki}=0 \qquad \therefore\frac{d\boldsymbol{L}}{dt}=\sum_i\boldsymbol{r}_i\times\boldsymbol{F}_i=\boldsymbol{N}$$

ただし，$\boldsymbol{L}$は (10.8)式である．したがって質点系でも角運動量保存則は同様に成り立つ．

今まで述べてきたように，力学系においては，「エネルギー保存則」，「運動量保存則」，「角運動量保存則」という3つの保存則が存在する．実はこれらの保存則はそれぞれ「時間の一様性」，「空間の一様性」，「空間の等方性」という慣性系の基本的な性質と深く結びついているのである．このことは，より進んだ力学で学ぶであろう[2)]．

---

2) たとえば　ランダウ・リフシッツ「力学　増訂第3版」（東京図書，1974）．

談話室 9. お札の話 3—野口英世

数年前，夏目漱石にかわって野口英世が新千円札に登場した．これは野口英世が日本人の中でいかに立志伝中の人物として高く評価されているかを物語っている．しかし，野口英世の世界における科学的評価は，日本での評価とまったく異なる．

最近筆者は，敬友福岡伸一氏からベストセラー，「生物と無生物のあいだ」という本を贈られ，そこに野口英世に関する文章をみつけたので，氏の許可を得て以下に引いてみる．

「野口はフレクスナー（野口の師）の擁護のもと，つぎつぎと輝かしい発見を立て続けに生み始める．梅毒，ポリオ，狂犬病，トラコーマ，そして黄熱病の病原体を培養したと発表し，200 編という当時としては驚くべき数の論文をものした．一時はノーベル賞のうわさにも上り，パスツールやコッホ以来のスーパースターとして病原体ハンターの名をほしいままにした．——中略—— パスツールやコッホの業績は時の試練に耐えたが野口の仕事はそうならなかった．数々の病原体の正体を突き止めたという野口の主張のほとんどは今では間違ったものとして全く顧みられていない．彼の論文は暗い図書館のかびくさい書庫のどこか一隅に歴史の澱と化して沈み，ほこりのかぶる胸像と共に完全に忘れ去られたものとなった．」

何とも厳しい評価であるが，これが歴史の審判というものであろう．もし，科学者の評価がその人間性とは別に科学的評価のみで決まるとすれば，日本銀行は間違った評価をしたと言わざるを得ない．はたして彼は自分の得た結果に不安はなかったのであろうか．物理学者として同じような研究に携わっている筆者としては，野口がすべての発見について自信を持っていたとはとうてい考えられない．福岡氏も書いておられるように「どこの馬の骨とも知れぬ自分を拾ってくれた畏敬すべき師フレクスナーの恩義と期待に対し過剰に反応すると共に自分を冷遇した日本のアカデミズムを見返してやりたいという過大な気負いに常にさいなまれていたことだけは間違いないはずだ.」その意味では，彼も普通の人間であったといえよう．

それにしても，彼の異常とも思える研究への情熱，それと表裏一体をなす名声や栄達への渇望，また自分の研究成果への不安，これらが渾然一体となって野口英世という人間を形作っていたといえよう．その後，彼はアフリカに渡り黄熱病の研究に取り組み，現地で客死するが，彼のアフリカ行きは「研究のため」といった単純な心境ではなく（もちろんそれもおおいにあったであろうが…）不安と焼けるような焦燥の結果のアフリカ行きであったという気がする．彼の墓には“Through devotion to science, he lived and died for humanity.”と刻まれているそうであるが，墓の中でやっと平安を得たのではあるまいか．（著書の一部転載許可をいただいた福岡伸一氏に感謝いたします.）

第11章　質点系の相対運動と運動エネルギー

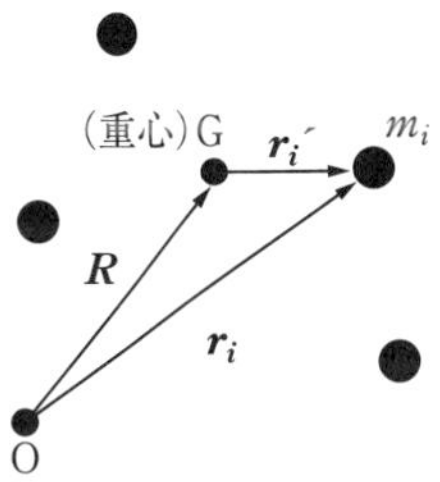

図11.1

いままでの考察で，質点系の運動は重心が重要な役割を荷っていることがわかった．今度は，重心からみた各質点の運動を調べてみよう．図11.1のような質点系の中の i 番目の質点（質量 m_i）の座標 $\boldsymbol{r}_i$ は，

$$\boldsymbol{r}_i=\boldsymbol{R}+\boldsymbol{r}_i' \tag{11.1}$$

ここで $\boldsymbol{R}$ は重心の座標，$\boldsymbol{r}_i'$ は重心 $\boldsymbol{R}$ からみた m_i の座標である．速度についての関係は，

$$\frac{d\boldsymbol{r}_i}{dt}=\frac{d\boldsymbol{R}}{dt}+\frac{d\boldsymbol{r}_i'}{dt} \tag{11.2}$$

$$\boldsymbol{v}_i=\boldsymbol{V}+\boldsymbol{v}_i' \tag{11.3}$$

(11.2)式の右辺第1項目は重心の速度，2項目は重心からみた m_i の相対速度となっている．(11.1)式の両辺に m_i を掛け，全質点について和をとると，

$$\sum_i m_i\boldsymbol{r}_i=\sum_i m_i\boldsymbol{R}+\sum_i m_i\boldsymbol{r}_i' \tag{11.4}$$

(11.4)式右辺の第1項目は全質量を M とすると $M\boldsymbol{R}$ となる．また (9.8)式より，$\sum_i m_i\boldsymbol{r}_i=M\boldsymbol{R}$ であるから右辺の第2項目は

$$\sum_i m_i\boldsymbol{r}_i'=0 \tag{11.5}$$

したがって (11.5)式の両辺を t で微分すると，

$$\frac{d}{dt}\left(\sum_i m_i\boldsymbol{r}_i'\right)=0 \quad \text{すなわち} \quad \sum_i m_i\boldsymbol{v}_i'=0 \tag{11.6}$$

(11.6)式は，相対運動に関する運動量の総和は0であることを示している．

次に，質点系の運動エネルギーを考えてみよう．質点系の全運動エネルギー K は，

$$K=\sum_i\frac{1}{2}m_i\boldsymbol{v}_i{}^2=\sum_i\frac{1}{2}m_i\left(\boldsymbol{V}+\boldsymbol{v}_i'\right)^2=\sum_i\frac{1}{2}m_iV^2+\sum_i\frac{1}{2}m_iv_i'^2+\sum_i m_iVv_i' \tag{11.7}$$

ここで右辺第3項目は，(11.6)式から $V\sum_i m_iv_i'=0$ であるので，

$$K=\frac{1}{2}MV^2+\sum_i\frac{1}{2}m_iv_i'^2 \tag{11.8}$$

(11.8)式から，質点系の全運動エネルギーは，重心に全質量が集まったときの重心の運動エネルギー（第1項目）と，重心から見た相対運動の運動エネルギー（第2項目）の和となっていることがわかる．

問題11.1　**質点系の総合復習問題**　図11.2のように質量がそれぞれ m，$2m$，$2m$ の3個の質点A, B, Cが一直

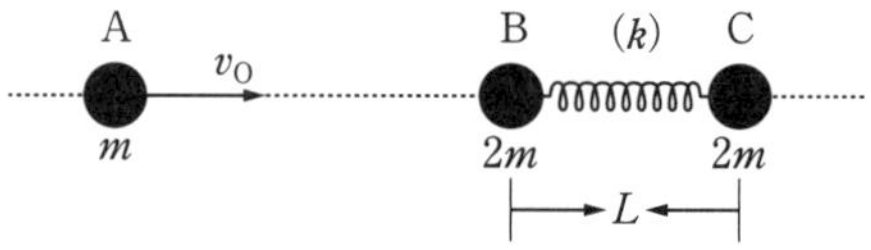

図 11.2

線上に並んでおり，B, C はバネ定数 k，長さ L のバネでつながれていて，静止している．ここに，A が左から速さ v_0 で B に衝突した．この，A, B の衝突は，弾性衝突である．

① A, B の衝突直後の，A の速さ v_0'，および B の速さ v を求めよ．

また，A, B の衝突から t 秒たったとき，

② B と C の重心の速さ V を求めよ．

③ B と C の重心の位置 X を表せ．

④ B と C の相対距離 $x=x_c-x_b$ を表せ．

⑤ 衝突前の A と，衝突後の「A と（B と C の重心）」の運動エネルギーの差 $K_{\rm d}$ を m，v_0 で表せ．

⑥ B と C の全運動エネルギーを，重心の運動エネルギーと B, C の相対運動の運動エネルギーの和として，$M(=4m)$，$\dot{X}$，$\dot{x}$ および B と C の換算質量 μ を用いて表せ．

⑦ B, C の相対距離が x のとき（④参照），バネは $x-L$ だけ伸びている．このときのバネのポテンシャルエネルギー U と，B, C の相対運動の運動エネルギー K（⑥参照）の和，$U+K$ を m，v_0 を用いて表し，この結果が⑤の結果 $K_{\rm d}$ と等しくなることを確認せよ．

⑧ この系での運動エネルギー，ばねの運動の全エネルギーを考慮することにより，衝突前後で全エネルギーが保存されていることを示せ．

談話室 10　お札の話 4—夏目漱石

お札の話の最後として，つい最近まで千円札の顔になっていた夏目漱石について取り上げたい．福沢諭吉のところでも述べたが，「太平の夢」をむさぼっていた多くの日本人が明治維新で巨大な体系を持つ西洋文明に出くわしたとき，それと向き合わざるをえなかった．たとえば物理学者の長岡半太郎は，「日本人でも果たして物理学ができるであろうか」と悩んで一年間休学し，東洋人の科学の発展の歴史を研究したそうである．その意味で真に巨大な西洋文明と対決し，深刻に悩んだのは筆者の私見では哲学者の西田幾多郎，文学者の夏目漱石，物理学者の仁科芳雄ではなかったかと考えている．3 人の西洋文明への対峙の仕方もそれぞれ異なるが，ここでは文学者の夏目漱石について考えてみたい．

夏目漱石は明治 33 年からほぼ 2 年間にわたりロンドンに留学するが，そこでは彼は人との交わりは避け，ひたすら英文学の研究に没頭した．彼がロンドンで悩んだことは，自分は何のために文学をするのか，また，今まで娯楽作品であった文学を科学的に構築したいという壮大な志であった．その成果は，「文学論」「文学評論」として結実する．彼がイギリスから帰って 4~5 年後に書いた「我輩は猫である」を読むと，彼の今までの猛勉強ぶりがうかがえる．彼の初期の作品は「坊ちゃん」「草枕」など俳諧的小説が多いが，その後の彼は，「草枕のような主人公ではいけない．……あたかも文学をもって生命とするならば単に美というだけでは満足ができない．……僕は一面において俳諧的文学に出入りすると同時に一面において死ぬか生きるか命のやり取りをするような維新の志士のごとき激しい精神で文学をやってみたい．」（弟子鈴木三重吉宛書簡）と述べ，その後は自己を見つめる小説に専念する．

彼が到達した心境は「自己本位」というものではなかったかと思う．「自己本位」とは他人の模倣ではなく自分の立場なり自己の知性に信をおいて生きようとする立場である．彼が見つめた人間のエゴイズムに関する洞察は今から見てもまったく古くない．若い諸君には是非，夏目漱石の代表作として知性を伴った笑いで自分の深い苦悩を笑い飛ばそうとした，「我輩は猫である」や，人間のエゴイズムやそれに対する深い自省を深く掘り下げた「門」や「こころ」などを読んでみてもらいたい．

第Ⅳ編

剛体の力学

これまでは，大きさのない質点の集まりとしての質点系を中心に考えてきた．
しかし，現実の私たちの周りの物体は，大きさを持った，質点が連続的に分布している連続体である．大きさを持ち，形が不変の物体を**剛体**という．すなわち，「剛体とは質点が連続的に分布している質点系で，その質点間の距離が不変に保たれているもの」として定義することができる．第Ⅳ編ではこの剛体の運動，とくに剛体の回転について述べる．

第 12 章　剛体の重心と剛体にはたらく力

12.1　剛体の自由度

剛体は，質点と異なり，大きさを持っているので，並進運動のほかに，回転運動も考えなければならない．剛体の運動は，剛体の重心の並進運動と，任意の軸のまわりの回転運動に分けて論ずることができる．一般に並進運動の自由度は 3 であり，回転運動の自由度も 3 である[1)]．しかし，ここでは簡単のために剛体の平面運動のみをとりあげる．すなわち固定軸の周りの剛体の回転のみを考えて回転の自由度を 1 とし，回転軸の周りの角度だけを考える．

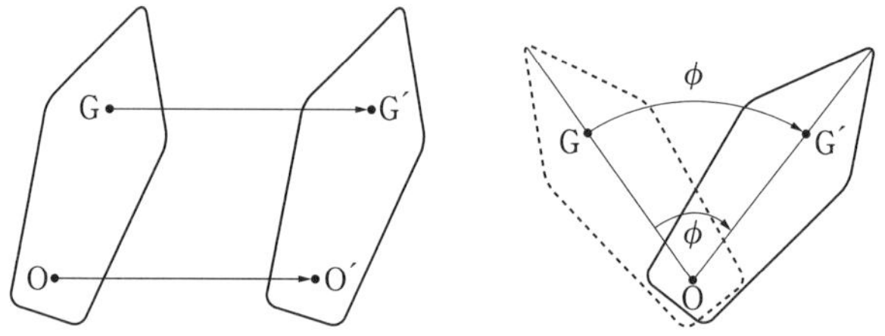

(a) 並進運動
剛体内のすべての点が同じ
速度ベクトルを持つ．

(b) 回転運動
剛体内のすべての点が同じ
角速度ベクトルを持って回転する．

図 12.1

問題 12.1　なぜ回転の自由度が 3 であるかを考えてみよ．

12.2　剛体の重心

剛体の運動に入る前に，剛体の重心の求め方について述べる．そのためにまず剛体（連続体）の質量の表し方を考えよう．

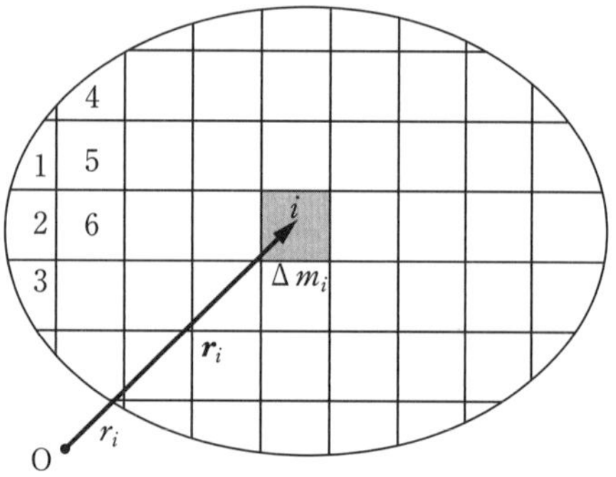

図 12.2

連続体の質量 M は，全体を多くの微小体積（ΔV_i）の部分に分け（ここでは n 個とする），その部分の微小質量（Δm_i）のすべてについて和をとる操作，すなわち積分をすることによって求めること

1) すでに第 3 章で述べたが，もう一度系の自由度という概念をおさらいする．自由度とは運動を完全に記述するために必要な変数の数である．たとえば並進の自由度は x，y，z 方向で 3 であるが，一次元の場合は x 方向にしか動けないので 1 である．

ができる．図 12.2 のような連続体を，分割した微小部分を個々の質点とする質点系と考えれば，

$$m_i \to \Delta m_i \to dm, \qquad \lim_{n\to\infty}\sum_{i=1}^{n} \to \int$$

と置き換えをすることにより，

$$M=\sum_i m_i \ \to \ M=\lim_{n\to\infty}\sum_{i=1}^{n}\Delta m_i \ \to \ M=\int dm$$

と，質点系から連続体に対する表現に焼き直すことができる．質点系の重心は，すでに (9.8) 式で求められているから，剛体の重心は，この式を拡張して，

$$\boldsymbol{R}=\frac{\int \boldsymbol{r}\cdot dm}{\int dm} \quad \text{ただし，} \quad \int dm=M \ \text{（全質量）}$$

と表される．剛体の重心には剛体の全質量がその一点に集まっていると考えてよいので剛体に作用する重力は重心にすべて作用すると考えてよい．剛体の重心を求める具体例として次の例題を考えてみよう．

例題 12.1 図 12.3 のような，底辺a，高さb，全質量Mの三角形の板の重心の位置（R_x, R_y）を求めよ．

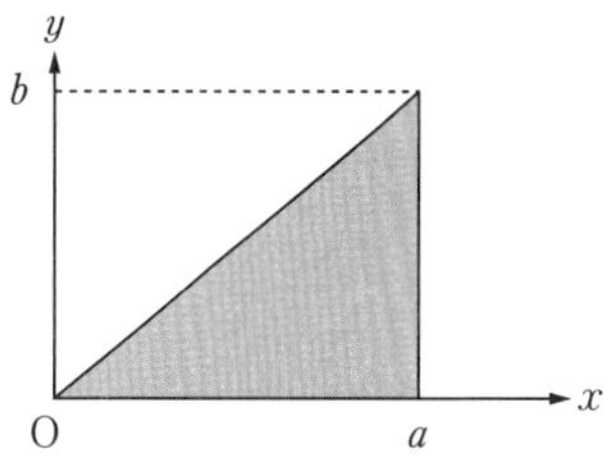

図 12.3

［解］ まず x 座標について考える．ρ を板の密度とすると図 12.4 から

$$M=\frac{ab}{2}\cdot\rho$$

$$R_x=\frac{1}{M}\int x\cdot dm, \qquad dm=y\cdot dx\cdot\rho=\frac{b}{a}x\cdot dx\cdot\rho$$

$$R_x=\frac{1}{M}\int_o^a \frac{b}{a}\rho x^2 dx=\frac{2}{3}a$$

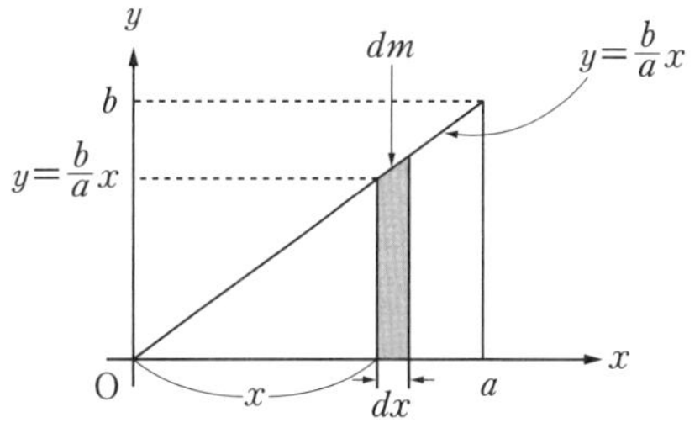

図 12.4

次に y 座標について考えよう．図 12.5 から

$$R_y=\frac{1}{M}\int y\cdot dm, \qquad dm=(a-x)\,dy\rho$$

$y=(b/a)x$ より $x=(a/b)y$ だから，$dm=(a-(a/b)y)\,dy\rho$ となり，この式は

$$R_y=\frac{1}{M}\int_o^b y\left(a-\frac{a}{b}y\right)\rho\cdot dy=\frac{1}{3}b$$

となる．したがって，

$$(R_x, R_y)=\left(\frac{2}{3}a,\ \frac{1}{3}b\right)$$

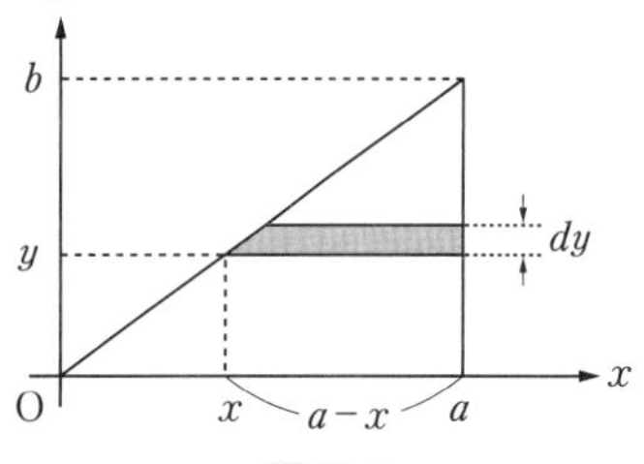

図 12.5

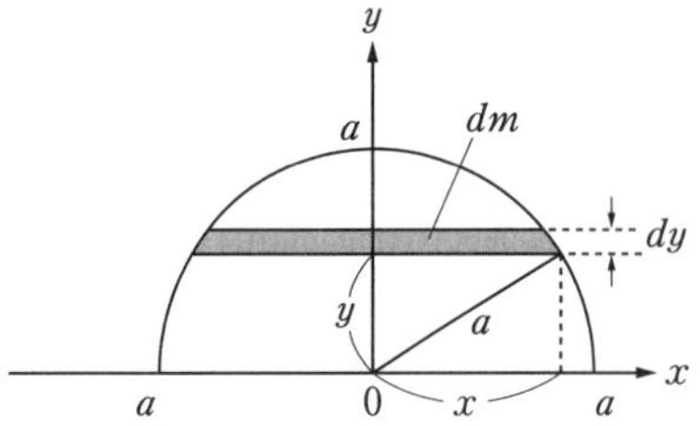

図 12.6

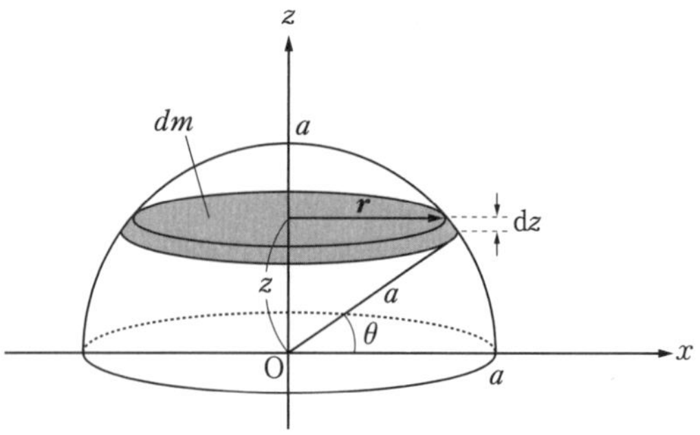

図 12.7

問題 12.2　図 12.6 のような全質量 M で面密度 σ が一様な，半径 a の半円形の板の重心を求めよ．

問題 12.3　図 12.7 のような全質量 M で密度 ρ が一様な，半径 a の半球の重心を求めよ．

12.3　剛体にはたらく力と力のモーメント

剛体は大きさを持っているので，力が剛体のどこに作用するかで運動は異なってくる．力が剛体に作用する点を**作用点**といい，作用点を通り力の方向と一致する直線を力の**作用線**という（図 12.8）．剛体では力の作用点は作用線上のどこへ移してもよい．

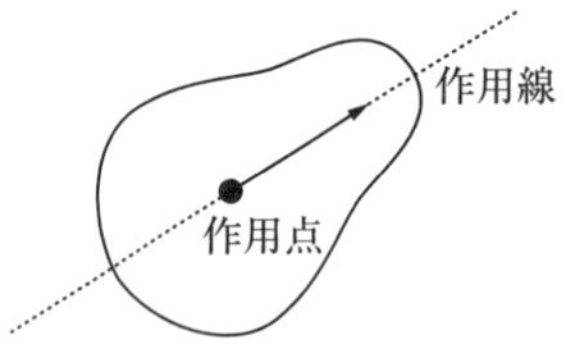

図 12.8

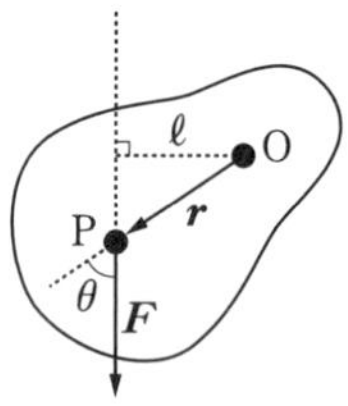

図 12.9

図 12.9 のように剛体の 1 点 P に力 $\boldsymbol{F}$ が作用し，点 O のまわりに回転するとき，点 O のまわりの力のモーメント $\boldsymbol{N}$ を，

$$\boldsymbol{N}=\boldsymbol{r}\times\boldsymbol{F}, \qquad |\boldsymbol{N}|=r\cdot F\cdot\sin\theta \tag{12.1}$$

と表す．$\boldsymbol{N}$ はベクトル量であり，回転させようとする力の方向が反時計回りに作用するとき上向き（正の方向）となる（10.2 図参照）．

剛体の運動は剛体に作用する力の総和と力のモーメントの総和で決定される．

いま特別な例として力の総和は 0 であるが，力のモーメントの総和が 0 でない状態を図 12·10（a）に示した．2 つの力 $\boldsymbol{F}_1$, $\boldsymbol{F}_2$ は向きが逆で同じ大きさの力であり，互いの作用線が平行で交わらない．このような関係にある力を**偶力**という．

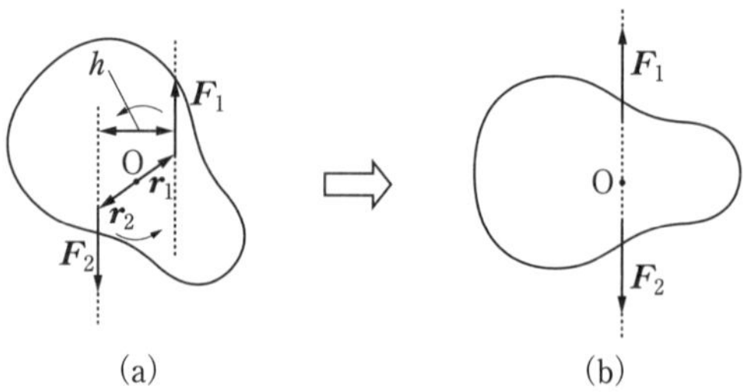

図 12.10

図 12.10（a）の偶力のモーメントは

$$\boldsymbol{N}=\boldsymbol{r}_1\times\boldsymbol{F}_1+\boldsymbol{r}_2\times\boldsymbol{F}_2=(\boldsymbol{r}_2-\boldsymbol{r}_1)\times\boldsymbol{F}_2 \tag{12.2}$$

2本の作用線間の距離を h とすると，偶力のモーメントの大きさは $N=hF_2$ と表される．このような偶力が働くと剛体は2力の作用線が一致するまで回転する（図 12.10 (b)）．

12.4　剛体の釣合い

剛体が，並進運動も回転運動もしないとき，剛体は「釣合っている」という．このとき，次の2つの条件を満たしている．

$$\left.\begin{array}{l} ①\ \text{力の総和が0}：\sum_i \boldsymbol{F}_i=0 \\ ②\ \text{力のモーメントの総和が0}：\sum_i \boldsymbol{N}_i=\sum_i \boldsymbol{r}_i\times\boldsymbol{F}_i=0 \end{array}\right\} \qquad (12.3)$$

(12.3) 式の具体例として次の例題を考えてみよう．

例題 12.2　高さ b，巾 a，質量 M の箱の上端Aを，図 12.11 のように力 $\boldsymbol{F}$ で押す．箱と床との静止摩擦係数は μ である．箱が滑らずに，倒れる条件を求めよ．

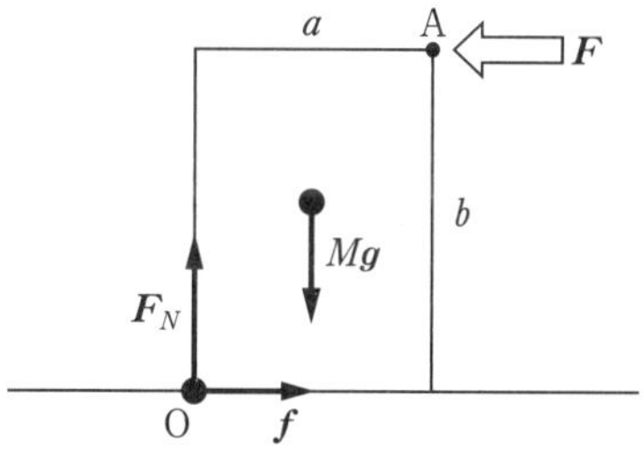

図 12.11

［解］　力の釣合いを整理する．箱の垂直抗力を $\boldsymbol{F}_N$，摩擦力を $\boldsymbol{f}$ とすると

まず①の力の総和を考えよう．

$$\begin{array}{ll} \text{垂直方向} & Mg-F_N=0, \\ \text{水平方向} & F-f=0 \end{array} \qquad (12.4)$$

次に，②の O 点のまわりの力のモーメントを考えよう．力のモーメントは回転をはじめる直前まで釣り合っていて，

$$bF-\frac{a}{2}Mg=0 \qquad (12.5)$$

箱が滑り出すときは，押す力 F が摩擦力 f より大きくなったときである．箱が滑らない限界の条件は，(12.4)式より

$$F=f=\mu F_N=\mu Mg \qquad (12.6)$$

O 点のまわりを箱が回転しはじめるとき，(12.5)式より，

$$bF-\frac{a}{2}Mg>0 \qquad (12.7)$$

(12.7)式より $F>(a/2b)Mg$，この条件と (12.6)式をくらべると，

$$F=\mu Mg>\frac{a}{2b}Mg$$

であるので，$\mu>a/2b$ であれば，箱はすべらずに倒れる．

問題 12.4　図 12.12 のような $2L$ と $3L$ を2辺とする線密度が一様な質量 M の直角定規がある．点Aにひもを通して吊るしたときの図中の角 θ を求めよ．

問題 12.5　図 12.13 のように壁に質量 M のはしごが床との角度 θ で立てかけてある．

① はしごと床，およびはしごと壁との間の静止摩擦係数を，それぞれ μ_A，μ_B とするとき，はしごが滑り落ちないための最小角度 θ_c を求めよ．

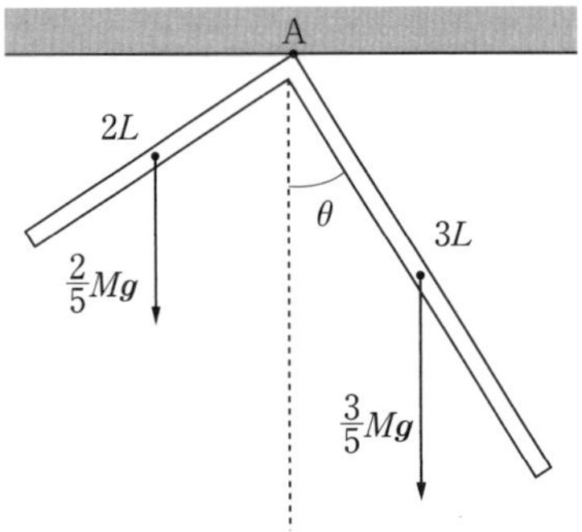

図 12.12

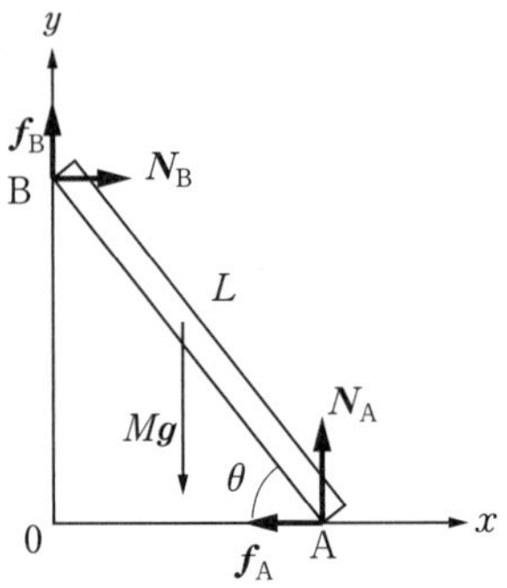

図 12.13

② 前問のはしごに，はしごと同じ質量 M の人が点 A から登り始めた．この人がある長さまで登ると，はしごが滑り出してしまった．はしごの角度を θ_0 とするとこの人はどこまで登ることができたか．ただし点 A,B での静摩擦係数を μ_A, μ_B とする．$\mu_A=0.3$，$\mu_B=0.2$，$\theta_0=60°$ とした場合，この人が登ることができた長さを計算せよ．

談話室 11. 正岡子規

夏目漱石を述べたついでに彼の親友であった正岡子規について述べてみよう．

子規は，日本の俳句和歌の革新者として名をとどめており，最近では司馬遼太郎の「坂の上の雲」の主人公の一人としても有名である．また，あまり知られてはいないが日本の野球の創始者として野球殿堂入りしているそうである．ちなみに「野球」という言葉は彼の本名升（のぼる）をもじって野（の）球（ボール）と名づけたのだそうである．35 歳で脊髄カリエスのため，苦しみぬいて死ぬが，晩年までその明るさを失わなかった稀有（けう）の人である．

彼は，「春や昔　十五万石の　城下かな」「柿食えば　鐘がなるなり　法隆寺」のような明るい句も作っているが，亡くなる 12 時間前には「へちま咲きて　痰のつまりし　仏かな」「痰一斗　へちまの水もまにあはず」「をととひの　へちまの水も取らざりき」（へちまは抗生物質がなかった時代の結核の薬と信じられていた.）の壮絶な句を詠み，これが絶筆となった．また，「坂の上の雲」にはあまり触れられていないが漱石との友情は有名である．漱石は子規が亡くなるまで師事して俳句を作り続けた．

多くの人は 35 歳で死んだ子規を残念がるが，筆者はそうは思わない．その理由は，筆者の私見によれば，漱石のほうがその文学の深さ，西洋との対決の深刻さにおいて子規より一段とまさっていたように思われるからである．漱石は子規が死んだ 4 年後，「我輩は猫である」を書き，それから 10 年間の間に歴史に名前を残すほどの偉大な小説を残した．もし子規が生きていれば，このような偉大な仕事に対して負けず嫌いな子規がどのような気持ちを抱くかは，火を見るよりあきらかである．

第 13 章　固定軸のまわりの剛体の回転

13.1　回転運動の運動方程式

剛体の運動という場合，こまの歳差運動のように軸が回転する複雑な運動も考えられるが，ここでは軸が剛体内で固定されている固定軸のまわりの回転運動を考える．たとえば図 13.1 のように，棒の回転軸 O のまわりの回転運動を考えてみよう．

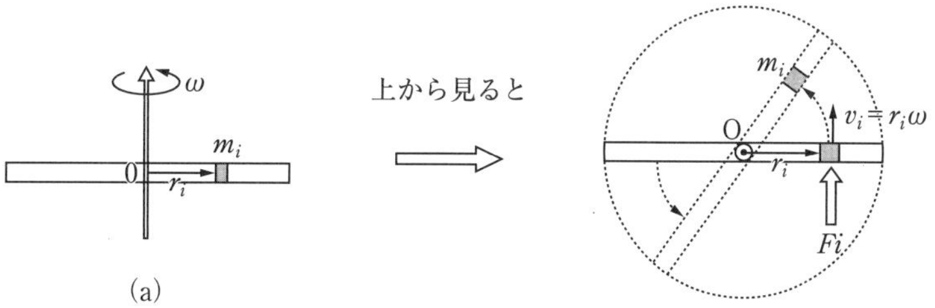

(a)　　(b)

図 13.1 (a)　　図 13.1 (b)

図 13.1(b) のように，回転軸 O から r_i の位置にある微小部分を考える．この部分の質量を m_i とする．ここに力 F_i が加わると，回転運動がはじまる．運動方程式はこの微小部分について，

$$m_i\frac{d}{dt}(r_i\omega)=F_i \tag{13.1}$$

であるが，(13.1)式の両辺に r_i を掛けて，棒全体について和をとると，

$$\left(\sum_i m_i r_i^2\right)\frac{d\omega}{dt}=\sum_i r_i\cdot F_i \tag{13.2}$$

となる．ここで $d\omega/dt$ は回転の角加速度である．また右辺 $\sum_i r_iF_i$ は 10.1 節で述べたように，力のモーメント N の総和である．

$$I=\sum_i m_i r_i^2 \tag{13.3}$$

を**慣性モーメント**と呼び，「回転しにくさの程度」を表す量である．これを用いて (13.2)式を書きなおすと，

$$I\frac{d\omega}{dt}=N \tag{13.4}$$

また，$\omega=d\theta/dt$ であるから

$$I\frac{d^2\theta}{dt^2}=N \tag{13.5}$$

と表される．

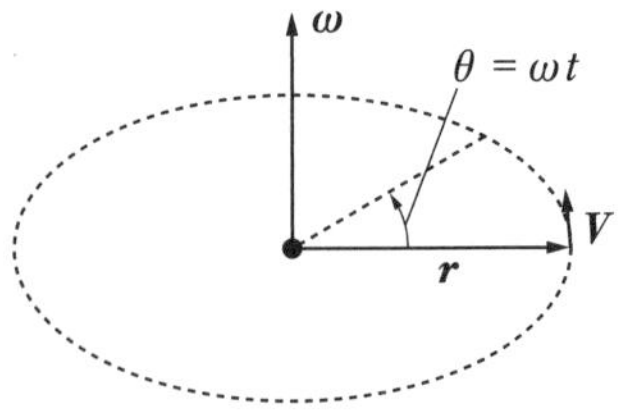

図 13.2

第10章で，角運動量 $\boldsymbol{L}$ をベクトルで定義したように，**角速度 $\boldsymbol{\omega}$** もベクトル $\boldsymbol{\omega}$ として定義しよう．通常のベクトルはそのベクトルが進む方向（$\boldsymbol{V}$ の方向）にとるが，ここでは回転の自由度は右回りか左回りしかない．したがって角速度 $\boldsymbol{\omega}$ のベクトルの向きを，回転の右回り，左回りという回転の向きとして定義し直すことにしよう．このようなベクトルを**凝ベクトル**と呼ぶ．

$$\boldsymbol{\omega}\begin{cases}\text{大きさが}\omega\text{，方向は回転軸の方向}\\ \text{反時計回り（右回り）を正の方向}\\ \text{時計回り（左回り）を負の方向}\end{cases} \tag{13.6}$$

とすると，(13.4)式はベクトル式として

$$I\frac{d\boldsymbol{\omega}}{dt}=\boldsymbol{N} \tag{13.7}$$

と表される．(10.4)式，$d\boldsymbol{L}/dt=\boldsymbol{N}$ および（13.6)式を比べると，剛体の角運動量 $\boldsymbol{L}$ と $\boldsymbol{\omega}$ の関係は，

$$\boldsymbol{L}=I\boldsymbol{\omega} \tag{13.8}$$

であることがわかる．

以上の関係をまとめると，剛体の回転に関する一般的な運動方程式は，

$$\frac{d\boldsymbol{L}}{dt}=I\frac{d\boldsymbol{\omega}}{dt}=\boldsymbol{N} \tag{13.9}$$

となる．(13.8)式から $N=0$ であれば剛体の角運動量が保存されることもわかる．

例題 13.1 回転する棒 図 13.3 のように長さ L，質量 M の一様な棒があり，点 O のまわりで滑らかに回転できる．棒を水平の状態から静かに手を放した．この瞬間の棒の回転の角加速度（初期角加速度）α と，棒の右端 B の初期加速度 A を求めよ．ただし，回転軸のまわりの棒の慣性モーメントは（13.3 節で述べるが）$I=(1/3)ML^2$ とする．

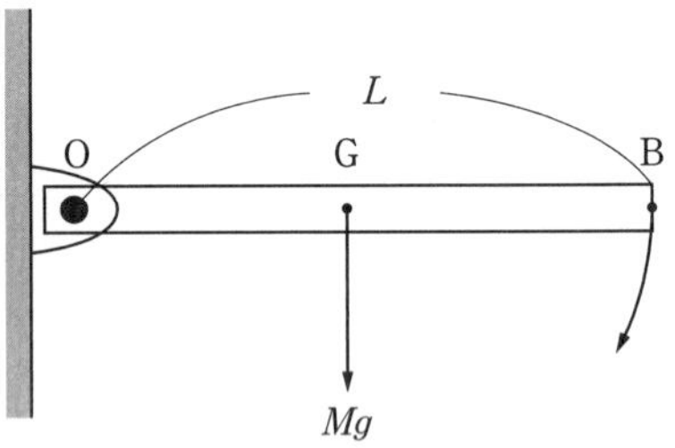

図 13.3

［**解**］ 棒の重心は，棒の中心にあり，棒に働く重力 Mg はこの点に作用する．手をはなす瞬間の重力による回転軸のまわりの力のモーメントの大きさは，

$$N=\frac{L}{2}Mg$$

棒を水平の状態から放したとき初期角加速度は α なので，

$$I\frac{d\omega}{dt}=I\alpha=\frac{L}{2}Mg$$

さらに $I=(1/3)ML^2$ を代入して，

$$\alpha=\frac{3}{ML^2}\cdot\frac{LMg}{2}=\frac{3g}{2L}$$

この角加速度は棒のすべての点に共通である．棒の右端点 B での加速度 A は，$A=L\alpha$ であるから，

$$A=\frac{3}{2}g$$

となる（この結果を見ると，点 B での加速度は重力加速度よりも大きくなっていて興味深い．点 B に 10 円玉を置いて手を放すと棒はコインより速く落下する）．棒の重心の加速度は，

$$A'=\frac{L}{2}\cdot\alpha=\frac{3}{4}g$$

となる．

13.2 剛体の回転エネルギーと力のモーメントがする仕事

図 13.4 の微小部分 m_i の回転の運動エネルギー K_i^{ω} は，

$$K_i^{\omega}=\frac{1}{2}m_iV_i^{\,2}=\frac{1}{2}m_i(r_i\omega)^2$$

と表されるので，これを剛体全体について和をとると，

$$K^{\omega}=\sum_i K_i^{\omega}=\sum_i\left(\frac{1}{2}m_ir_i^{\,2}\,\omega^2\right)=\frac{1}{2}\left(\sum_i m_ir_i^{\,2}\right)\cdot\omega^2$$

となる．ここで，$\sum_i m_ir^2{}_i=I$ であるから，

$$K^{\omega}=\frac{1}{2}I\omega^2 \qquad (13.10)$$

と表される．

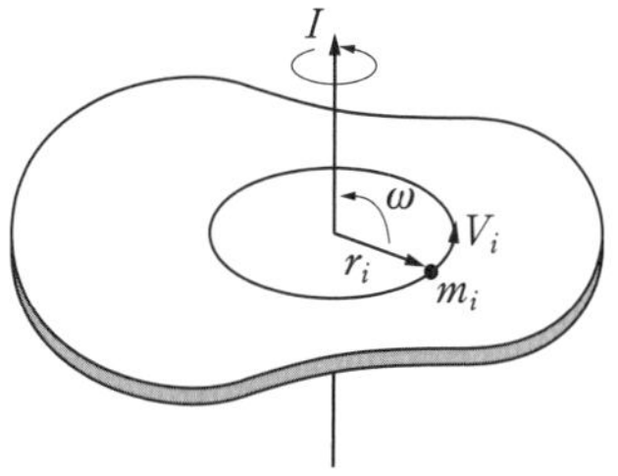

図 13.4

次に剛体が回転したときに，力のモーメントのする仕事について考えてみよう．図 13.5 において，r_i の位置に力 F_i を作用させて棒を $\Delta\theta$ 回転させるための仕事 ΔW_i は，$\Delta W_i=F_i\cdot\Delta S_i=F_i\cdot r_i\Delta\theta$ である．いま，$F_i\cdot r_i=N_i$ なので，

$$\Delta W_i=N_i\Delta\theta$$

と表される．これを剛体全体で足し合わせると，左辺は $\Delta\sum_i W_i=\Delta W$，右辺は $\Delta\sum_i N_i\Delta\theta=N\Delta\theta$．ゆえに $\Delta W=N\Delta\theta$．θ_1 から θ_2 まで回転させるときの力のモーメントのする仕事 W は，

$$W=\int_{\theta_1}^{\theta_2}N\,d\theta \qquad (13.11)$$

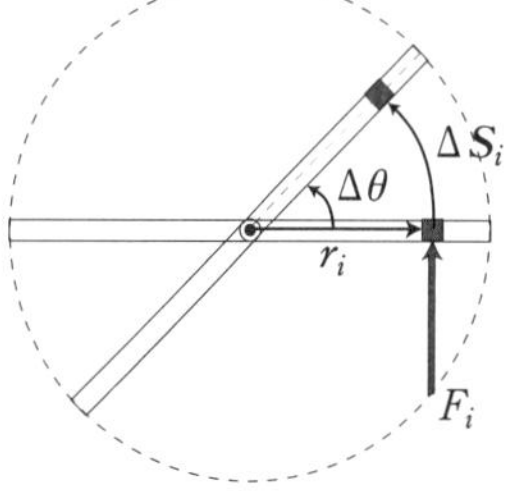

図 13.5

これをベクトルで表すと，

$$W=\int_{\theta_1}^{\theta_2}\boldsymbol{N}\cdot d\boldsymbol{\theta}$$

となる．ただし，$\boldsymbol{\theta}$（ベクトル）は $\boldsymbol{\omega}$ と同様に（13.6)式で定義する．回転運動の場合も，

(7.23)式で考察したように

$$\frac{1}{2}I\boldsymbol{\omega}_2^2-\frac{1}{2}I\boldsymbol{\omega}_1^2=\int_{\theta_1}^{\theta_2}\boldsymbol{N}\cdot d\boldsymbol{\theta} \qquad (13.12)$$

が成り立つ．ただし，$\boldsymbol{\omega}_1$，$\boldsymbol{\omega}_2$ は，$\boldsymbol{\theta}_1$，$\boldsymbol{\theta}_2$ における角速度である．

例題 13.2　再び回転する棒　図 13.6 のような，長さ L, 質量 M の一様な棒があり，点 O のまわりで滑らかに回転できる．棒を水平の状態から静かに手を放した．この棒が鉛直位置に来たときの角速度 ω はどれだけか．また，このときの棒の右端 B の速度 V を求めよ．ただしこの棒の回転軸の周りの慣性モーメントは　$I=1/3ML^2$ とする．

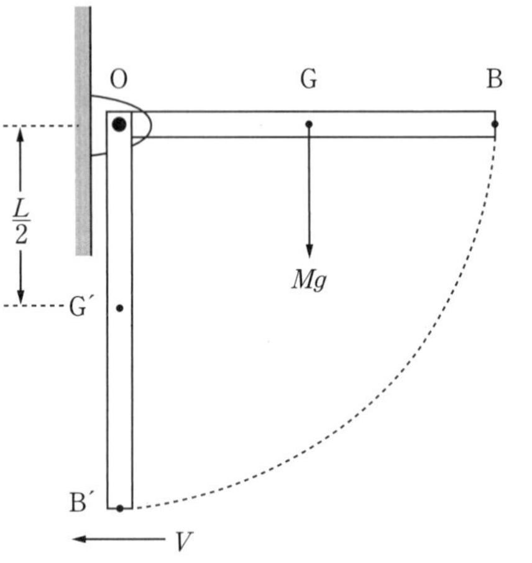

図 13.6

［解］　この問題を系のエネルギー保存則から考えよう．

棒が水平位置にあるときは，まったく運動エネルギーを持っていない．重心 G のポテンシャルエネルギー U は，位置の基準点を点 G′ に決めると，

$$U=Mg\cdot\frac{1}{2}L$$

となる．

棒が鉛直方向になったとき，重心 G′ のポテンシャルエネルギーは 0 となり，運動エネルギーはすべて回転の運動エネルギー $E=(1/2)I\omega^2$ となっている．力学的エネルギー保存則は，

$$\frac{1}{2}MgL=\frac{1}{2}I\omega^2=\frac{1}{2}\left(\frac{1}{3}ML^2\right)\omega^2$$

と表されるから，角速度は

$$\omega=\sqrt{\frac{3g}{L}}$$

棒の最下点（点 B）の速度 V は，

$$V=L\cdot\omega=\sqrt{3Lg}$$

となる．

■　運動の類似性

賢明な諸君は気付かれたかもしれないが，並進運動の方程式と回転運動の方程式の間には強い類似性がある．この類似性の一覧表を下に記す．

表 13.1 運動の類似性

質点の直線運動	剛体の回転運動
質量 m	慣性モーメント $\boldsymbol{I}$
質点の位置 $\boldsymbol{r}$	剛体の回転角 $\boldsymbol{\theta}$
速度 $\boldsymbol{V}\left(=\dfrac{d\boldsymbol{r}}{dt}\right)$	角速度 $\boldsymbol{\omega}\left(=\dfrac{d\boldsymbol{\theta}}{dt}\right)$
加速度 $\boldsymbol{A}\left(=\dfrac{d\boldsymbol{v}}{dt}\right)$	角加速度 $\boldsymbol{\alpha}\left(=\dfrac{d\boldsymbol{\omega}}{dt}\right)$
力 $\boldsymbol{F}$	力のモーメント $\boldsymbol{N}(=\boldsymbol{r}\times\boldsymbol{F})$
運動量 $\boldsymbol{p}=m\boldsymbol{V}$	角運動量 $\boldsymbol{L}=I\boldsymbol{\omega}(=\boldsymbol{r}\times\boldsymbol{p})$
運動エネルギー $\dfrac{1}{2}mV^2$	運動エネルギー $\dfrac{1}{2}I\boldsymbol{\omega}^2$
力のする仕事 $\int\boldsymbol{F}\cdot d\boldsymbol{r}$	力のモーメントのする仕事 $\int\boldsymbol{N}\cdot d\boldsymbol{\theta}$
運動方程式 $m\dfrac{d\boldsymbol{V}}{dt}=\boldsymbol{F}$	運動方程式 $I\dfrac{d\boldsymbol{\omega}}{dt}=\boldsymbol{N}$

13.3 慣性モーメント

前節で述べたように剛体の運動は慣性モーメントを知れば解くことができる．慣性モーメントは剛体の形状により異なる．この節では典型的な形状について慣性モーメントを計算してみよう．慣性モーメントは（13.3)式で示すように，

$$I=\sum_i m_i r_i{}^2$$

と定義されたが，剛体は連続体であるから積分で置きなおし，

$$I=\sum_i m_i r_i{}^2 \to I=\int r^2 dm=\int r^2\rho dV \tag{13.13}$$

として計算する．ここで，m_i は，$\to\rho dV$ ただし，ρ は密度，dV は微小部分の体積である．また，r^2 は回転軸からの距離の２乗であるが，r は**回転軸に垂直な成分のみの距離**であることを注意する必要がある．以下，典型的な形状の剛体についてその慣性モーメントを求めてみる．

例題 13.3 図 13.7 のような長さ L，全質量 M の一様な棒の，棒に垂直な中心軸のまわりの慣性モーメントを求めよ．

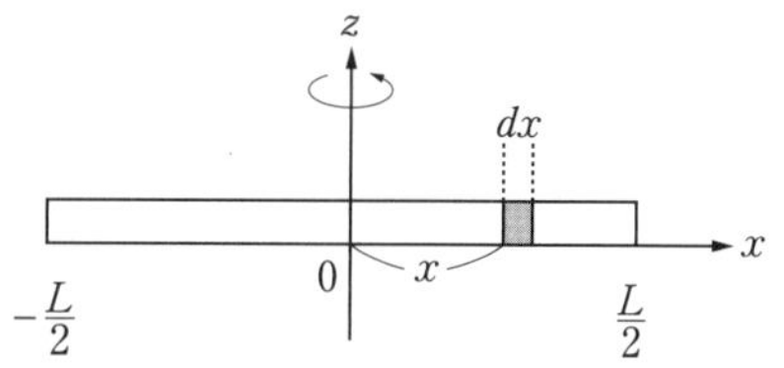

図 13.7

［解］ 図 13.8 のように回転軸方向を z 軸とし，棒の方向を x 軸とする．棒の線密度は $\rho=M/L$ となるので（13.13)式は，

$$I=\int_{-L/2}^{L/2}x^2\rho dx=\int_{-L/2}^{L/2}x^2\frac{M}{L}dx=\frac{M}{L}\left[\frac{x^3}{3}\right]_{-L/2}^{L/2}$$

$$=\frac{M}{12}L^2 \tag{13.14}$$

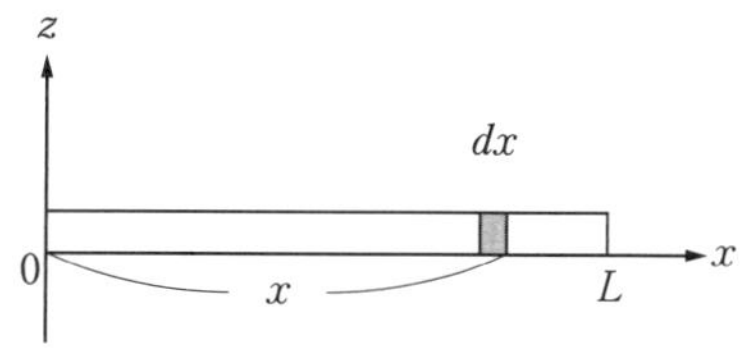

図 13.8

となる．また，棒の端に回転軸があるときの慣性モーメントは，(13.14)式の積分範囲を 0 から L までとすればよく

$$I=\int_0^L x^2\rho dx=\frac{M}{L}\left[\frac{x^3}{3}\right]_0^L=\frac{M}{3}L^2 \tag{13.15}$$

となる．

問題 13.1　図 13.9 のように，質量 M と m の錘りを長さ L の軽い棒の両端につける．棒に垂直な軸のまわりの慣性モーメントは，x がどの値のときに最小となるか．

問題 13.2　図 13.10 のような，幅 a，および b，厚み c，質量 M の一様な板の，重心を通り板に垂直な軸のまわりの慣性モーメントを求めよ．

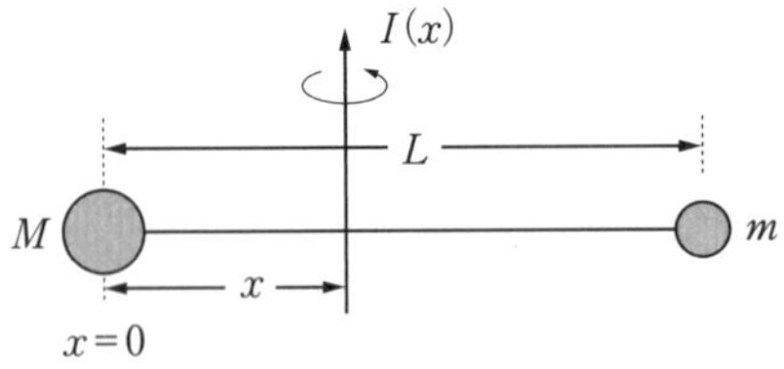

図 13.9

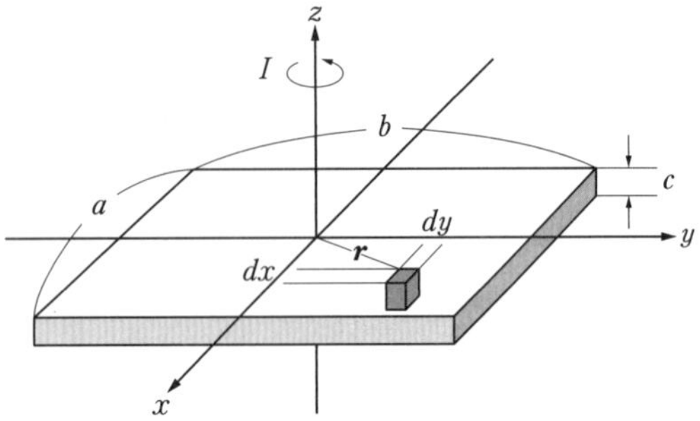

図 13.10

例題 13.4　半径 a，質量 M の円輪（はずみ車）の中心軸のまわりの慣性モーメントを求めよ．

［解］　図 13.11 を見て明らかなように，円輪の各部分は全て軸からの距離が a であり，円輪の全質量は M なので，

$$I=\int a^2 dm=a^2\int dm=Ma^2 \tag{13.16}$$

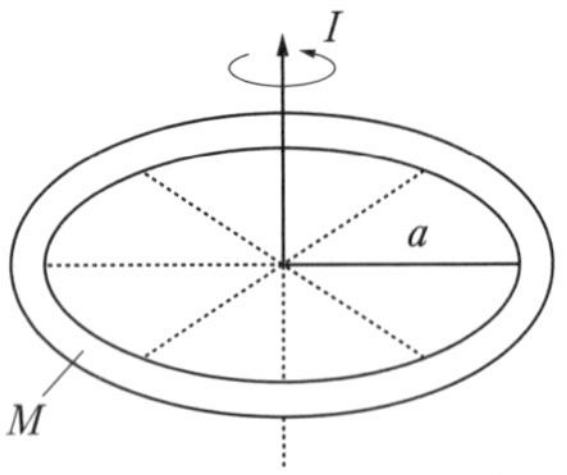

図 13.11

例題 13.5　半径 a，全質量 M の薄い円板の中心軸のまわりの慣性モーメントを求めよ．

［解］　図 13.12 のように半径 r，幅 dr の薄いリングを考えると，この部分の微小質量 dm は，

$$dm=\rho 2\pi r dr \quad \left(\rho=\frac{M}{\pi a^2}\right)$$

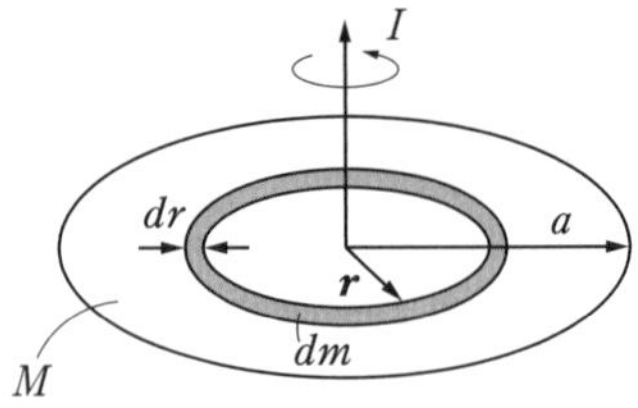

図 13.12

よって

$$I=\int_0^a r^2 dm=\int_0^a r^2\rho 2\pi r dr=\frac{M2\pi}{\pi a^2}\int_0^a r^3 dr=\frac{2M}{a^2}\left[\frac{r^4}{4}\right]_0^a=\frac{1}{2}Ma^2 \tag{13.17}$$

(13.16)式と（13.17)式を比較すると，はずみ車の慣性モーメントは円板の 2 倍の大きさになっている．つまり，はずみ車は円板に比較して回転させにくいが，逆に止まりにくくもあるので，おもちゃなどいろいろなところで利用されている．

問題 13.3　図 13.13 のような密度が一様な半径 a, 高さ L, 質量 M の直円柱の，中心軸（z 軸）のまわりの慣性モーメントを求めよ．

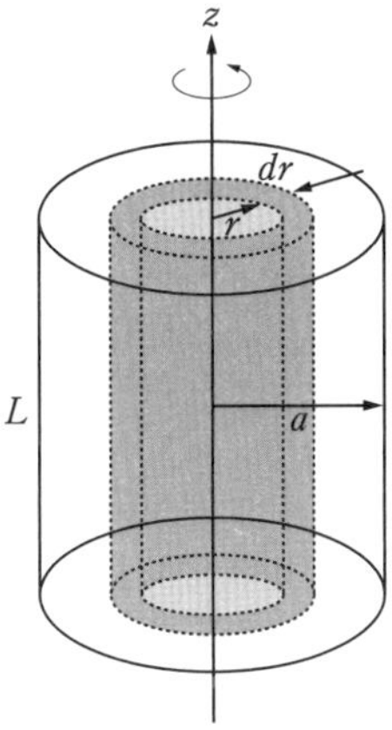

図 13.13

例題 13.6　半径 a, 質量 M の薄い一様な球殻の，中心を通る軸のまわりの慣性モーメントを求めよ．

［**解**］13.14 図の，z 軸のまわりに回転しているときの回転の半径 r, 幅 $a\cdot d\theta$ の細い輪の微小慣性モーメントを dI とする．

$$dI=r^2dm, \qquad dm=(2\pi r)(ad\theta)\rho, \qquad r=a\sin\theta$$

であり，また，$\rho=M/(4\pi a^2)$ であるから，

$$dI=2\pi a\rho\, r^3d\theta=2\pi\, a^4\rho\sin^3\theta\, d\theta$$

$$I=\int_0^\pi dI=2\pi\, a^4\rho\int_0^\pi \sin^3\theta d\theta$$

ここで，$\int_0^\pi \sin^3\theta\cdot d\theta$ の積分は，$\int_0^\pi(1-\cos^2\theta)\sin d\theta$ と変形し，$\cos\theta=t$ とおくと

$$-\int_{+1}^{-1}(1-t^2)\,dt=\frac{4}{3}$$

となるので，

$$I=2\pi a^4\rho\cdot\frac{4}{3}=2\pi a^4\frac{M}{4\pi a^2}\cdot\frac{4}{3}=\frac{2}{3}Ma^2 \qquad (13.18)$$

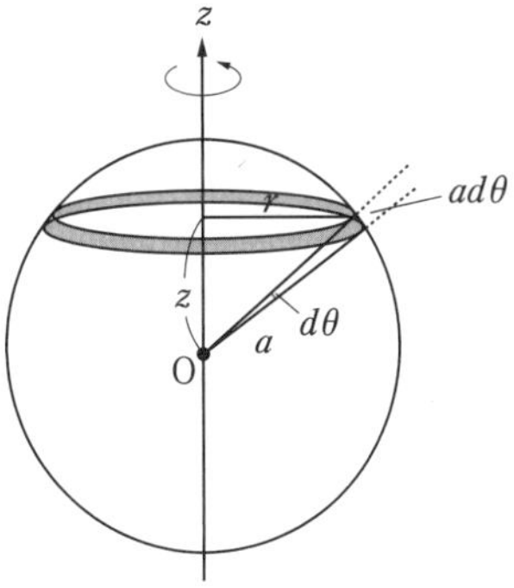

図 13.14

例題 13.7　半径 a, 質量 M の一様な球の中心を通る軸のまわりの慣性モーメントを求めよ．

［**解**］　図 13.15 の，半径 r, 厚み dz の薄い円板の慣性モーメントを dI とする．(13.17)式の薄い円板の結果を用いると，

$$dI=\frac{1}{2}r^2dm, \qquad dm=\rho\pi\, r^2dz$$

であるから，

$$dI=\frac{\pi}{2}\rho\, r^4dz$$

ここで密度$\rho=M/[(4/3)\pi\, a^3]$．また，$r^4=(a^2-z^2)^2$ を代入すると，

$$I=\frac{\pi}{2}\cdot\frac{3M}{4\pi\, a^3}\int_{-a}^{a}(a^2-z^2)^2dz=\frac{2}{5}a^2M \qquad (13.19)$$

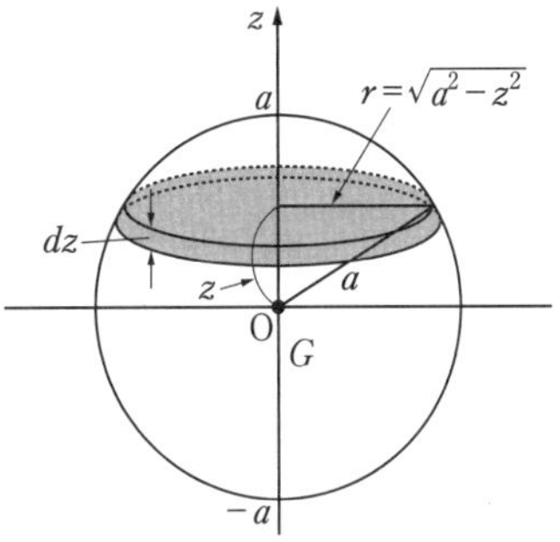

図 13.15

このように対称性の高い，球殻や球については，以下の例題のような方法でも求めることができる．

例題 13.8 半径 a の薄い球殻の慣性モーメントを求めよ．

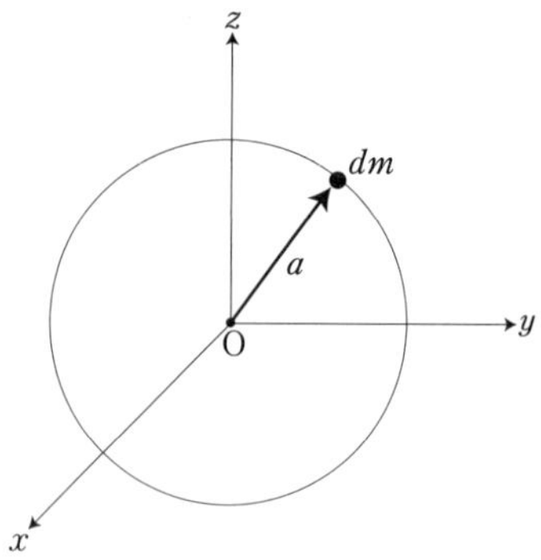

図 13.16

［**解**］ 図 13.16 のような球殻を考える．x,y,z 軸を回転軸としたとき各軸についての慣性モーメントは

$$I_x=\int(y^2+z^2)dm, \qquad I_y=\int(x^2+z^2)dm,$$

$$I_z=\int(x^2+y^2)dm$$

対称性から $I=I_x=I_y=I_z$ なので，$3I=I_x+I_y+I_z$ である．

$$3I=2\int(x^2+y^2+z^2)dm=2a^2\int dm=2Ma^2 \qquad \therefore\ I=\frac{2}{3}Ma^2$$

例題 13.9 半径 a の一様な球の慣性モーメントを求めよ．

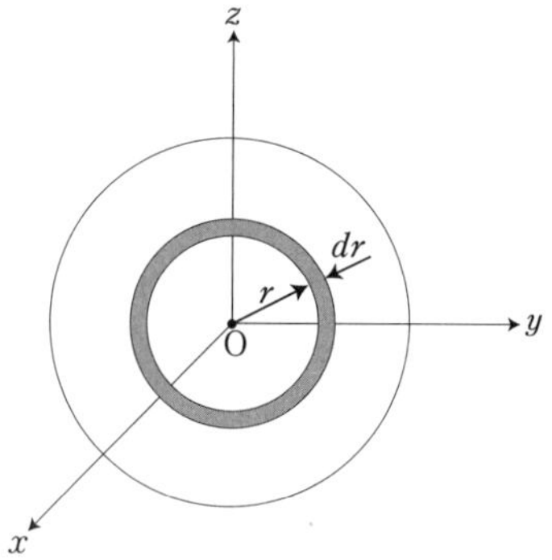

図 13.17

［**解**］ 図 13.17 のような半径 $r\sim r+dr$ の間にある球殻部分の慣性モーメントを dI とする．例題 13.6，13.8 の結果を使うと

$$dI=\frac{2}{3}r^2dm, \qquad dm=4\pi r^2\rho dr$$

$$I=\int_0^a\frac{2}{3}r^2(4\pi r^2\rho)dr=\frac{8}{15}\pi\rho a^5=\frac{2}{5}Ma^2 \quad \because M=\frac{4}{3}\pi\rho a^3$$

これまでにあげたいくつかの例題に見るように，対称性のよい簡単な形状の剛体の慣性モーメントは比較的簡単に求められる．以下に，いくつかの代表的な形の剛体について重心を通る特定の回転軸のまわりの慣性モーメントをまとめる．

表 13.2 回転軸まわりの慣性モーメント

物体（全質量 M）	重心を通る軸	慣性モーメント
細長い棒（長さ L）	棒に垂直	$I=\frac{1}{12}ML^2$
長方形の板（辺の長さ a, b）	板に垂直	$I=\frac{1}{12}M(a^2+b^2)$
円環（半径 a）	円環面に垂直	$I=Ma^2$
円筒（半径 a，高さ L）	円筒軸	$I=Ma^2$
円板（半径 a）	円板面に垂直	$I=\frac{1}{2}Ma^2$
円柱（半径a，高さ L）	円柱軸	$I=\frac{1}{2}Ma^2$
薄い球殻（半径 a）	任意の軸	$I=\frac{2}{3}Ma^2$
球（半径 a）	任意の軸	$I=\frac{2}{5}Ma^2$

以上，主な形状の慣性モーメントを求めてきたが，ここで，慣性モーメントを求めるための便利な公式を紹介する．

■ 平板に関する垂直軸の定理

$z=0$ の薄い板に垂直な軸（z 軸）のまわりの慣性モーメントを I_z，板の面内にある 2 つの直交軸（x 軸，y 軸）のまわりの慣性モーメントを I_x，I_y とすると，次の関係がある．

$$I_z=I_y+I_x \qquad (13.20)$$

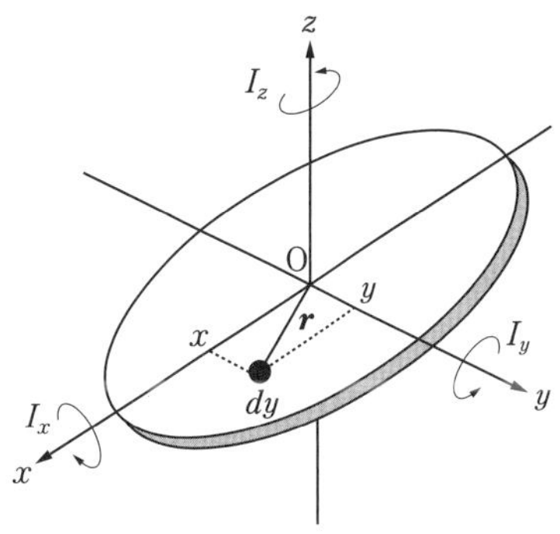

図 13.18

［証明］ まず，x，y，z 軸のまわりの慣性モーメントを書くと

$$I_x=\int(y^2+z^2)\rho dV, \qquad I_y=\int(x^2+z^2)\rho dV$$

$$I_z=\int(x^2+z^2)\rho dV$$

となる．いま薄い板を考えているので $z=0$ とおくことができる．したがって

$$I_x=\int y^2\rho dV, \quad I_y=\int x^2\rho dV \qquad \therefore \quad I_z=\int(x^2+y^2)\rho\cdot dv=\int x^2\rho\cdot dv+\int y^2\rho\cdot dv=I_y+I_x$$

（証明終）

例題 13.10 質量 M，半径 a の円板の 13.19 図のような面内にある回転軸に対する慣性モーメント I_x を求めよ

［**解**］（13.17）式で，$I_z=(1/2)Ma^2$ と求まっているので，垂直軸の定理から，

$$I_z=I_y+I_x$$

円板の対称性より $I_x=I_y$ であるから

$$I_z=2I_x \qquad \therefore I_x=\frac{1}{2}I_z=\frac{1}{4}Ma^2$$

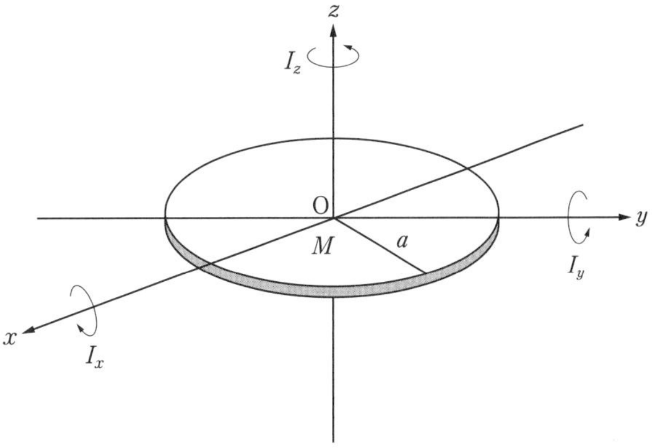

図 13.19

■ 平行軸の定理

いま，剛体の重心 G を通る軸のまわりの慣性モーメントを I_G，重心から h だけ離れた点 Q を通る軸のまわりの慣性モーメントを I_Q とすると I_G と I_Q の間には次の関係がある．ただし M はこの剛体の質量である（図 13.20）．

$$I_Q=I_G+Mh^2 \qquad (13.21)$$

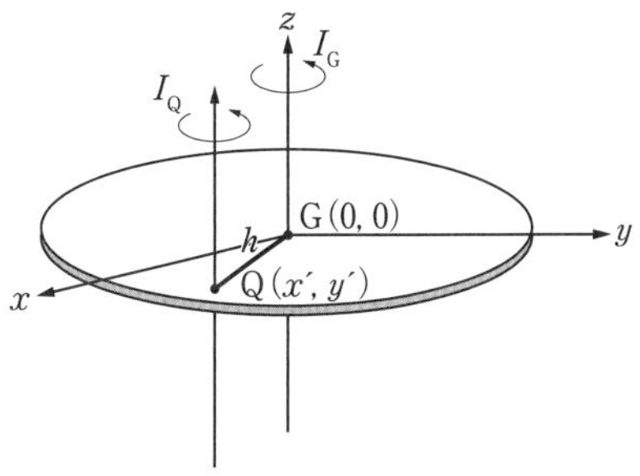

図 13.20

［証明］ 回転軸の方向を z 方向とする．重心の位置

を座標の原点とすると，重心のまわりの慣性モーメント I_G は

$$I_G=\int \rho(x^2+y^2)dV$$

と表せる．G と Q との距離を h，Q の座標を(x',y')とすると，$h^2=x'^2+y'^2$ である．また原点 G からみた任意の点 (x, y) は Q から見ると，$(x-x', y-y')$ になる．したがって Q のまわりの慣性モーメント I_Q は

$$I_Q=\int \rho\{(x-x')^2+(y-y')^2\}dV$$

また

$$(x-x')^2+(y-y')^2=(x^2+y^2)+(x'^2+y'^2)-2(xx'+yy')$$

であるから

$$I_Q=\int \rho(x^2+y^2)dV+\int \rho(x'^2+y'^2)dV-2\int \rho(xx'+yy')dV$$

第 1 項$=I_G$

第 2 項$=\int \rho(x'^2+y'^2)dV=h^2\int \rho dV=Mh^2$

第 3 項$=-2x'\int \rho x dV-2y'\int \rho y dV$

$\int \rho x dV$ は重心の定義からゼロとなる．$\int \rho y dV$ も同様である．

$$\int \rho x dV=\int \rho y dV=0 \qquad \therefore \quad I_Q=I_G+Mh^2$$ （証明終）

例題 13.11 図 13.21 のような長さ L，質量 M の棒の，棒の端を通る軸のまわりの慣性モーメントを求めよ．

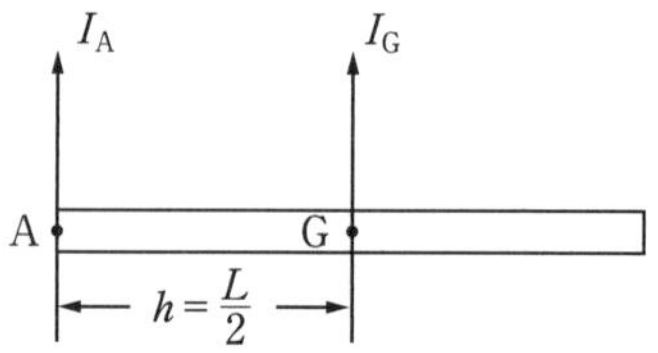

図 13.21

［**解**］ 棒の重心を通る軸の周りの慣性モーメント I_G は (13.14)式より，$I_G=(1/12)ML^2$ であった．回転軸を棒の端 A 点に移すとこの軸のまわりの慣性モーメント I_A は，平行軸の定理より，

$$I_A=I_G+\left(\frac{L}{2}\right)^2 M=\left(\frac{1}{12}+\frac{1}{4}\right)L^2M \qquad \therefore \quad I_A=\frac{1}{3}L^2M$$

この結果は (13.15)式と等しい．

それでは最後に総合的な問題として，円錐体の種々の軸のまわりの慣性モーメントを求めてみよう．

問題 13.4 ① 図 13.22 のような，質量 M，底面の半径 a，高さ h の一様な円錐体の重心を通る z 軸のまわりの慣性モーメント I_z を求めよ．② 次に回転軸を，頂点 O を通り z 軸と垂直に交わるようにとったときの慣性モーメント I_O を求めよ．

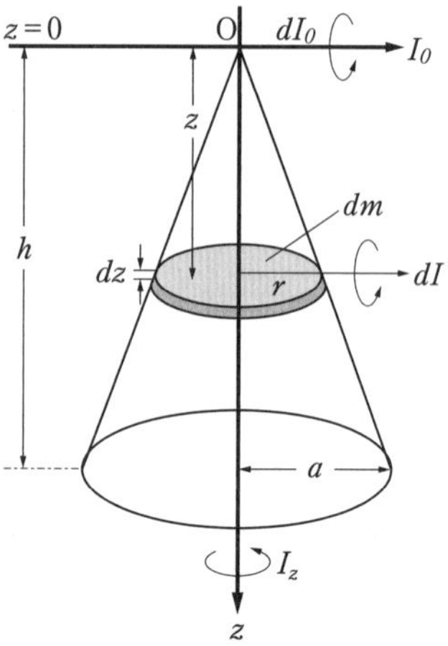

図 13.22

談話室 12　物理学の木―固体物理のすすめ

大学に入学したばかりの諸君にとって少し早いかもしれないが，物理学の大きな分野として「固体物理学」という分野があることを知ってほしい．素粒子論や宇宙論のように粒子の究極を知ることや宇宙の起源や宇宙の果てを探るということも確かに面白いのであるが，物質の世界には階層があり，それぞれの階層にはそれ独自の面白さがある．固体物理学の基礎理論の業績でノーベル物理学賞を受賞したP.W. アンダーソンが“More is different.”とうまいことを言っている．要するに粒子が沢山集まると違う世界が生まれるということである．このように原子が多数集まった世界の物理学を「凝縮系物理学」または「固体物理学」と呼んでいる．

素粒子，原子などのミクロな世界の法則として確立されている量子力学では，たとえば1個の電子と1個の陽子からなる水素原子についてはシュレーディンガー方程式（波動方程式）で厳密に解かれ，明らかになっている．量子力学の確立にもかかわったディラックが，「シュレーディンガー方程式が明らかになり後はそれを解くだけだからもう物理学はおしまいだ.」と言ったという有名な話があるが，しかし，1人の人間の性質が完全にわかれば日本の経済は全部予測できるかというとそんなことはありえないのと同じで，そのようなことはないのである．

凝縮系物理学（固体物理学）というのは量子力学の応用ではなくて新しい量子力学の世界であり，いま，新しい発展段階にある．多くの粒子が集まった系では，1つの粒子のシュレーディンガー方程式の解とはまったく違う側面が出てくる．つまり新しい階層としての世界が広がっている．原子・分子の運動は素粒子論の応用ではないし，凝縮系の物理は原子・分子の応用ではない．生物は化学の応用ではないのと同じである．それぞれの階層はその下の階層を基礎にはしているが，そこには下の階層とまったく違う新しい階層がある．

凝縮系物理学の分野は非常に多彩で，半導体，レーザー，磁性などの分野では諸君が日常使っているパソコン，携帯電話，テレビ，カード等々さまざまなものに応用されており，学問的にも発展し続けている．筆者は福山秀敏博士と共に2007年から若い気鋭の研究者を対象に「凝縮系科学賞」という賞を設けており，凝縮系物理学の発展をあと押ししている．

第 14 章　剛体の運動

第Ⅳ編の冒頭で述べたように，剛体の運動は基準点の並進運動と回転運動の組み合わせであるが，この基準点を重心に選ぶと，剛体の運動は，次の 2 式で表すことができる．

$$M\frac{d^2\boldsymbol{R}}{dt^2}=\sum_i \boldsymbol{F}_i \tag{14.1}$$

$$\frac{d\boldsymbol{L}}{dt}=I\frac{d\boldsymbol{\omega}}{dt}=\sum_i \boldsymbol{r}_i\times\boldsymbol{F}_i \tag{14.2}$$

（14.1）式は剛体の重心の並進運動の，（14.2）式は任意の軸のまわりの回転運動の運動方程式である．さらに，剛体の運動エネルギーについても，並進運動の運動エネルギーと，回転運動の運動エネルギーの和として表すことができるので，エネルギー保存則を利用して簡単に運動の様子を知ることができる．ここでは典型的な例として，剛体振り子と，剛体の平面運動について考える．

14.1　剛体振り子

固定点 O を通る固定軸のまわりに回転できる質量 M の剛体が重力の作用をうけて振動する．このような運動は，回転中心（O）と剛体の重心（G）が一致していない．このような振り子を**剛体振り子**という．この剛体振り子の周期を求めよう．

図 14.1 に示すように回転中心 O と，剛体の重心 G の間の距離を h とする．重力 Mg は剛体の重心 G に働いていると考えてよい．点 O のまわりの慣性モーメントを I とすると，運動方程式は（13.5）式より，

$$I\cdot\frac{d^2\theta}{dt^2}=N=-h\cdot Mg\cdot\sin\theta \tag{14.3}$$

となる．微小振動では $\sin\theta\approx\theta$ と近似できるので，この式は

$$\frac{d^2\theta}{dt^2}=-\frac{hMg}{I}\cdot\theta \tag{14.4}$$

と表せる．

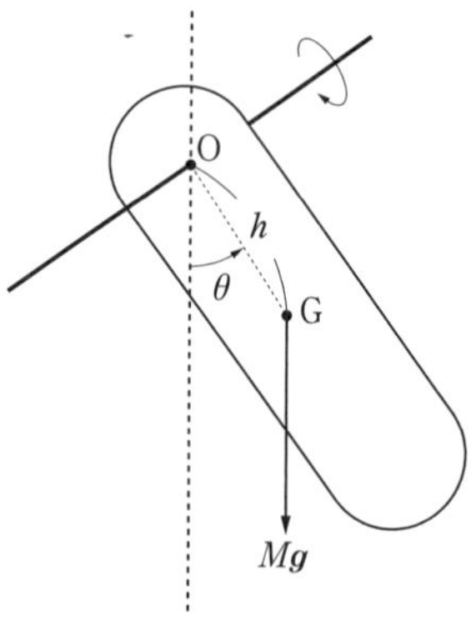

図 14.1

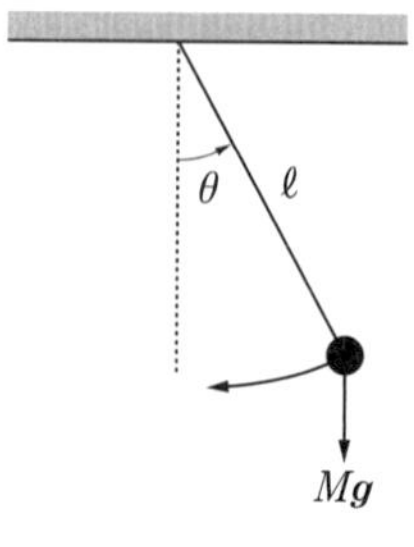

図 14.2

この方程式(14.3) は，図 14.2 のような単振り子の式と同じ形をしている．（5.28)式では，単振り子の方程式は，

$$\frac{d^2\theta}{dt^2}=-\frac{g}{l}\theta \tag{5.28}$$

であり，この単振り子の周期は $T=2\pi\sqrt{l/g}$ であった．(14.4)式と(5.28)式を比較すると，単振り子の l と剛体振り子の I/hM が対応し

ていることがわかる．

ここで，平行軸の定理 $I=I_G+h^2M$ を適用すると（図 14.3），

$$\frac{I}{hM}=\frac{I_G+h^2M}{hM}=\frac{I_G}{hM}+h=l' \qquad (14.5)$$

l' を「相当単振り子の長さ」といい，(14.4)式の運動は，長さ l' の単振り子と同じ運動と考えてよい．したがって周期 T は

$$T=2\pi\sqrt{\frac{I}{ghM}}=\sqrt{\frac{I_G+h^2M}{ghM}} \qquad (14.6)$$

となる．

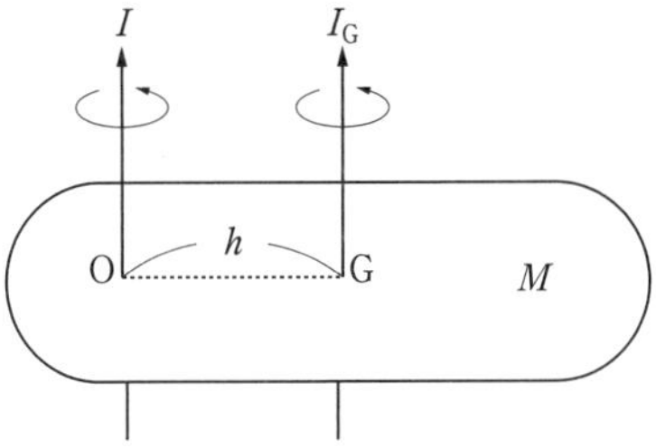

図 14.3

例題 14.1　長さ L，質量 M の一様な細い棒の一端 O を回転中心とする図 14.4 のような剛体振子の周期を求めよ．

［**解**］この剛体振子の運動方程式は，(14.3)式で与えられるので

$$I\frac{d^2\theta}{dt^2}=-hMg\cdot\sin\theta, \qquad \sin\theta\approx\theta \text{ の範囲で } \frac{d^2\theta}{dt^2}=-\frac{hMg}{I}\cdot\theta$$

点 O のまわりの棒の慣性モーメントは，(13.12)式より，$I=(M/3)L^2$，$h=L/2$ であるから，振り子の振動の周期 T は，

$$T=2\pi\sqrt{\cdot\frac{ML^2}{3}\cdot\frac{2}{LMg}}=2\pi\sqrt{\frac{2L}{3g}}$$

となる．

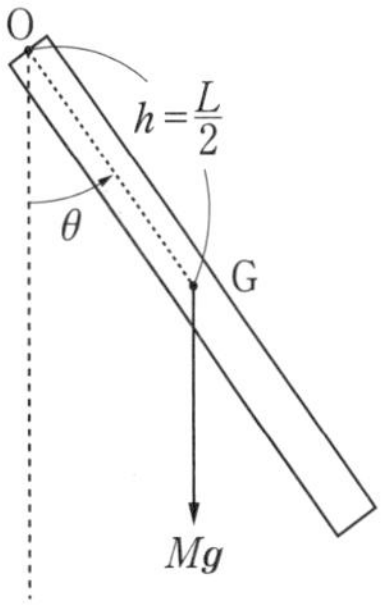

図 14.4

問題 14.1　図 14.5 のように，長さ L の質量が無視できる細い針金の先に，質量 M，半径 a の一様な球がついた剛体振子がある．この振り子の周期を求めよ（これを**ボルダの振り子**という）．

問題 14.2　図 14.6 のような，半径 a の薄い円板に半径 $a/2$ の円形の穴があいている板がある，この板の質量を M とする．図の点 A を回転中心として微小振動させたときの振動の周期を求めよ．

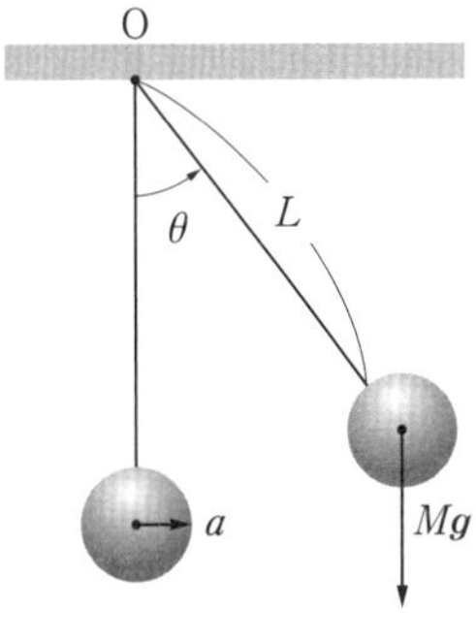

図 14.5

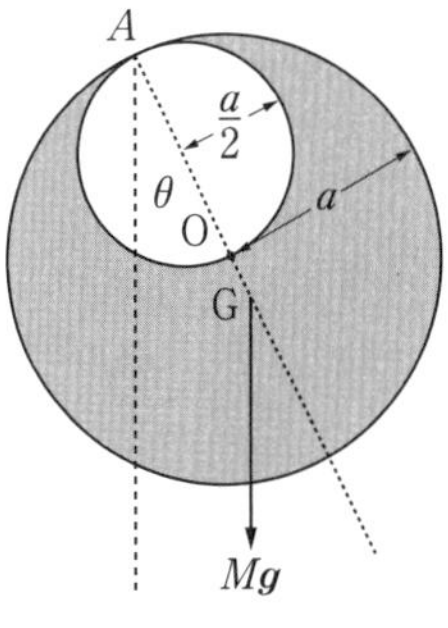

図 14.6

14.2　剛体の平面運動

以上の運動は振り子の運動など，固定軸の周りの回転運動のみを扱ってきた．ここでは，斜面を転がる球の運動のように，重心の並進運動と，回転運動が同時に起こっている場合を扱ってみよう．このような場合の運動を「剛体の平面運動」と呼ぶ．これは，いままでの知識で解けるので，次の例題から始めよう．

例題 14.2　運動方程式を立てて解く　図 14.7 のような半径 a のヨーヨーに糸をまきつけて，回転させながら落下させる．ヨーヨーの全質量を M として，重心の落下の加速度 A の大きさと，糸の張力 S の大きさを求めよ．

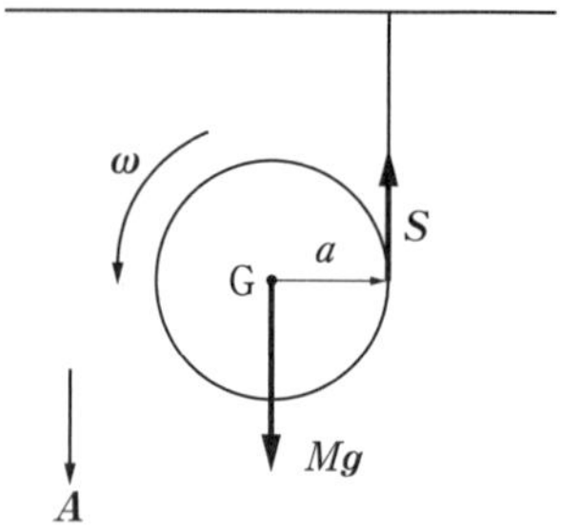

図 14.7

［**解**］　運動方程式は，それぞれ，次のようになる．

$$\text{重心の並進運動}\quad MA=Mg-S \qquad (14.7)$$

$$\text{回転運動}\quad I\frac{d\omega}{dt}=aS \qquad (14.8)$$

いま，ヨーヨーを円板であると考えると，

$$I=\frac{1}{2}Ma^2 \qquad (14.9)$$

(14.8)式に，(14.9)式を代入する．また，重心の速度 V は $V=a\omega$ であるから $\omega=V/a$ の関係を代入する．

$$\left(\frac{1}{2}Ma^2\right)\frac{1}{a}\frac{dV}{dt}=aS, \qquad \frac{1}{2}MA=S$$

となり，さらにこれを (14.7)式に代入すると

$$MA=Mg-\frac{1}{2}MA$$

これにより $A=(2/3)g$ が得られる．一方，$S=(1/2)MA$ より

$$S=\frac{1}{2}M\frac{2}{3}g=\frac{1}{3}Mg$$

となる．

例題 14.3　図 14.8 のような，水平と角度 θ をなす摩擦のある斜面上を，点 A から点 B まで，半径 a の球が滑らずに転がり下りる．AB 間の距離を s としたとき，球の全質量を M として，点 B での重心の速度を求めよ．

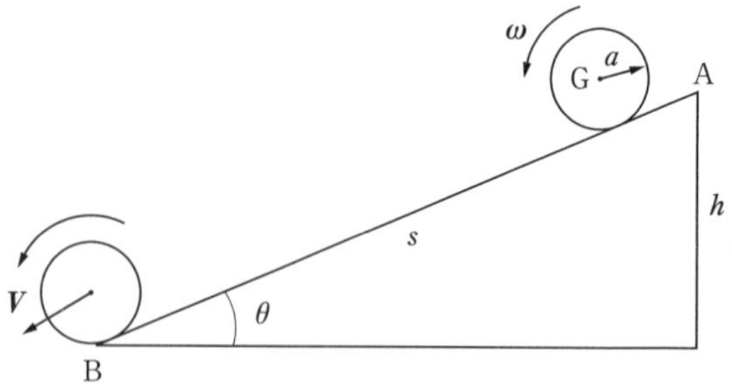

図 14.8

［**解**］　球に作用する外力は，図 14.9 のように重力 $\boldsymbol{Mg}$ と抗力 $\boldsymbol{R}$，摩擦力 $\boldsymbol{f}$ である．斜面に沿った方向を x 軸にとると考えやすい．運動方程式は，重心の並進運動について，

$$x\text{方向：}\quad M\frac{d^2x}{dt^2}=Mg\sin\theta-f \qquad (14.10)$$

$$y\text{方向：}\quad M\frac{d^2y}{dt^2}=R-Mg\cos\theta \qquad (14.11)$$

回転運動について，

$$I\frac{d\omega}{dt}=af \qquad (14.12)$$

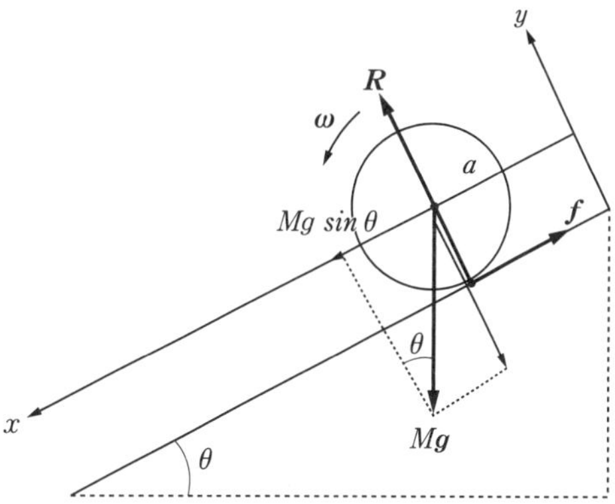

図 14.9

また，重心の速さ V と球の回転の角速度との関係は，

$$V=\frac{dx}{dt}=a\omega \qquad (14.13)$$

(14.13)式より，$a(d\omega/dt)=d^2x/dt^2$ であるので，(14.12)式に代入すると，

$$f=\frac{I}{a^2}\frac{d^2x}{dt^2} \qquad (14.14)$$

が得られる．これを（14.10）に代入すると，球の重心の加速度として，

$$\frac{d^2x}{dt^2}=\frac{g\sin\theta}{1+I/Ma^2}$$

と求められる．球の慣性モーメント　$I=(2/5)Ma^2$ を代入すると，

$$\frac{d^2x}{dt^2}=\frac{5}{7}g\sin\theta \qquad (14.15)$$

(14.15)式より，

$$\frac{d^2x}{dt^2}=\frac{dV}{dt}=\frac{5}{7}g\sin\theta$$

であるが，AB 間の距離を s とし，点 B での重心の速度を V とすると，

$$\frac{dV}{dt}=\frac{dV}{dx}\cdot\frac{dx}{dt}=\frac{dV}{dx}\cdot V$$

であるから，$(dV/dx)\cdot V=(5/7)g\sin\theta$，AB 間の距離は s なので

$$\int_0^V V\cdot dV=\int_0^s\frac{5}{7}g\sin\theta\cdot dx,\qquad \frac{1}{2}V^2=\frac{5}{7}g(\sin\theta)\cdot s$$

したがって速度 V は，

$$V=\sqrt{\frac{10}{7}gs\cdot\sin\theta} \qquad (14.6)$$

(14.12)式からわかるように球が回転するためには球と斜面との間に摩擦力 f が必要である．もし f が 0 だと，球は斜面を転がらずに滑ってしまう．では，球が斜面を滑らずに転がり下りるためにはどれだけの静止摩擦係数 μ_0 が必要かを求めてみよう．球が斜面から受ける摩擦力 f が，最大静止摩擦力より小さければ滑らないのだから，$f\leq\mu_0 R$ であればよい．(14.14)式に（14.15)式を代入すると，摩擦力 f は，

$$f=\frac{I}{a^2}\frac{d^2x}{dt^2}=\frac{2}{7}Mg\sin\theta$$

と表せる．一方，(14.11)式より，y 方向の力は釣り合っているから，垂直抗力 $R=Mg\cos\theta$ となる．よって

$$\mu_0\geq\frac{f}{R}=\frac{2}{7}\frac{Mg\sin\theta}{Mg\cos\theta}=\frac{2}{7}\tan\theta$$

が滑らずに転がり下りる条件となる．

［**別解　エネルギー保存則を利用して解く**］　同じ問題を，エネルギー保存則を使って解いてみよう．A, B 各点でのエネルギーは以下のように表せる．

点 A での全エネルギー　$E_A=Mgh$　　（ただし $h=s\cdot\sin\theta$，図14.8参照）

$$\text{点Bでの全エネルギー}\quad E_B=\frac{1}{2}MV^2+\frac{1}{2}I\omega^2$$

E_B の右辺第1項目は重心の並進運動の運動エネルギー，第2項目は重心のまわりの回転の運動エネルギーである．

エネルギー保存則より，$E_A=E_B$ であるから

$$Mgh=\frac{1}{2}MV^2+\frac{1}{2}I\omega^2,$$

球であれば，$I=(2/5)Ma^2$，また，重心の下り降りる速度は，$V=a\omega$ であるから，

$$Mgs\cdot\sin\theta=\frac{1}{2}MV^2+\frac{1}{2}\left(\frac{2}{5}Ma^2\right)\left(\frac{V}{a}\right)^2=\frac{7}{10}MV^2\qquad\therefore\quad V=\sqrt{\frac{10}{7}gs\sin\theta}$$

と求められる．この結果は (14.16)式と等しい．

問題 14.3　図 14.10 のように，質量 M，半径 a の固定滑車に伸び縮みしない質量の無視できる糸をかけ，その両端に質量がそれぞれ m_1，m_2 ($m_1>m_2$) の錘りを吊るし，手で支えておく．手を放すと錘りが動き出す．このときの錘りの加速度と糸の張力 S_1，S_2 を求めよ．

問題 14.4　問題 14.3 の装置で錘りから手を放したのち，m_1 の錘りが h だけ落下した時の錘りの速さ V を，エネルギー保存則から求めよ．

問題 14.5　図 14.11 のように，半径 a，質量 M の球を床に静止させ，高さ h ($h<2a$) の位置で，水平方向に力 F で突く．球を，床を滑らないように転がすためには，h を $(7/5)a$ にすればよいことを示せ．

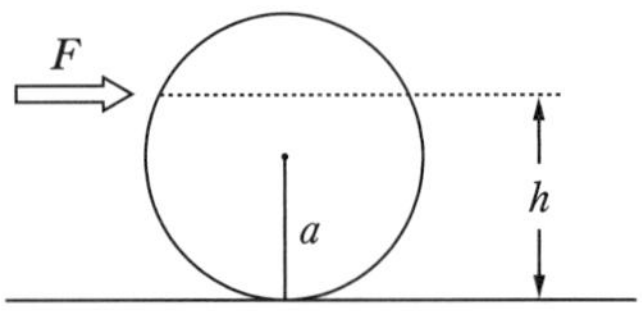

図 14.11

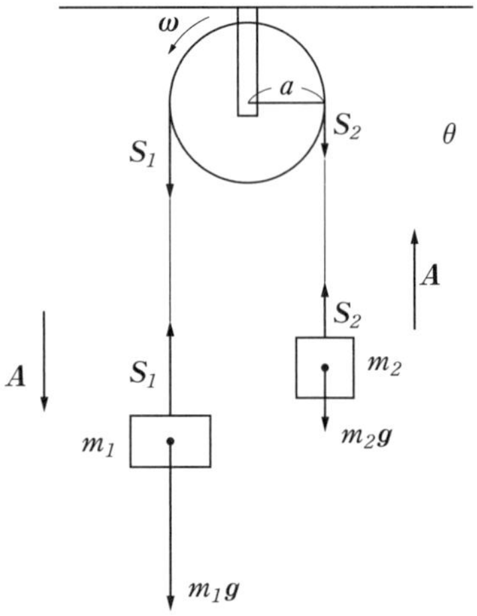

図 14.10

(13.8)式のように，剛体の角運動量 $\boldsymbol{L}$ と回転の角速度 $\boldsymbol{\omega}$ の間には，$\boldsymbol{L}=I\boldsymbol{\omega}$ という関係がある．したがって角運動量が保存されていれば $I\omega$ が保存される．このような運動の例を例題 14.4 で示そう．

例題 14.4　剛体の角運動量保存則を含む問題　図 14.12 のように質量 M，半径 R の円柱に質量 m の弾丸が速度 V で命中した．円柱は中心線を通る水平な固定軸のまわりに回転できるが，はじめは静止していた．弾丸はこの軸に垂直な方向から飛んできて，軸から距離 d ($d<R$) のところの円柱の表面に突き刺さり，円柱はゆっくり回転を始めた．このときの円柱の回転の角速度を求めよ．また，弾丸が円柱に突き刺さる前後で，エネルギーが保存されないことを示せ．

［解］　この系に外からの力のモーメントは働いていないので，角運動量は衝突の前後で保存される．円柱に刺さる前の弾丸の，回転軸に対する角運動量は mVd であ

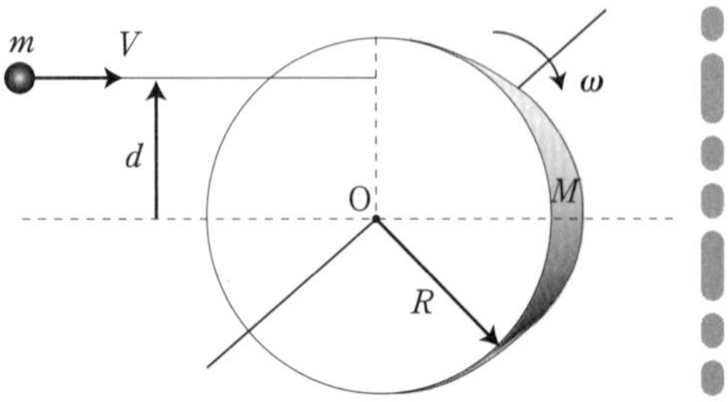

図 14.12

る．また，弾丸が円柱に刺さった後の系の全角運動量は，$I\omega$ である．I は，回転軸に対する円柱と弾丸の全慣性モーメントで，円柱の慣性モーメントは $1/2MR^2$，弾丸の慣性モーメントは mR^2 なので全慣性モーメントは

$$I=\left(\frac{1}{2}MR^2+mR^2\right)$$

となる．よって角運動量保存則は，

$$mVd=\left(\frac{1}{2}MR^2+mR^2\right)\omega$$

これより，

$$\omega=\frac{2mVd}{MR^2+2mR^2}$$

次に，弾丸の衝突の前後での系のエネルギーを考えよう．弾丸が円柱に刺さる前の系の運動エネルギーは，

$$K=\frac{1}{2}mV^2$$

弾丸が円柱に刺さった後の系のエネルギーは，

$$K'=\frac{1}{2}I\omega^2=\frac{1}{2}\left(\frac{1}{2}MR^2+mR^2\right)\left(\frac{2mVd}{MR^2+2mR^2}\right)^2=\frac{m^2V^2d^2}{MR^2+2mR}$$

衝突前後のエネルギーの変化（$K'-K$）は，

$$K'-K=\frac{m^2V^2d^2}{MR^2+2mR^2}-\frac{1}{2}mV^2=\frac{1}{2}mV^2\left(\frac{2m(d^2-R^2)-MR^2}{MR^2+2mR^2}\right)<0 \qquad \because\ d<R$$

となり，保存されない．失われたエネルギーは，主に弾丸が円柱に刺さったときの摩擦による熱のエネルギーに変わっている．

問題 14.6　図 14.13 のように上端 O が固定され（点 O）のまわりに自由に回転できる質量 M，長さ ℓ の一様な細い棒がある．水平に速度 V で飛んできた質量 m の粘土玉が静止していた棒に，点 O から距離 x のところにくっついた．このとき

① 粘土玉がくっついた瞬間から棒は点 O のまわりをまわりだす．このときの角速度 ω を求めよ．

② 衝突の前後で運動量が保存される場合がある．そのときの x を求めよ．

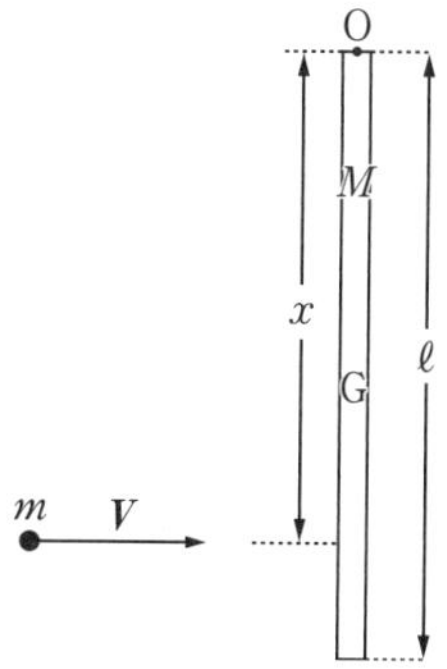

図 14.13

《より進んだ学習のために》

この章の最後に，剛体に，撃力（瞬間的な力）が働いた場合の運動を次のような具体的な例題で調べてみよう．

例題 14.5　撃力と剛体の運動　図 14.14 のような，質量 M の剛体の，重心から h_G だけ離れた点 P に瞬間（Δt）大きな力 F（撃力）がはたらくとき，重心 G が動き出す速度 V_G と，重心のまわりに生じる回転の角速度 ω を求めよ．またこの瞬間，剛体内に現れる不動の点 O の位置を求めよ．

［**解**］　剛体に力が働いたとき，固定軸がない場合は，重心の並進運動と重心のまわりの回転運動が生ずる．図のように撃力と重心を含む面を考え，撃力の方向を x 軸にとる．

また，剛体の重心のまわりの慣性モーメントを I_G とする．

重心の運動量の変化は力積に等しいから，時刻 $t=0$ で速度，角速度がそれぞれ $V_G=0$，$\omega=0$ とすると，

$$MV_G=F\Delta t \tag{14.17}$$

したがって $V_G=F\Delta t/M$．また，剛体の角運動量の変化は，

$$I_G\omega=N\Delta t=h_GF\Delta t \tag{14.18}$$

したがって，$\omega=h_GF\Delta t/I_G$ なので，剛体の重心は速度 V_G で力の方向に等速度運動を始め，剛体全体は重心Gのまわりを一定の角速度 ω で回転を始める．このとき剛体内で，Gをはさんで点Pと反対側に初速度が0の点（点O）が存在する．重心からこの点Oまでの距離を h とすると，$V_G-h\omega=0$ となっているはずであるから，

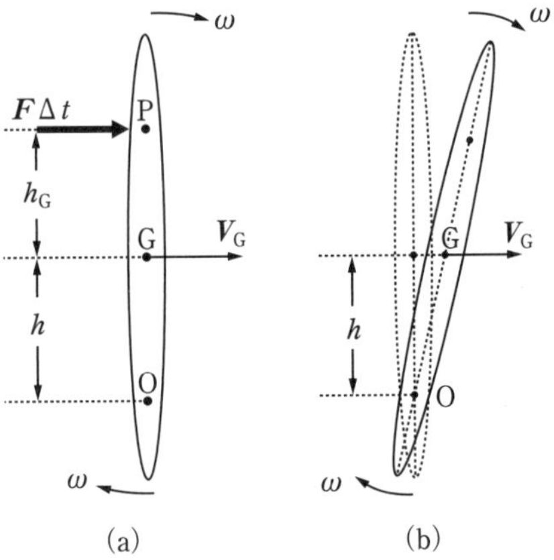

図 14.14

$$V_G-h\omega=\frac{F\Delta t}{M}-\frac{hh_GF\Delta t}{I_G}=\frac{F\Delta t}{M}\left(1-\frac{M}{I_G}hh_G\right)=0$$

これより，$hh_G=I_G/M$ となるので，重心から点Oまでの距離 h は，

$$h=\frac{I_G}{Mh_G} \tag{14.19}$$

となる．

たとえば，野球のバットやテニスのラケットで，点Pでボールを打つとき，点Oを握っていれば手に衝撃が加わらない．これがいわゆる「芯に当たった」ということである．

問題 14.7　図 14.15 のような長さ ℓ，質量 M の一様な棒について，以下の問いに答えよ．

① 棒の一端Oを持つとき，撃力を受けても手に衝撃を受けないのは，どの点に撃力を受けたときか．

② ①で，撃力を受けた点をPとすると，OP間の長さは，点Pまたは点Oを支点とする剛体振子の「相当単振り子の長さ」（(14.4)式））と同じであることを確認せよ．

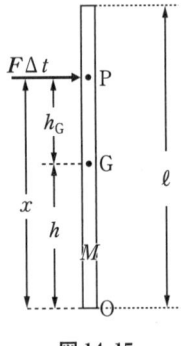

図 14.15

談話室 13. 超伝導のすすめ

筆者の一人の（J. A.）は，固体物理学のうちで超伝導という分野を専門にしている．超伝導体とは電気抵抗がまったくゼロの導体で，一度電気を流し始めると地球が滅びるまで電流が流れ続けるという不思議な性質を持つ．また，磁場に反発する性質もあり，これらはリニアモーターカーなど大変多くの応用が考えられている（図 1）．

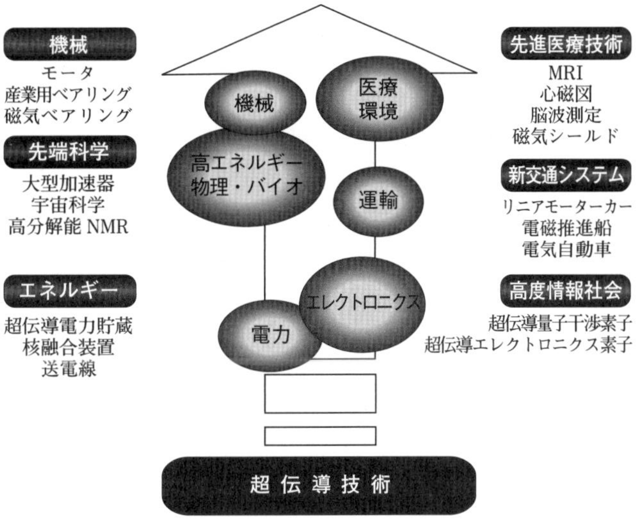

図 1 広がる超伝導の応用分野

20 世紀の後半は半導体の世紀であるといわれたが，21 世紀は超伝導体の世紀という人もいる．超伝導という現象は昔から知られていたが，20 年前までは超伝導はたいへん低温でしかおきないと考えられてきた．ところが 1987 年，ベドノルツとミュラーにより，銅と酸素の化合物で転移温度（電気抵抗がゼロになる温度で T_{C} と呼ぶ）がたいへん高い超伝導体が発見され，現在ではその T_{C} は，160 K（−113℃）まで上昇している．しかしこの超伝導が真に役立つためには，室温で超伝導になる物質（室温超伝導体）が必要である．これは我々固体物理学者にとって，また人類にとっても夢であるが，決して不可能な夢ではないと考えている．

それでは超伝導の T_{C} は何によって決まるのであろうか．T_{C}＝アイディア×根性×運というのが筆者の私見である．筆者の夢はこの「室温超伝導体の実現」であるが，本書を読まれる読者の中にもこのアンビシャスなテーマに挑戦してくださる方が出ることを期待している．

さらに勉強したいひとのために

力学の教科書は大変多く，著者らが所持している本だけでも 50 冊はくだらないであろう．それぞれ特色ある良書が多いが，もちろんすべての本を紹介することは不可能なので，ここでは特に諸君に薦めたい本を 10 冊に限定して述べてみたい．
まず最初に本書で物理的イメージがつかめなかった諸君のために次の 2 冊の本を挙げる．

1. D. ハリディ／R. レスニック／J. ウォーカー著，野崎光昭監訳「物理学の基礎［1］力学」(培風館，2002)
   序で述べたように力学に関してはアメリカで多くの本が出版されている．その中の一冊としてこの本を挙げる．運動方程式を微分方程式として解くということはしていないが，物理的な内容に関して丁寧な説明と，実生活に即した例を多くあげてイメージを描きやすく工夫されている．
2. R.P. ファインマン／R.B. レイトン／M.L. サンズ著，坪井忠二訳「ファインマン物理学 1 力学」(岩波書店，1986)
   本書は天才ファインマンがカリフォルニア工科大学で 1 年生と 2 年生に対して行った物理の講義録である．第 1 巻は力学について述べている．この本はあまり急がずに物理を勉強しようという人のために書かれた本であり，物理を根本的に考えようというファインマンの独創的考え方が随所に現れている．まだ時間がある 1 年生のときに是非読んでもらいたい 1 冊である．

力学の標準的な教科書として定評がある次の 3 冊を挙げる．

3. 原島　鮮著「力学」(裳華房，1985)
4. 戸田　盛和著「物理入門コース 1 力学」(岩波書店，1982)
5. J.B. マリオン著，伊原千秋訳「力学（Ⅰ，Ⅱ）」(紀伊国屋書店，1972-1973)

つぎに，筆者から見て特色があると思われる次の 3 冊を挙げる．

6. 江沢　洋著「力学（高校生・大学生のために)」(日本評論社，2005)
   現在の物理学は高校生，大学生で学ぶ範囲が決められているが「物理は自由である」という著者の信念に基づき自由に力学を記述した，大変興味深い本である．物理をゆっくり自分で独学してみたいという人には是非おすすめしたい一冊である．

7. 藤原邦夫著「物理学序論としての力学」(東京大学出版会，1984)
   はしがきによると「本書の読者のうち何割かは将来研究者として学問技術の発展に対しその生涯をささげることになるであろう．」という熱い気持ちで書かれた本である．我々は力学が実験によって裏打ちされた経験科学であることを忘れがちであるが，本書の著者（若くしてお亡くなりになられたが）は数式で書かれた力学的現象を丁寧に実験的に追試されようとしており，その点でも大変特色のある本だといえよう．

8. 和田純夫著「力学のききどころ」(岩波書店，1994)
   力学の教科書は，通常ニュートン力学と解析力学といわれるラグランジュの運動方程式の二つに分かれているが，本書はこの二つを統一的に述べた本である．「ランダウ・リフシッツの力学の見方を日本の大学教養課程の教科書として合うように書き換えたらどのような本になるか．」という意図のもとに書かれた新しいスタイルの教科書である．

最後に力学の古典として知られている2冊を挙げる．

9. ランダウ／リフシッツ著，広重　徹，水戸　巖訳「力学 増訂3版」(東京図書，1974)
これはランダウ，リフシッツの理論物理学教程の一冊である．ランダウ，リフシッツの教科書は，最も引用されることの多い名著揃いである．この「力学」も日本語訳にして200ページ強のページ数であるが，驚くほど多くの内容が盛りこまれている．ゴールドシュタインにより，“hand-waving arguments”（あまり厳密な論理展開がなされていないというぐらいの意味であろう）と評されているように初学者には難かしい本であるが，力学を新しい立場から見直したという点で是非お勧めしたい本の一冊である．

10. H. ゴールドスタイン著，瀬川富士，矢野　忠，江沢康生訳「古典力学（上・下）(第2版)」(吉岡書店，1983-1984)
力学の教科書の決定版を意識した古典的な本としては，E.T. ウィタカー著，多田政忠，藪下信訳，解析力学（上下）という本があるが，量子力学誕生以前に書かれている本なのでさすがに古い．それに対して比較的新しい観点から力学の決定版を目指した世界的に定評のある名著である．初版は1950年に出版され，1980年に第2版が出版された．日本語版では問題と解説が別冊として出版されている．

問題の解答

問題 1.1 例題 1.2 を参考にして (1.9)～(1.11)式を証明せよ．

$$\cos x=1-\frac{x^2}{2!}+\frac{x^4}{4!}-\cdots \qquad (1.9)$$

$$e^x=1+x+\frac{x^2}{2!}+\cdots+\frac{x^n}{n!}+\cdots \qquad (1.10)$$

$$(1+x)^\alpha=1+\alpha x+\frac{\alpha(\alpha-1)}{2!}x^2+\cdots \qquad (1.11)$$

［解］ マクローリン展開の一般式 (1.6)式は，

$$f(x)\fallingdotseq f(0)+f'(0)\cdot x+\frac{1}{2!}f''(0)x^2+\cdots$$

$$+\frac{1}{n!}f^{(n)}(0)x^n+\cdots$$

$f(x)=\cos x$ のとき，$f'(x)=-\sin x$，$f''(x)=-\cos x$，$f'''(x)=\sin x$，… であるから，$f(0)=1$，$f'(0)=0$，$f''(0)=-1$，$f'''(0)=0$，… を (1.6)式に代入すると

$$\cos x=1-\frac{1}{2}x^2+\frac{1}{4!}x^4-\cdots \qquad (1.9)$$

また，$f(x)=e^x$のとき，$f'(x)=e^x$，$f''(x)=e^x$，$f'''(x)=e^x$，… であるから，$f(0)=1$，$f'(0)=1$，$f''(0)=1$，$f'''(0)=1$，… を (1.6)式に代入すると，

$$e^x=1+x+\frac{x^2}{2!}+\frac{x^3}{3!}+\cdots \qquad (1.10)$$

$f(x)=(1+x)^\alpha$ のとき，$f'(x)=\alpha(1+x)^{\alpha-1}$，$f''(x)=\alpha(\alpha-1)(1+x)^{\alpha-2}$，…であるから，$f(0)=1$，$f'(0)=\alpha$，$f''(0)=\alpha(\alpha-1)$，…を (1.6)式に代入すると，

$$(1+x)^\alpha=1+\alpha x+\frac{\alpha(\alpha-1)}{2!}x^2+\cdots \qquad (1.11)$$

問題 2.1 xy 座標面内にベクトル $\boldsymbol{A}=8\boldsymbol{i}-3\boldsymbol{j}$ がある．このベクトルを図 A.1 のように xy 座標軸から 30° 回転させた $x'y'$ 座標で表示せよ．また，$x'y'$ 座標面が xy 座標面に対して回転角 $\theta=\omega t$ で回転しているとき，$\boldsymbol{A}$ はどのように表されるか．

［解］

$$\begin{pmatrix}A_{x'}\\A_{y'}\end{pmatrix}=\begin{pmatrix}\cos 30^\circ & \sin 30^\circ\\-\sin 30^\circ & \cos 30^\circ\end{pmatrix}\begin{pmatrix}8\\-3\end{pmatrix}$$

$$=\begin{pmatrix}\sqrt{3}/2 & 1/2\\-1/2 & \sqrt{3}/2\end{pmatrix}\begin{pmatrix}8\\-3\end{pmatrix}$$

より，

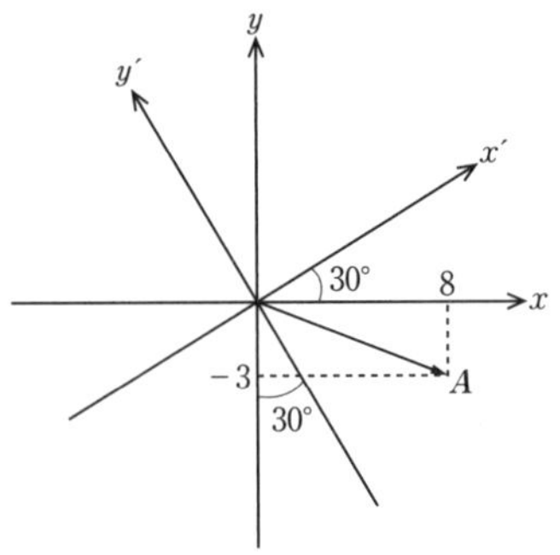

図 A.1

$$A_{x'}=\frac{8\sqrt{3}-3}{2},\ \ A_{y'}=\frac{-8-3\sqrt{3}}{2}$$

$$\boldsymbol{A}=\frac{8\sqrt{3}-3}{2}\boldsymbol{i}'-\frac{8+3\sqrt{3}}{2}\boldsymbol{j}'$$

時刻 t での回転角は，ωt であるから，

$$\begin{pmatrix}A_{x'}\\A_{y'}\end{pmatrix}=\begin{pmatrix}\cos\omega t & \sin\omega t\\-\sin\omega t & \cos\omega t\end{pmatrix}\begin{pmatrix}8\\-3\end{pmatrix}$$

より，

$A_{x'}=8\cos\omega t-3\sin\omega t$，　$A_{y'}=-8\sin\omega t-3\cos\omega t$

$\boldsymbol{A}=(8\cos\omega t-3\sin\omega t)\boldsymbol{i}'-(8\sin\omega t+3\cos\omega t)\boldsymbol{j}'$

問題 2.2 ベクトル$\boldsymbol{A}=(5, 2, 3)$，$\boldsymbol{B}=(-7, -3, 4)$について (1)～(6)を計算せよ．(1) $|\boldsymbol{A}|$,$|\boldsymbol{B}|$，(2) $\boldsymbol{A}+\boldsymbol{B}$ と$|\boldsymbol{A}+\boldsymbol{B}|$，(3) $\boldsymbol{A}-\boldsymbol{B}$ と$|\boldsymbol{A}-\boldsymbol{B}|$，(4) $3\boldsymbol{A}+2\boldsymbol{B}$，(5) $\boldsymbol{A}\cdot\boldsymbol{B}$，(6) $\boldsymbol{A}\times\boldsymbol{B}$

［解］ (1) $|\boldsymbol{A}|=\sqrt{5^2+2^2+3^2}=\sqrt{38}$，

$|\boldsymbol{B}|=\sqrt{(-7)^2+(-3)^2+4^2}=\sqrt{74}$

(2) $\boldsymbol{A}+\boldsymbol{B}=((5-7), (2-3), (3+4))$

$=(-2, -1, 7)$，$|\boldsymbol{A}+\boldsymbol{B}|=\sqrt{2^2+1^2+7^2}=\sqrt{54}$

(3) $\boldsymbol{A}-\boldsymbol{B}=((5+7), (2+3), (3-4))$

$=(12, 5, -1)$，$|\boldsymbol{A}-\boldsymbol{B}|=\sqrt{12^2+5^2+1^2}$

$=\sqrt{170}$

(4) $3\boldsymbol{A}+2\boldsymbol{B}=((15-14), (6-6), (9+8))$

$=(1, 0, 17)$

(5) $\boldsymbol{A}\cdot\boldsymbol{B}=5\times(-7)+2\times(-3)+3\times4=-29$

(6) $\boldsymbol{A}\times\boldsymbol{B}=((2\times4)-(3\times-3))\boldsymbol{i}+((3\times-7)$

$-(4\times5))\boldsymbol{j}+((5\times-3)-(2\times-7))\boldsymbol{k}$

$=17\boldsymbol{i}-41\boldsymbol{j}-1\boldsymbol{k}$

問題 2.3　図 A.2 のように 3 つのベクトル $\boldsymbol{a}, \boldsymbol{b}, \boldsymbol{c}$ を 3 辺とする平行六面体の体積は，$|(\boldsymbol{a}\times\boldsymbol{b})\cdot\boldsymbol{c}|$ と表されることを示せ．

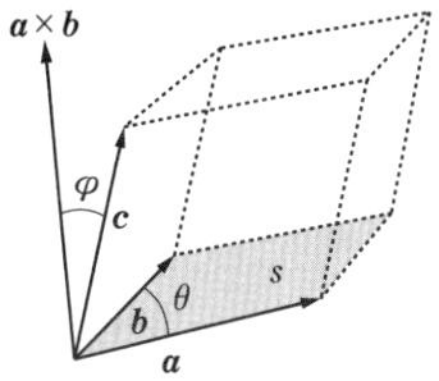

図 A.2

［**解**］　この平行六面体の底面積 s は，図のように角度 θ をとると，$s=|\boldsymbol{a}|\cdot|\boldsymbol{b}|\sin\theta=|(\boldsymbol{a}\times\boldsymbol{b})|$ と表すことができる．$(\boldsymbol{a}\times\boldsymbol{b})$ は底面に垂直で長さが s のベクトルである．ベクトル $(\boldsymbol{a}\times\boldsymbol{b})$ と $\boldsymbol{c}$ との間の角を φ とすると，平行六面体の体積は，（底面積 s）$\times|\boldsymbol{c}|\cos\varphi$．よって平行六面体の体積は $|(\boldsymbol{a}\times\boldsymbol{b})\cdot\boldsymbol{c}|$ である．

問題 2.4　次の関係を証明せよ．

① $\mathrm{div}(\mathrm{grad}\,\varphi)=\nabla\cdot\nabla\varphi=\nabla^2\varphi=\Delta\varphi$（ラプラシアン），

② $\mathrm{rot}(\mathrm{grad}\,\varphi)=\nabla\times\nabla\varphi=\mathbf{O}$

［**解**］　①左辺を，単位ベクトル $\boldsymbol{i}, \boldsymbol{j}, \boldsymbol{k}$ を用いて表す．

$$\begin{aligned}\mathrm{div}(\mathrm{grad}\,\varphi)&=\nabla\cdot\nabla\varphi=\left(\frac{\partial}{\partial x}\boldsymbol{i}+\frac{\partial}{\partial y}\boldsymbol{j}+\frac{\partial}{\partial z}\boldsymbol{k}\right)\cdot\\&\qquad\left(\frac{\partial\varphi}{\partial x}\boldsymbol{i}+\frac{\partial\varphi}{\partial y}\boldsymbol{j}+\frac{\partial\varphi}{\partial z}\boldsymbol{k}\right)\\&=\frac{\partial}{\partial x}\left(\frac{\partial\varphi}{\partial x}\right)\boldsymbol{i}\cdot\boldsymbol{i}+\frac{\partial}{\partial x}\left(\frac{\partial\varphi}{\partial y}\right)\boldsymbol{i}\cdot\boldsymbol{j}+\frac{\partial}{\partial x}\left(\frac{\partial\varphi}{\partial z}\right)\boldsymbol{i}\cdot\boldsymbol{k}\\&\quad+\frac{\partial}{\partial y}\left(\frac{\partial\varphi}{\partial x}\right)\boldsymbol{j}\cdot\boldsymbol{i}+\frac{\partial}{\partial y}\left(\frac{\partial\varphi}{\partial y}\right)\boldsymbol{j}\cdot\boldsymbol{j}+\frac{\partial}{\partial y}\left(\frac{\partial\varphi}{\partial z}\right)\boldsymbol{j}\cdot\boldsymbol{k}\\&\quad+\frac{\partial}{\partial z}\left(\frac{\partial\varphi}{\partial x}\right)\boldsymbol{k}\cdot\boldsymbol{i}+\frac{\partial}{\partial z}\left(\frac{\partial\varphi}{\partial y}\right)\boldsymbol{k}\cdot\boldsymbol{j}+\frac{\partial}{\partial z}\left(\frac{\partial\varphi}{\partial z}\right)\boldsymbol{k}\cdot\boldsymbol{k}\end{aligned}\tag{A.1}$$

ここで単位ベクトルの内積は，以下の性質を持つ．

$$\boldsymbol{i}\cdot\boldsymbol{i}=1,\quad \boldsymbol{j}\cdot\boldsymbol{j}=1,\quad \boldsymbol{k}\cdot\boldsymbol{k}=1$$
$$\boldsymbol{i}\cdot\boldsymbol{j}=0,\quad \boldsymbol{j}\cdot\boldsymbol{k}=0,\quad \boldsymbol{k}\cdot\boldsymbol{i}=0$$

この性質を利用して（A.1）式に代入すると，

$$\begin{aligned}\mathrm{div}(\mathrm{grad}\,\varphi)&=\frac{\partial}{\partial x}\left(\frac{\partial\varphi}{\partial x}\right)+\frac{\partial}{\partial y}\left(\frac{\partial\varphi}{\partial y}\right)+\frac{\partial}{\partial z}\left(\frac{\partial\varphi}{\partial z}\right)\\&=\frac{\partial^2\varphi}{\partial x^2}+\frac{\partial^2\varphi}{\partial y^2}+\frac{\partial^2\varphi}{\partial z^2}=\left(\frac{\partial^2}{\partial x^2}+\frac{\partial^2}{\partial y^2}+\frac{\partial^2}{\partial z^2}\right)\varphi\\&=\nabla^2\varphi\end{aligned}$$

$\left(\nabla^2=\dfrac{\partial^2}{\partial x^2}+\dfrac{\partial^2}{\partial y^2}+\dfrac{\partial^2}{\partial z^2}=\Delta\right.$　この演算子をラプラシアンという．$\Big)$

②

$$\begin{aligned}\mathrm{rot}(\mathrm{grad}\,\varphi)&=\nabla\times\nabla\varphi=\left(\frac{\partial}{\partial x}\boldsymbol{i}+\frac{\partial}{\partial y}\boldsymbol{j}+\frac{\partial}{\partial z}\boldsymbol{k}\right)\\&\qquad\times\left(\frac{\partial\varphi}{\partial x}\boldsymbol{i}+\frac{\partial\varphi}{\partial y}\boldsymbol{j}+\frac{\partial\varphi}{\partial z}\boldsymbol{k}\right)\\&=\frac{\partial}{\partial x}\left(\frac{\partial\varphi}{\partial x}\right)\boldsymbol{i}\times\boldsymbol{i}+\frac{\partial}{\partial x}\left(\frac{\partial\varphi}{\partial y}\right)\boldsymbol{i}\times\boldsymbol{j}+\frac{\partial}{\partial x}\left(\frac{\partial\varphi}{\partial z}\right)\boldsymbol{i}\times\boldsymbol{k}\\&\quad+\frac{\partial}{\partial y}\left(\frac{\partial\varphi}{\partial x}\right)\boldsymbol{j}\times\boldsymbol{i}+\frac{\partial}{\partial y}\left(\frac{\partial\varphi}{\partial y}\right)\boldsymbol{j}\times\boldsymbol{j}+\frac{\partial}{\partial y}\left(\frac{\partial\varphi}{\partial z}\right)\boldsymbol{j}\times\boldsymbol{k}\\&\quad+\frac{\partial}{\partial z}\left(\frac{\partial\varphi}{\partial x}\right)\boldsymbol{k}\times\boldsymbol{i}+\frac{\partial}{\partial z}\left(\frac{\partial\varphi}{\partial y}\right)\boldsymbol{k}\times\boldsymbol{j}+\frac{\partial}{\partial z}\left(\frac{\partial\varphi}{\partial z}\right)\boldsymbol{k}\times\boldsymbol{k}\end{aligned}\tag{A.2}$$

ここで，単位ベクトルの外積は以下のような性質を持つ．

$$\boldsymbol{i}\times\boldsymbol{i}=0,\quad \boldsymbol{j}\times\boldsymbol{j}=0,\quad \boldsymbol{k}\times\boldsymbol{k}=0$$
$$\boldsymbol{i}\times\boldsymbol{j}=\boldsymbol{k},\quad \boldsymbol{j}\times\boldsymbol{k}=\boldsymbol{i},\quad \boldsymbol{k}\times\boldsymbol{i}=\boldsymbol{j}$$
$$\boldsymbol{j}\times\boldsymbol{i}=-\boldsymbol{k},\quad \boldsymbol{k}\times\boldsymbol{j}=-\boldsymbol{i},\quad \boldsymbol{i}\times\boldsymbol{k}=-\boldsymbol{j}$$

この関係を（A.2）式に代入し，成分ごとにまとめると，

$$\begin{aligned}\mathrm{rot}(\mathrm{grad}\,\varphi)&=\frac{\partial}{\partial x}\left(\frac{\partial\varphi}{\partial y}\right)\boldsymbol{k}-\frac{\partial}{\partial x}\left(\frac{\partial\varphi}{\partial z}\right)\boldsymbol{j}-\frac{\partial}{\partial y}\left(\frac{\partial\varphi}{\partial x}\right)\boldsymbol{k}\\&\quad+\frac{\partial}{\partial y}\left(\frac{\partial\varphi}{\partial z}\right)\boldsymbol{i}+\frac{\partial}{\partial z}\left(\frac{\partial\varphi}{\partial x}\right)\boldsymbol{j}-\frac{\partial}{\partial z}\left(\frac{\partial\varphi}{\partial y}\right)\boldsymbol{i}\\&=\left(\frac{\partial^2}{\partial y\partial z}-\frac{\partial^2}{\partial z\partial y}\right)\varphi\boldsymbol{i}+\left(\frac{\partial^2}{\partial z\partial x}-\frac{\partial^2}{\partial x\partial z}\right)\varphi\boldsymbol{j}\\&\quad+\left(\frac{\partial^2}{\partial x\partial y}-\frac{\partial^2}{\partial y\partial x}\right)\varphi\boldsymbol{k}\end{aligned}$$

ここで注意する点は，「独立した変数 x，y，z の偏微分は微分する変数の順番を入れ換えても値は変化しない」ことである．すなわち，

$$\frac{\partial^2}{\partial y\partial z}=\frac{\partial^2}{\partial z\partial y},\qquad \frac{\partial^2}{\partial z\partial x}=\frac{\partial^2}{\partial x\partial z},\qquad \frac{\partial^2}{\partial x\partial y}=\frac{\partial^2}{\partial y\partial x}$$

が成り立つ．したがって，求める解は

$$\mathrm{rot}(\mathrm{grad}\,\varphi)=0\cdot\boldsymbol{i}+0\cdot\boldsymbol{j}+0\cdot\boldsymbol{k}=(0, 0,\ 0)=\mathbf{0}$$

問題 3.1　(3.10)式を実際計算で確かめよ．

$$V_r=\dot{r}\left(=\frac{dr}{dt}\right),\qquad V_\theta=r\dot{\theta}\left(=r\frac{d\theta}{dt}\right)\tag{3.10}$$

［**解**］　(3.9)式は，

$V_r=V_x\cos\theta+V_y\sin\theta,\quad V_\theta=-V_x\sin\theta+V_y\cos\theta$

であるが，これに（3.8)式を代入すると，

$$\begin{aligned}V_r&=(\dot{r}\cos\theta-r\dot{\theta}\sin\theta)\cos\theta\\&\quad+(\dot{r}\sin\theta+r\dot{\theta}\cos\theta)\sin\theta\end{aligned}$$

$$=\dot{r}\cos^2\theta+\dot{r}\sin^2\theta=\dot{r}$$

$$V_\theta=-(\dot{r}\cos\theta-r\dot{\theta}\sin\theta)\sin\theta+(\dot{r}\sin\theta+r\dot{\theta}\cos\theta)\cos\theta$$

$$=r\dot{\theta}\sin^2\theta+r\dot{\theta}\cos^2\theta=r\dot{\theta}$$

問題 3.2　(3.12)式を実際計算で確かめよ．

$$V=\sqrt{V_x{}^2+V_y{}^2}=\sqrt{V_r{}^2+V_\theta{}^2} \qquad (3.12)$$

［解］　$V_r{}^2+V_\theta{}^2=V_x{}^2+V_y{}^2$ となることを確かめよう．(3.9)式より，

$$V_r{}^2=V_x{}^2\cos^2\theta+2V_xV_y\cos\theta\sin\theta+V_y{}^2\sin^2\theta$$

$$V_\theta{}^2=V_x{}^2\sin^2\theta-2V_xV_y\sin\theta\cos\theta+V_y{}^2\cos^2\theta$$

$$V_r{}^2+V_\theta{}^2=V_x{}^2\cos^2\theta+V_x{}^2\sin^2\theta+V_y{}^2\sin^2\theta+V_y{}^2\cos^2\theta$$

$$=V_x{}^2+V_y{}^2$$

$$\therefore\ V=\sqrt{V_x{}^2+V_y{}^2}=\sqrt{V_r{}^2+V_\theta{}^2}$$

問題 3.3　(3.17)式を実際計算で確かめよ．

$$A_r=\ddot{r}-r\dot{\theta}^2,\qquad A_\theta=2\dot{r}\dot{\theta}+r\ddot{\theta}=\frac{1}{r}\frac{d}{dt}(r^2\dot{\theta}) \quad (3.17)$$

［解］　(3.9)式にならって A_r，A_θ を表すと，

$A_r=A_x\cos\theta+A_y\sin\theta$，　$A_\theta=-A_x\sin\theta+A_y\cos\theta$

上の 2 式に (3.16)式を代入すると，

$$A_r=(\ddot{r}\cos\theta-2\dot{r}\dot{\theta}\sin\theta-r\dot{\theta}^2\cos\theta-r\ddot{\theta}\sin\theta)\cos\theta+(\ddot{r}\sin\theta+2\dot{r}\dot{\theta}\cos\theta-r\dot{\theta}^2\sin\theta+r\ddot{\theta}\cos\theta)\sin\theta$$

$$=\ddot{r}(\cos^2\theta+\sin^2\theta)-r\dot{\theta}^2(\cos^2\theta+\sin^2\theta)$$

$$=\ddot{r}-r\dot{\theta}^2$$

$$A_\theta=-(\ddot{r}\cos\theta-2\dot{r}\dot{\theta}\sin\theta-r\dot{\theta}^2\cos\theta-r\ddot{\theta}\sin\theta)\sin\theta+(\ddot{r}\sin\theta+2\dot{r}\dot{\theta}\cos\theta-r\dot{\theta}^2\sin\theta+r\ddot{\theta}\cos\theta)\cos\theta$$

$$=2\dot{r}\dot{\theta}(\sin^2\theta+\cos^2\theta)+r\ddot{\theta}(\sin^2\theta+\cos^2\theta)$$

$$=2\dot{r}\dot{\theta}+r\ddot{\theta}$$

一方，

$$\frac{d}{dt}(r^2\dot{\theta})=2r\dot{r}\dot{\theta}+r^2\ddot{\theta}$$

であるから，

$$A_\theta=2\dot{r}\dot{\theta}+r\ddot{\theta}=\frac{1}{r}\frac{d}{dt}(r^2\dot{\theta})$$

と表される．

問題 3.4　(3.22)式を実際計算で確かめよ．

$$\boldsymbol{V}\cdot\boldsymbol{A}=\dot{x}\cdot\ddot{x}+\dot{y}\cdot\ddot{y}=0 \qquad (3.22)$$

［解］

$$\boldsymbol{V}=(\dot{x},\dot{y})=(-r\omega\sin(\omega t),\ r\omega\cos(\omega t))$$

$$\boldsymbol{A}=(\ddot{x},\ddot{y})=(-r\omega^2\cos(\omega t),\ -r\omega^2\sin(\omega t))$$

より，

$$\boldsymbol{V}\cdot\boldsymbol{A}=\dot{x}\cdot\ddot{x}+\dot{y}\cdot\ddot{y}$$

$$=r^2\omega^3\sin\omega t\cos\omega t-r^2\omega^3\cos\omega t\sin\omega t=0$$

問題 3.5　xy 平面上を運動する質点の，時刻 t における位置 (x, y) が，$x=a\cos\omega t$，$y=b\sin\omega t$ と表されている．① この運動の軌跡は何か．軌跡を表す式を導け．② 位置ベクトル $\boldsymbol{r}$ と速度ベクトル $\boldsymbol{V}$ が直交する条件を求めよ．③ この運動の加速度ベクトルは常に原点を向いていることを示せ．

［解］　① $x/a=\cos\omega t$，　$y/b=\sin\omega t$ の 2 式を 2 乗して加えると，

$$\left(\frac{x}{a}\right)^2+\left(\frac{y}{b}\right)^2=\cos^2\omega t+\sin^2\omega t=1$$

この軌跡は楕円である．

② $\boldsymbol{r}=(a\cos\omega t,\ b\sin\omega t)$，$\boldsymbol{V}=(-\omega a\sin\omega t,\ \omega b\cos\omega t)$ の 2 つのベクトルが直交する条件は $\boldsymbol{r}\cdot\boldsymbol{V}=0$．

$$\boldsymbol{r}\cdot\boldsymbol{V}=a\cos\omega t\times(-\omega a\sin\omega t)+b\sin\omega t\times\omega b\cos\omega t$$

$$=(b^2-a^2)\omega\sin\omega t\cos\omega t$$

この値が 0 となる条件は，$a=b$．

③ 加速度ベクトル $\boldsymbol{A}=(-\omega^2a\cos\omega t, -\omega^2b\sin\omega t)=-\omega^2\boldsymbol{r}$ と表される．このベクトルの向きは位置ベクトル $\boldsymbol{r}$ と逆向きであり，原点に向かうベクトルである．

問題 3.6　荷物につけた長さ $L=2h$ の紐を図 A.3 のように滑車にかけ，他の一端を速度 v_x で移動する台車につけた．荷物が上昇する速度 V と，加速度 A を求めよ．ただし $t=0$ のとき台車の位置は $x=0$ である．

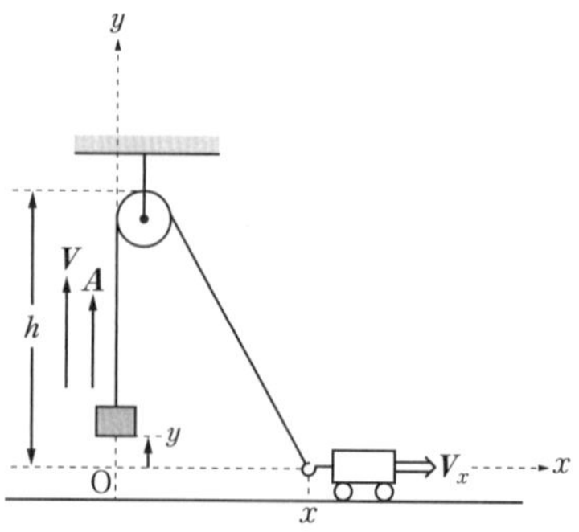

図 A.3

［解］ $x=v_xt$，h は一定．荷物の高さ y は，

$$y=h-\{2h-\sqrt{v_x^2t^2+h^2}\}=\sqrt{v_x^2t^2+h^2}-h$$

dy/dt が荷物の上昇速度 V となる．

$$V=\frac{dy}{dt}=\frac{v_x^2t}{\sqrt{v_x^2t^2+h^2}}$$

$$A=\frac{dV}{dt}=\frac{v_x^2}{\sqrt{v_x^2t^2+h^2}}+\left(-\frac{1}{2}\frac{2v_x^2t\cdot v_x^2t}{\sqrt{(v_x^2t^2+h^2)^3}}\right)$$

$$=\frac{v_x^2h^2}{(v_x^2t^2+h^2)^{3/2}}$$

問題 3.7　車が一直線上（x 方向とする）を一定の加速度 A で走っている．$t=0$ のとき，この車は $x=x_0$ を速度 V_0 で通過した．① この車の，t 秒後の速度 V を，積分 $V=\int A\cdot dt$ を実行することによって求めよ．② 同様にして，t 秒後の位置 x を求めよ．③ ①,②の結果から，$V^2-V_0^2=2A(x-x_0)$ の関係を導け．

［解］

図 A.4

① $dV/dt=A$ より，$dV=A\cdot dt$，$V=\int A\cdot dt=At+C$（不定積分なので C は積分定数）．初期条件，$t=0$ のとき，$V=V_0$ より，$V_0=A\cdot 0+C$，$C=V_0$ となる．よって

$$V=At+V_0$$

② $dx/dt=V$ より，$dx=V\cdot dt$，$x=\int Vdt=\int(At+V_0)dt=(1/2)At^2+V_0t+C''$（$C''$ は積分定数）．初期条件，$t=0$ のとき，$x=x_0$ より，$x_0=0+0+C'$，$C'=x_0$．よって

$$x=\frac{1}{2}At^2+V_0t+x_0$$

③ ①より，

$$V-V_0=At,\qquad t=\frac{V-V_0}{A}\qquad\text{(A.3)}$$

②より，

$$x-x_0=\frac{1}{2}At^2+V_0t\qquad\text{(A.4)}$$

(A.4)式に (A.3)式を代入すると，

$$x-x_0=\frac{1}{2A}\{(V-V_0)^2+2V_0(V-V_0)\}=\frac{1}{2A}(V^2-V_0^2)$$

$$\therefore\ V^2-V_0^2=2A(x-x_0)$$

問題 3.8　粒子が原点 $\boldsymbol{r}=(0,0)$ から初速度 $\boldsymbol{V}_0=6.0\boldsymbol{i}$[m/s] で飛び出した．この粒子は一定の加速度 $\boldsymbol{A}=-2.0\boldsymbol{i}+0.5\boldsymbol{j}$ [m/s²] で運動している．x が最大になるときの粒子の速度ベクトルと，位置ベクトルを求めよ．

［解］　粒子の運動を x 成分と y 成分に分けて計算する．

① x 成分　$t=0$ で，位置 $x=0$，速度 $V_{0x}=6.0$ m/s 加速度 $A_x=-2.0$ m/s² であり，これが初期条件となる．

$$t\text{ 秒後の速度 }V_x=\int A_x\cdot dt=-2.0t+C$$

初期条件より，$C=6.0$，よって $V_x=-2.0t+6.0$[m/s]．

$$t\text{ 秒後の位置 }x=\int(-2.0t+6.0)dt$$

$$=-\frac{2.0}{2}t^2+6.0t+C'$$

初期条件より，$C'=0$．よって $x=-t^2+6.0t$.

② y 成分　$t=0$ で，$y=0$，$V_{0y}=0$ m/s 加速度 $A_y=0.5$ m/s².

$$t\text{ 秒後の速度 }V_y=\int A_ydt=0.5t+C''$$

初期条件より，$C''=0$．よって $v_y=0.5t$ m/s

$$t\text{ 秒後の位置 }x=\int(0.5t)dt=\frac{0.5}{2}t^2+C'''$$

初期条件より，$C'''=0$．よって $y=0.25t^2$.

x が最大のとき，$v_x=0$ になっているから，$0=-2.0t+6.0$ より，$t=3.0$ 秒後に粒子の x は最大になる．このとき，

$$x=-3.0^2+6.0\times 3=9.0\ \text{m}$$

$$V_y=0.5\times 3=1.5\ \text{m/s}$$

$$y=0.25\times 3.0^2=2.25\ \text{m}$$

ゆえに，x が最大のとき，

速度 $\boldsymbol{V}=0\boldsymbol{i}+1.5\boldsymbol{j}$ [m/s]

位置 $\boldsymbol{r}=9.0\boldsymbol{i}+2.25\boldsymbol{j}$ [m]

問題 4.1　① 式 $x=Vt+(1/2)At^2$ の各項の次元を確かめよ．② 式 $\sin\omega t$ の変数 ωt の次元を確かめよ（ただし角度［rad］は（円弧の長さ）÷（半径）なので無次元である）．

［解］　① x : [L], Vt : [LT⁻¹][T]=[L], At^2 : [LT⁻²][T²]=[L]．右辺，左辺の各項とも等しく [L].

② ω の単位は［rad/s］であるから，ω の次元は [T⁻¹]．よって ωt : [T⁻¹][T] ⇒無次元.

問題 4.2　質量 m の荷物を図 A.5 のように滑らかな床の上に置き，(a) 水平に力 $\boldsymbol{F}$ で引っ張る．(b) さらに糸をつけて滑らかな滑車を通し質量 M の荷物をぶら下げる．おのおのの場合の，各荷物について運動方程式をたてよ．また (a) の力 $\boldsymbol{F}$ の大きさを (b) と同じ大きさ Mg としたとき (a)，(b) それぞれの荷物の加速度を求めよ．また，この解の違いについて考察せよ．

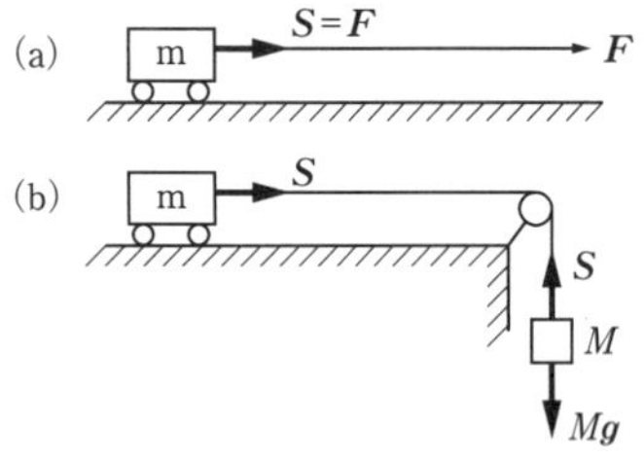

図 A.5

［解］ (a) 台車に生じる加速度を A_a，紐の張力を S とすると，運動方程式は，水平方向成分として，$mA_a=S=F$. $F=Mg$ とすると，$A_a=(M/m)g$.

(b) 生じる加速度を A_b，紐に生じる張力を S とする．運動方程式は

水平方向　$mA_b=S$

垂直方向　$MA_b=Mg-S$

2 式を加えると，

$$(m+M)A_b=Mg \qquad \therefore\ A_b=\frac{M}{m+M}g, \quad S=\frac{Mm}{m+M}g$$

となる．

問題 4.3　図 A.6 のように水平と角度 α をなす斜面を滑り降りる物体を考える．物体に働く力は，重力 $\boldsymbol{mg}$，斜面からの垂直抗力 $\boldsymbol{N}$，斜面との間の摩擦力 $\boldsymbol{F}$ が考えられる．座標軸は斜面に沿って x 軸，斜面と垂直方向に y 軸をとる．① x 方向，y 方向に分けて物体 m についての運動方程式を表せ．② 垂直抗力 $\boldsymbol{N}$ の大きさ，N を求めよ．③ 角度 α が小さいときは物体は静止しているが，α を大きくしていくと滑り降り始める．滑り始めるための条件を式で表せ．静止摩擦係数を μ とする．④ 物体と面との動摩擦係数を μ' として斜面を滑り降りている物体の運動方程式を表せ．⑤ μ' が一定とみなされる場合，物体はどのような運動をするか．

［解］ ①

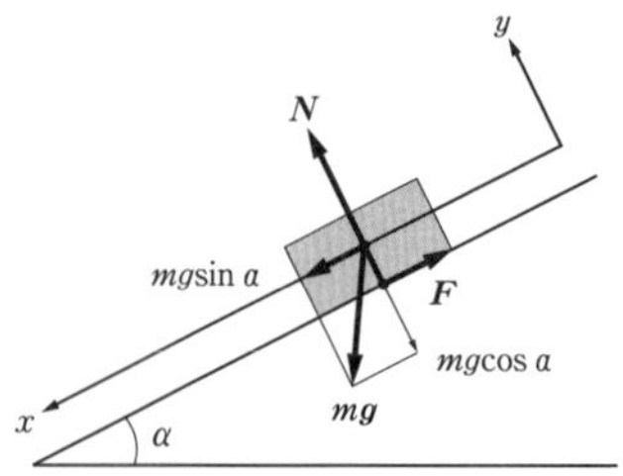

図 A.6

$$x\ \text{方向成分}\quad m\frac{d^2x}{dt^2}=mg\sin\alpha-F \qquad (\text{A}.5)$$

$$y\ \text{方向成分}\quad m\frac{d^2y}{dt^2}=N-mg\cos\alpha \qquad (\text{A}.6)$$

② 物体の運動は x 方向だけであり，y 方向には加速度は生じないから，(A.6)式の左辺は 0 となる．よって $0=N-mg\cos\alpha$ となるので，$N=mg\cos\alpha$.

③ 最大静止摩擦力 $F=\mu\cdot N$ より，斜面を滑り降りようとする力の大きさ $mg\sin\alpha$ のほうが大きくなると，物体は滑り始める．滑り始める条件は，$mg\sin\alpha>\mu N$. ②の結果を用いると，$mg\sin\alpha>\mu mg\cos\alpha$. これより，$\tan\alpha>\mu$ が条件となる．

④ 滑り降りているときの摩擦力の大きさは，$F'=\mu'N$ であるから，

$$m\frac{d^2x}{dt^2}=mg\sin\alpha-\mu' mg\cos\alpha$$

$$m\frac{d^2x}{dt^2}=mg(\sin\alpha-\mu'\cos\alpha)$$

⑤ μ' が一定であれば，④ の運動方程式の右辺は一定値となるので，物体の運動は等加速度運動となる．その加速度の大きさは斜面に沿って，

$$\frac{d^2x}{dt^2}=g(\sin\alpha-\mu'\cos\alpha)$$

である．

問題 4.4　図 4.6 のようにそれぞれ質量が M と m の物体 B と C が質量のない糸でつながれている．物体 B は水平と角度 θ をなす摩擦のない斜面の上にある．① 物体 B について，斜面に沿って x 軸，斜面に垂直方向に y 軸をとって運動方程式を表せ．また，物体 C について，鉛直上向きに y' 軸をとって運動方程式を表せ．② 糸の張力 S と物体の加速度 A の大きさを求めよ．③ $M=2m$ のとき，角度 θ について物体 B が滑り落ちる条件を求めよ．

［解］ ① 物体 B について，

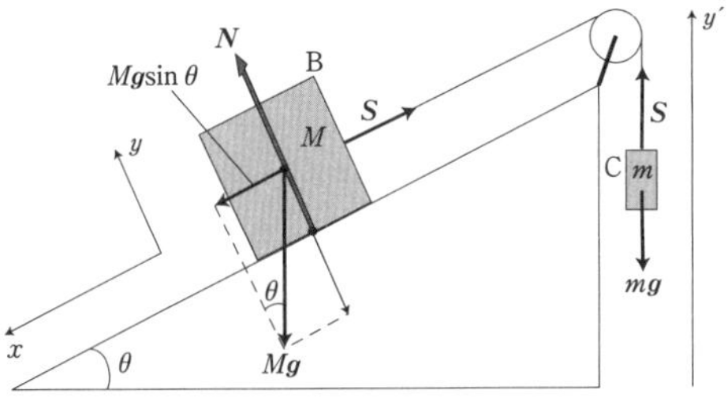

図 A.7

$$x\text{ 方向}\quad M\frac{d^2x}{dt^2}=Mg\sin\theta-S \qquad (\text{A. }7)$$

$$y\text{ 方向}\quad M\frac{d^2y}{dt^2}=N-Mg\cos\theta \qquad (\text{A. }8)$$

y 方向には運動しないので，$0=N-Mg\cos\theta$ となる．物体 C について，

$$y'\text{ 方向}\quad m\frac{d^2y'}{dt^2}=-mg+S \qquad (\text{A. }9)$$

② (A. 7)式 ＋(A. 9)式より，

$$M\frac{d^2x}{dt^2}+m\frac{d^2y'}{dt^2}=Mg\sin\theta-mg$$

B と C は糸でつながれているので，加速度 $\boldsymbol{A}$ の大きさは同じであることに注意すると，$(d^2x/dt^2)=(d^2y'/dt^2)=A$ とおける．したがって，$A(M+m)=Mg\sin\theta-mg$，これより

$$A=\frac{g(M\sin\theta-m)}{M+m}$$

A を (A. 9)式に代入すると，$S=mg+mA$ より，

$$S=\frac{Mmg(\sin\theta+1)}{M+m}$$

③ $M=2m$ とおくと，$A=\{g(2\sin\theta-1)\}/3$ と表される．物体 B が滑り落ちるのは $A>0$ のときであるから，$A>0$ となる条件は $2\sin\theta-1>0$．これより，$\sin\theta>1/2$，$\theta>30°$ が条件となる．

問題 5.1　(5. 12)式を導き，これより，① 到達距離 L，② 最高点の高さ H，③ 最高点に達するまでの時間 t_H を求めよ．(図 A. 8)

［**解**］ 放物運動の解（(5. 11)式）より，

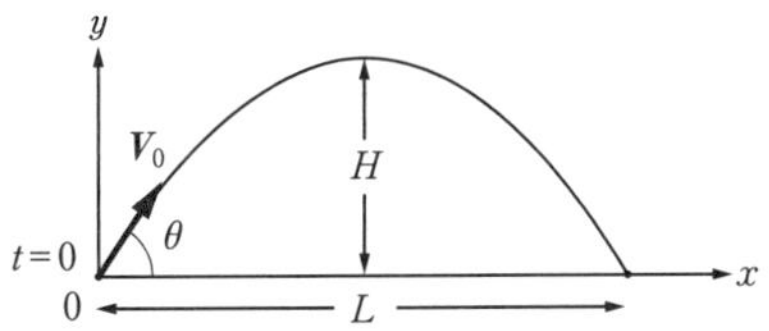

図 A. 8

$$x(t)=(V_0\cos\theta)t \qquad (\text{A. }10)$$

$$y(t)=(V_0\sin\theta)t-\frac{1}{2}gt^2 \qquad (\text{A. }11)$$

(A. 10)式より，$t=x/V_0\cos\theta$．これを (A. 11)式に代入すると，

$$y=(V_0\sin\theta)\cdot\frac{x}{V_0\cos\theta}-\frac{1}{2}g\cdot\frac{x^2}{V_0^2\cos^2\theta}$$

$$\therefore\quad y=x\tan\theta-\frac{g}{2V_0^2\cos^2\theta}x^2$$

となり，(5. 12)式が得られた．

① 着地点は $y=0$ であるから，(5. 12)式において $y=0$ とおく．

$$x\tan\theta-\frac{g}{2{V_0}^2\cos^2\theta}x^2=0$$

$$x\left(\tan\theta-\frac{g}{2{V_0}^2\cos^2\theta}x\right)=0$$

これより，$x=0$ または，

$$x=\frac{2{V_0}^2\cos\theta\cdot\sin\theta}{g}=\frac{{V_0}^2}{g}\sin 2\theta$$

$$\therefore\quad \text{到達距離}\quad L=\frac{{V_0}^2}{g}\sin 2\theta \qquad (\text{A. }12)$$

② (A. 10)式で，$x=L/2$ になるまでの所要時間 t は，$L/2=(V_0\cos\theta)t$ より $t=L/2V_0\cos\theta, L$ に (A. 12)式を代入すると，

$$t=\frac{V_0}{g}\sin\theta \qquad (\text{A. }13)$$

このときの y が最高点 H となる．(A. 13)式を (A. 11)式に代入すると，

$$H=(V_0\sin\theta)\frac{V_0}{g}\sin\theta-\frac{1}{2}g\left(\frac{V_0}{g}\sin\theta\right)^2=\frac{{V_0}^2}{2g}\sin^2\theta$$

③ (A. 13)式より，$t_H=(V_0/g)\sin\theta$ となる．

問題 5.2　図 A. 9 のように高さ h[m] の崖からボールを初速度 $V_0=10.0$ m/s で水平方向に投げたら，水平方向に 45.0 m 飛んで地面に落下した．このときの崖の高さ h を求めよ．

［**解**］ 水平方向には速度が一定だから，ボールの飛

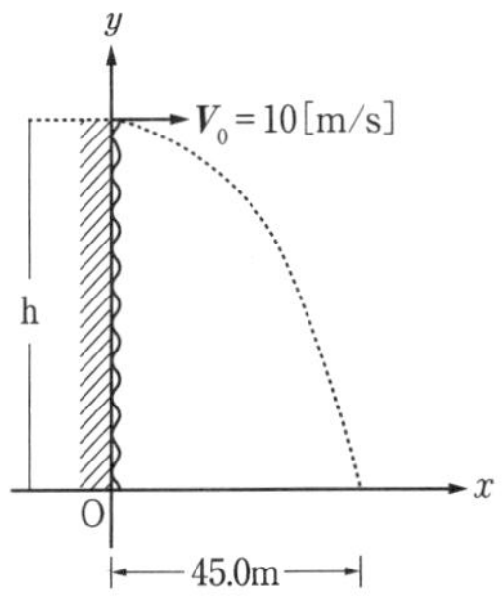

図 A. 9

んだ時間は

$$t=\frac{45.0}{10.0}=4.50\text{秒}$$

高さ h と落下時間 t との間には $h=(1/2)gt^2$ の関係があるから，

$$h=\frac{1}{2}\times 9.8\times 4.50^2=99.225 \qquad \therefore \quad h=99\ \mathrm{m}$$

問題 5.3　図 A.10 のように電子が x 方向に速度 V_0 で偏向板に入った．偏向板の長さは L で，上向きに電場 $\boldsymbol{E}$ がかかっている．電子が偏向板を出るとき，偏向板に入ったときの位置（$y=0$）からどれだけずれているか．

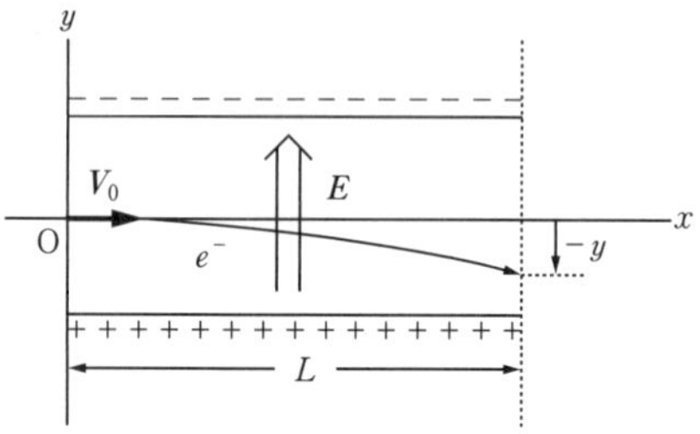

図 A.10

［解］ 電子は電場 $\boldsymbol{E}$ の負の方向（$-y$方向）に $\boldsymbol{F}=-e\boldsymbol{E}$ の力を受ける．電子の質量を m とすると運動方程式は，

$$m\frac{d^2x}{dt^2}=0, \qquad m\frac{d^2y}{dt^2}=-eE$$

初期条件（$t=0$）は，

$$x=0,\ \ y=0,\ \ \frac{dx}{dt}=V_0,\ \ \frac{dy}{dt}=0$$

y 方向の加速度は $A=d^2y/dt^2=-eE/m$ となる．偏向版の末端を通過する時刻を t とすると，$V_0t=L$ より $t=(L/V_0)$．$y=(1/2)At^2$ にこれらの値を代入すると，

$$y=\frac{1}{2}\frac{eE}{m}\left(\frac{L}{V_0}\right)^2$$

問題 5.4　質量 m の木球が発射口（$x=0, y=y_0$）から初速度 $\boldsymbol{V}_0$ で，水平方向に飛び出した．この球は空気の抵抗力 $\boldsymbol{F}=-B\boldsymbol{V}$ を受けながら運動する．このとき，① 鉛直上向きを y の正の方向として，木球の運動方程式を速度 V_x，V_y を用いて表せ．② t 秒後の木球の速度 $\boldsymbol{V}=(V_x, V_y)$ を求めよ．③ 終端速度の大きさ V_∞ と向きを求めよ．

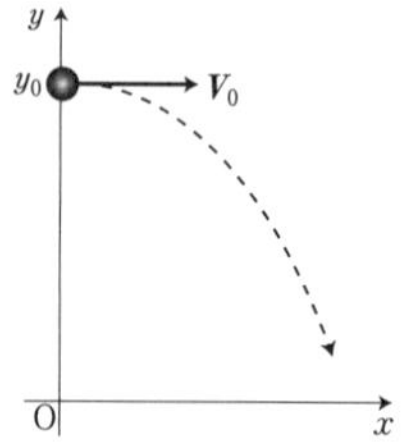

図 A.11

［解］ ①

x 方向　$m\dfrac{dV_x}{dt}=-BV_x$，　　y 方向　$m\dfrac{dV_y}{dt}=-mg-BV_y$

② x 方向は①で表した方程式より，

$$\frac{dV_x}{dt}=-\frac{B}{m}V_x, \quad \frac{dV_x}{V_x}=-\frac{B}{m}dt, \quad \int\frac{dV_x}{V_x}=-\frac{B}{m}\int dt$$

両辺の積分を実行すると，

$$\log_e V_x=-\frac{B}{m}t+C, \quad V_x=e^{-(B/m)t+C}=C'e^{-(B/m)t}$$

初期条件より初速度は x 方向のみだから，$V_0=C'\times e^0$．よって $C'=V_0$ なので，これより，$V_x=V_0e^{-(B/m)t}$．x 方向の終端速度は 0 となる．（図 A.12）

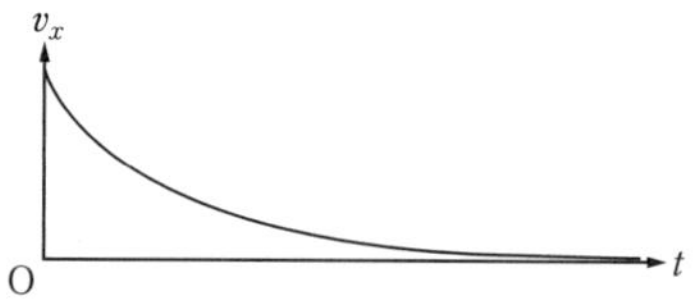

図 A.12

y 方向は①より，

$$\frac{dV_y}{dt}=-\left(g+\frac{B}{m}V_y\right)$$

である．$g+(B/m)V_y=\eta$ とおいて方程式を $d\eta/\eta=-(B/m)dt$ と変形し，両辺を積分すると，

$$\int\frac{d\eta}{\eta}=\int-\frac{B}{m}dt, \qquad \log\eta=-\frac{B}{m}t+C$$

ここで η を元に戻すと，

$$\log\left(g+\frac{B}{m}V_y\right)=-\frac{B}{m}t+C, \qquad \left(g+\frac{B}{m}V_y\right)=e^c\cdot e^{-(B/m)t}$$

ここで，初期条件として，$t=0$ のとき y 方向の初速度を 0 とすると，$e^c=g$ となる．以上を V_y について整理すると，

$$V_y=-\frac{mg}{B}\left(1-e^{-(B/m)t}\right)$$

ゆえに，

$$\boldsymbol{V}=(V_x, V_y)=\left(V_0e^{-(B/m)t},\ -\frac{mg}{B}\left(1-e^{-(B/m)t}\right)\right)$$

③ y 方向の終端速度$V_{y\infty}$がこの球の終端速度となる.

$$V_{y\infty}=\lim_{t\to\infty}V_y=\lim_{t\to\infty}\frac{mg}{B}\left(e^{-(B/m)t}-1\right)=-\frac{mg}{B}$$

$$\therefore\quad V_\infty=V_{y\infty}=-\frac{mg}{B}$$

終端速度の大きさは, $|V_\infty|=mg/B$であり, 向きは下向き（$-y$ 方向）となる.

問題 5.5 質量 m の物体が慣性抵抗を受けながら落下運動をしている場合の運動方程式を作り, 速度 V について解け. ただし, 初期条件は $t=0$ のとき, $V=0$ とし. 図 A.13 のように y 軸上方を正の方向にとる.

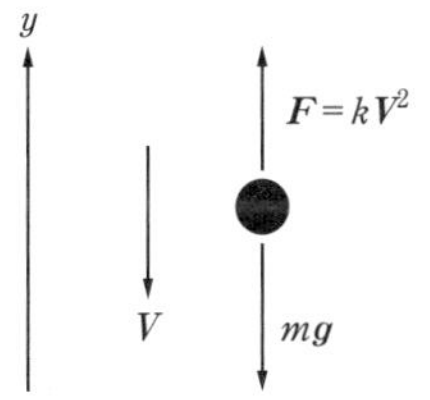

図 A.13

［解］ 運動方程式

$$m\frac{dV}{dt}=-mg+kV^2 \qquad (A.14)$$

(A.14)式の両辺を m で割ると,

$$\frac{dV}{dt}=-g+\frac{k}{m}V^2 \qquad (A.15)$$

(A.15)式を v について直接解くのは難しいので, 次のような工夫をする. 物体は落下し始めてからじゅうぶん時間がたつと終端速度 V_∞ に落ち着く. このとき $dV/dt=0$ であるから, $V_\infty=\sqrt{mg/k}$ となる. 運動方程式は, 終端速度を使うと,

$$\frac{dV}{dt}=-\frac{g}{V_\infty^2}(V_\infty-V)(V_\infty+V)$$

両辺の逆数をとり,

$$\frac{1}{(V_\infty-V)(V_\infty+V)}=\frac{1}{2V_\infty}\left(\frac{1}{V_\infty-V}+\frac{1}{V_\infty+V}\right)$$

であることを使うと,

$$dt=-\frac{V_\infty}{2g}\left(\frac{1}{V_\infty-V}+\frac{1}{V_\infty+V}\right)dV$$

となる. 両辺を積分すると,

$$t=-\frac{V_\infty}{2g}\log\left|\frac{V_\infty+V}{V_\infty-V}\right|+C$$

初期条件は $t=0$ のとき $V=0$ であるから, $\log 1=0$ より, $C=0$ と決まる. さらに Vについて解くと,

$$\frac{V_\infty+V}{V_\infty-V}=e^{-(2g/V_\infty)t}$$

より,

$$V=-V_\infty\frac{1-e^{-2gt/V_\infty}}{1+e^{-2gt/V_\infty}}$$

と求められる. この解は, 双曲線関数を使うと,

$$V=-V_\infty\tanh\frac{gt}{V_\infty}$$

と表すことができる.

問題 5.6 空気中でパラシュートが落下する際, 空気の抵抗力 $\boldsymbol{F}$ の大きさは, $F=(1/4)B\rho_{air}V^2$と表される慣性抵抗を受ける. ρ_{air}は空気の密度で $\rho_{air}=1.20\ \mathrm{kg/m^3}$, B は落下物体（パラシュート）の落下する方向と垂直な面での断面積で有効断面積と呼ばれる. 問題 5.5 で得られた方程式よりこのパラシュートの終端速度V_∞ を式で求め, 全質量（人間も含めて）80.0 kg, 半径 10.0 m のパラシュートの V_∞ を見積もれ.

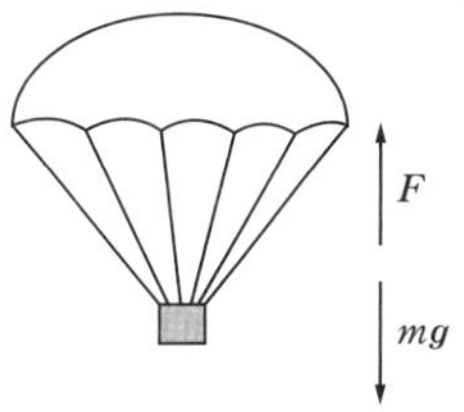

図 A.14

［解］ パラシュートの運動方程式は,

$$m\frac{dV}{dt}=-mg+\frac{1}{4}B\rho_{air}V^2$$

終端速度は, $V_\infty=\sqrt{4mg/B\rho_{air}}$ と表される. パラシュートの有効断面積は, $B=\pi\times10.0^2$ であるから,

$$V_\infty=\sqrt{\frac{4\times80.0\times9.80}{\pi\times10.0^2\times1.20}}=2.88.\ \mathrm{m/s}$$

問題 5.7 図 A.15 のように, ばね係数 k のばねの先に質量 m の錘りをつけ, ばねの自然長から x_0 だけ引き伸ばして手を放す（$t=0$ のとき$x=x_0$). このときの錘りの運動は（5.26)式の形となるが, これを運動方程式に代入することによって角振動数 ω を, また初期条件によって, 運動の振幅 a と位相 α を決定せよ.

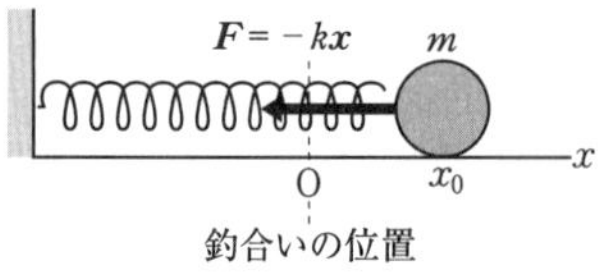

図 A.15

［解］ 錘りの運動は，$x=a\cos(\omega t+\alpha)$ ((5.26)式)であるので，錘りの運動方程式

$$m\frac{d^2x}{dt^2}=-kx$$

に上式を代入すると

$$-ma\omega^2\cos(\omega t+\alpha)=-ka\cos(\omega t+\alpha)$$

これより，

$$\omega^2=\frac{k}{m}\qquad \therefore\ \omega=\sqrt{\frac{k}{m}}$$

初期条件は，$t=0$ のとき $x=x_0$ であるから，(5.26)式に $t=0$ を代入すると，$x_0=a\cos(0+\alpha)$，振動の振幅は x_0 であるから，$a=x_0$，また，そのためには $\alpha=0$ でなければならない．よって $a=x_0$，$\alpha=0$．

問題 5.8 錘りが 1.0 m の紐に吊るされた単振り子の微小振動の周期を求めよ（この答えは知っていると便利である）．

［解］ 単振り子の振動の周期は，$T=2\pi\sqrt{\ell/g}$ であるから，$T=2\times3.14\times\sqrt{1.0/9.8}=2.006$．よって $T=2.0$ 秒

問題 5.9 (5.31)式より，錘りの速さ V を表す式を導け．

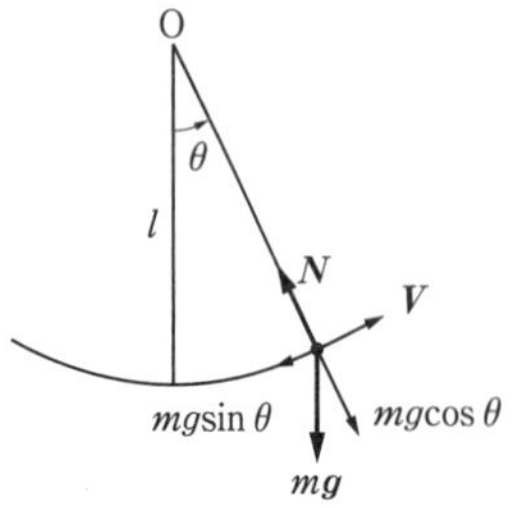

図 A.16

$$\theta=\theta_0\cos\left(\sqrt{\frac{g}{l}}t+\alpha\right)\qquad(5.31)$$

［解］ 錘りの速度は，$V=\ell(d\theta/dt)$．これに (5.31)式を代入すると，

$$V=-\ell\theta_0\sqrt{\frac{g}{\ell}}\sin\left(\sqrt{\frac{g}{\ell}}t+\alpha\right)=-\theta_0\sqrt{\ell g}\sin\left(\sqrt{\frac{g}{\ell}}t+\alpha\right)$$

問題 5.10 地上で周期が同じばね振り子と，単振り子を，重力加速度が地球上の 1/6 である月面上に持っていって振動させると周期はどのようになるか．

［解］ ばね振り子の周期は $T=2\pi\sqrt{m/k}$ であり，地上でも，月面上でも変わらない．単振り子の周期は，$T=2\pi\sqrt{\ell/g}$ であり，重力加速度の大きさによって変化する．地上の重力加速度を g，月面上の重力加速度を g' とすると，月面上での単振り子の周期は地上に対して，$T'/T=\sqrt{g/g'}$ 倍に変化する．いま，$g'=(1/6)g$ 程度とすると，周期は地上に対して $\sqrt{6}$ 倍になる．

問題 5.11 臨界減衰を与える解 $x(t)=(C+Dt)e^{-\gamma t}$ が元の運動方程式 (5.32)式を満たすことを確かめよ．

［解］ 減衰振動をしている質点に対する運動方程式は，

$$m\frac{d^2x}{dt^2}=-kx-\alpha\frac{dx}{dt}\qquad(5.32)$$

（k：ばね定数，α：速度に比例する抵抗係数）と表されるが，$\omega^2=k/m$，$2\gamma=\alpha/m$ とおくと，

$$\frac{d^2x}{dt^2}+2\gamma\frac{dx}{dt}+\omega^2x=0\qquad(5.33)$$

となる．臨界減衰の場合は，$\omega=\gamma$ の条件を満たしている．$x=(C+Dt)e^{-\gamma t}$ より

$$\frac{dx}{dt}=(D-\gamma(C+Dt))e^{-\gamma t}$$

$$\frac{d^2x}{dt^2}=(\gamma(C+Dt)-2D)\gamma e^{-\gamma t}$$

となるので，(5.33)式に代入して整理すると，

$$\frac{d^2x}{dt^2}+2\gamma\frac{dx}{dt}+\omega^2x=(\omega^2-\gamma^2)(C+Dt)e^{-\gamma t}$$

ここで $\omega=\gamma$ であるから，

$$\frac{d^2x}{dt^2}+2\gamma\frac{dx}{dt}+\omega^2x=0$$

となる．解が (5.33)式を満たしているので，(5.32)式もまた満たしていることは明らかである．

問題 5.12 (5.41)式が，方程式 (5.40)式の解になっていることを代入して確かめよ．

［解］ 方程式

$$\ddot{x}+\omega_0^2x=\frac{X_0}{m}\sin\omega t\qquad(5.40)$$

の左辺に，解

$$x=a\cos(\omega_0 t+\alpha)+\frac{1}{\omega_0^2-\omega^2}\frac{X_0}{m}\sin\omega t \quad (5.41)$$

を代入すると,

$$\left\{-a\omega_0{}^2\cos(\omega_0 t+\alpha)-\frac{1}{\omega_0^2-\omega^2}\frac{X_0}{m}\omega^2\sin\omega t\right\}$$

$$+\omega_0^2 a\cos(\omega_0 t+\alpha)+\frac{\omega_0^2}{\omega_0^2-\omega^2}\frac{X_0}{m}\sin\omega t$$

$$=\frac{\omega_0^2-\omega^2}{\omega_0^2-\omega^2}\frac{X_0}{m}\sin\omega t$$

となり,(5.40)式の右辺と一致する.したがって,解 (5.41)式は方程式 (5.40)式を満たす.

問題 6.1 図 A.17 のように,地球上の点 A から点 B までトンネルを掘ったとき,トンネルを通って点 A から点 B まで行く所要時間はどれだけか.例題 6.2 を参考に考えよ.

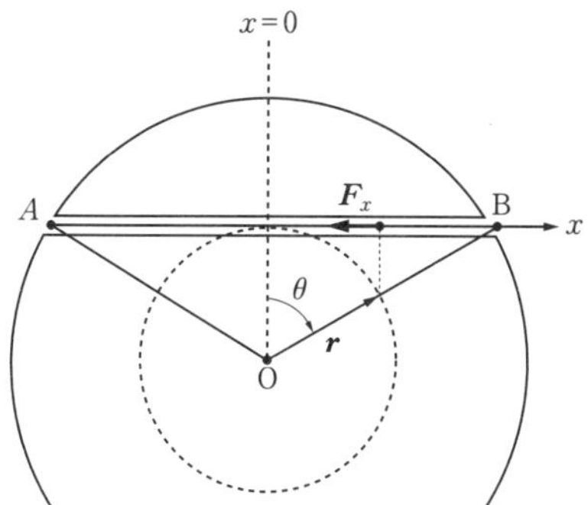

図 A.17

[**解**] 位置 x の点にはたらく重力のトンネル方向の力の成分は,

$$F_x=F\sin\theta=-\frac{4}{3}G\pi\rho mr\sin\theta$$

ここで,$r\sin\theta=x$ であるから,

$$F_x=-\frac{4}{3}G\pi\rho m\cdot x$$

と表され,乗り物は AB 間を周期 $T=2\pi\sqrt{3/4G\pi\rho}$ で単振動をすることがわかる.点 A から点 B までの所要時間は,例題 6.2 と同じになり,$T/2=\sqrt{3\pi/4G\rho}=2.528\times10^3$秒となる.

問題 6.2 ある地点から地平線に向けて人工衛星を発射させて,地球のまわりを地球の半径と同じ軌道半径で回すためには,どれだけの初速度を与えなければならないか.その速さと,周期を求めよ(この人工衛星の速さを第 1 宇宙速度という).

[**解**] 地球の質量を M,地球の半径を R,人工衛星の質量を m とすると,

$$-mR\omega^2=-\frac{GMm}{R^2}$$

回転周期を T とすると,$\omega=2\pi/T$ であるから,

$$\omega^2=\left(\frac{2\pi}{T}\right)^2=\frac{GM}{R^3}$$

これより,

$$T=\sqrt{\frac{4\pi^2R^3}{GM}}$$

一方,地上での重力を地球との万有引力と考えると $-mg=-m(GM/R^2)$ より $g=GM/R^2$ であるから,$GM=gR^2$ となり,$T=2\pi\sqrt{R/g}$ とも表される.よって

$$T=2\pi\times\sqrt{\frac{6.40\times10^6}{9.80}}=5.08\times10^3\ \mathrm{s}$$

これは,例題 6.2,問題 6.1 の乗り物の周期と同じ時間である.人工衛星の速さは,

$$V=\frac{2\pi R}{T}=R\sqrt{\frac{g}{R}}=\sqrt{Rg}$$

と表される.この速さがすなわち発射時に与えなければならない初速度となる.よって

$$V=\sqrt{6.40\times10^6\times9.80}=7.92\times10^3\ \mathrm{m/s}$$

問題 6.3 例題 6.4 で取り上げた彗星の,近日点と遠日点における速度の比を求めよ.

[**解**] ケプラーの第 2 法則より,惑星の軌道上では面積速度 $(1/2)r^2\dot{\theta}$ が一定である.$r\dot{\theta}=V$ より,軌道上では,$rV=$一定となる.彗星の近日点距離を R_p,速度を V_p,遠日点距離を R_a,速度を V_a とすると,$R_p\times V_p=R_a\times V_a$,よって遠日点における速度に対する近日点での速度の比は,

$$\frac{V_p}{V_a}=\frac{R_a}{R_p}=\frac{5.3\times10^{12}}{8.9\times10^{10}}=59.6\fallingdotseq60$$

問題 6.4 ① 木星の衛星イオは,軌道周期 1.77 日,軌道半径 4.22×10^8 m である.このデータから,木星の質量を計算せよ.② 木星には,有名な「赤点」があり,この調査のため静止衛星を木星をまわる軌道に載せたい.この静止衛星の高度を求めよ.ただし,木星の自転周期は,0.414 日である.

[**解**] ① イオに働く向心力=万有引力とすると,

$-m\omega^2 r=-GMm/r^2$ これより，$M=r^3\omega^2/G$，$\omega=2\pi/T$ を代入すると，$M=4\pi^2r^3/GT^2$，この式に各値を代入すると，

$$M=\frac{4\times3.14^2\times(4.22\times10^8)^3}{6.67\times10^{-11}\times(1.77\times24\times60\times60)^2}$$

$$=1.90\times10^{27}\,\mathrm{kg}$$

② 木星の半径 $\boldsymbol{R}$，衛星の高度 h，衛星の軌道半径を r とすると，$r=R+h$. 木星の，自転周期は，$T=0.414\times24\times60\times60=3.58\times10^4\,\mathrm{s}$ であり，衛星の周期を木星の自転周期に合わせれば，静止衛星となる．① より，$r^3=GMT^2/4\pi^2$ であるから，各値を代入すると，

$$r^3=\frac{6.67\times10^{-11}\times1.90\times10^{27}\times(3.58\times10^4)^2}{4\times3.14^2}$$

$$=4.12\times10^{24}\,\mathrm{m}^3$$

$$r=\sqrt[3]{4.12}\times10^8=1.603\times10^8\,\mathrm{m}$$

一方表 6.1 より，$R=7.15\times10^7\,\mathrm{m}$ であるから，

$$h=r-R=(16.03-7.15)\times10^7=8.88\times10^7\,\mathrm{m}$$

問題 6.5 月が地球のまわりを一周するのに，27.3 日かかること，地上での重力加速度 $g=9.80\,\mathrm{m/s^2}$，地球の半径 $R=6.40\times10^6\,\mathrm{m}$ であることを使って地球と月の間の平均距離を求めよ．

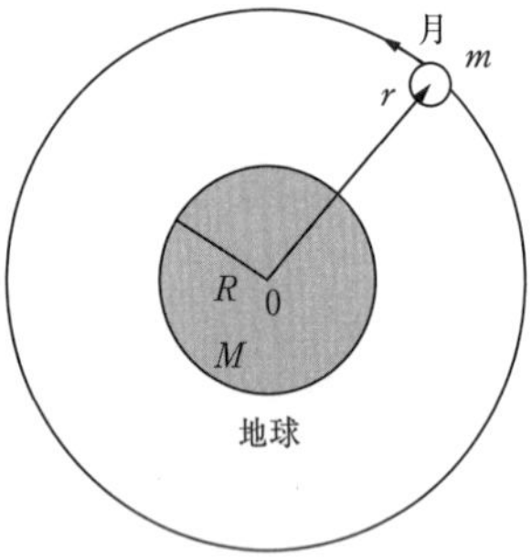

図 A.18

［解］ 月の軌道半径 r と月の周期 T との関係は，月と地球の質量を m，M とすると，$-mr\omega^2=-(GMm/r^2)$ より，

$$\omega^2=\frac{GM}{r^3}=\left(\frac{2\pi}{T}\right)^2 \qquad \therefore\quad r^3=GM\left(\frac{T}{2\pi}\right)^2$$

問題 6.2 の解にもあるとおり，重力加速度 g に関しては，$GM=gR^2$ とも表されるので，

$$r=\sqrt[3]{gR^2\left(\frac{T}{2\pi}\right)^2}$$

$$r=\sqrt[3]{9.80\times(6.40\times10^6)^2\times\left(\frac{27.3\times24\times60\times60}{2\pi}\right)^2}$$

$$=3.84\times10^8\,\mathrm{m}$$

問題 7.1 質点に作用する力の x，y 成分が，$F_x=ay$，$F_y=bx$ で与えられる．(1) 図 A.19 に示す経路に沿って力がなす仕事を求めよ．① 経路 R_1（直線 $y=x$ 上で，0 → B），② 経路 R_2（0 → A → B），③ 経路 R_3（放物線 $y=x^2/\ell$ 上で 0 → B）．(2) この力が保存力であるための条件を求めよ．

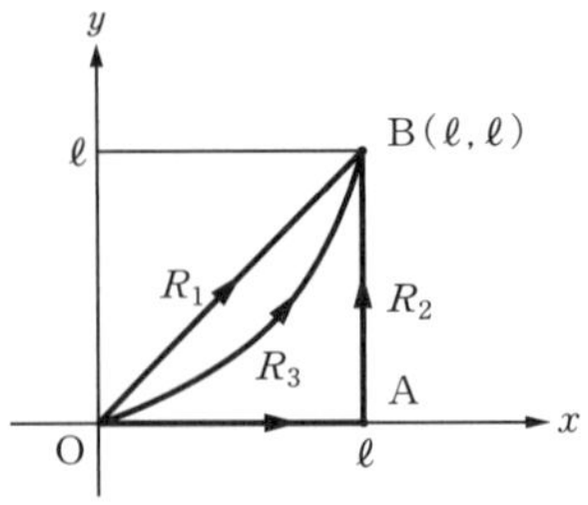

図 A.19

［解］ (1)

$$W=\int_0^B \boldsymbol{F}\cdot d\boldsymbol{r}=\int_0^\ell ay\cdot dx+\int_0^\ell bx\cdot dy$$

$(\boldsymbol{F}=(ay,\ bx),\quad d\boldsymbol{r}=(dx,\ dy))$

① 経路 R_1：経路の方程式は $y=x$

$$W_1=\int_0^\ell ay\cdot dx+\int_0^\ell bx\cdot dy=\int_0^\ell ax\cdot dx+\int_0^\ell by\cdot dy$$

$$=\left[\frac{1}{2}ax^2\right]_0^\ell+\left[\frac{1}{2}by^2\right]_0^\ell=\frac{\ell^2}{2}(a+b)$$

② 経路 R_2：0 → A 経路の方程式は $y=0$, $dy=0$. よって

$$W_{0\mathrm{A}}=\int_0^\ell ay\cdot dx+\int_0^0 bx\cdot dy=0$$

A → B 経路の方程式は $x=\ell$, $dx=0$．よって

$$W_{\mathrm{AB}}=\int_0^\ell ay\cdot dx+\int_0^\ell bx\cdot dy$$

$$=0+\int_0^\ell b\ell\cdot dy=[b\ell y]_0^\ell=b\ell^2$$

$$W_2=W_{0\mathrm{A}}+W_{\mathrm{AB}}=0+b\ell^2=b\ell^2$$

③ 経路 R_3：経路の方程式は，$y=x^2/\ell$，$x=\sqrt{\ell y}$

$$W_3=\int_0^\ell ay\cdot dx+\int_0^\ell bx\cdot dy=\int_0^\ell a\frac{x^2}{\ell}\cdot dx+\int_0^\ell b\sqrt{\ell y}\cdot dy$$

$$=\left[\frac{a}{3}\,\frac{x^3}{\ell}\right]_0^\ell+b\sqrt{\ell}\left[\frac{2}{3}y^{\frac{3}{2}}\right]_0^\ell=\frac{a}{3}\ell^2+\frac{2b}{3}\ell^2$$

(2) $W_1=W_2=W_3$ であればよい．$(\ell^2/2)(a+b)=b\ell^2$ でありまた，$(a/3)\ell^2+(2b/3)\ell^2=b\ell^2$ であるためには，$a=b$ であればよい．

問題 7.2 次のポテンシャルエネルギーを与える力を求めよ．① kz，② kr^2，③ $k(e^{-kr}/r)$，④ $k\log_e r^2$

［解］ ① $F_z=-\dfrac{\partial U}{\partial z}=-k$,　$\boldsymbol{F}=(0, 0, -k)$

② $F_r=-\dfrac{\partial U}{\partial r}=-2kr$,　$\boldsymbol{F}=-2k\boldsymbol{r}$

③ $F_r=-\dfrac{\partial U}{\partial r}=-k\left(-\dfrac{ke^{-kr}}{r}-\dfrac{e^{-kr}}{r^2}\right)$

$=ke^{-kr}\dfrac{(kr+1)}{r^2}$,　$\boldsymbol{F}=ke^{-kr}\dfrac{(kr+1)}{r^3}\boldsymbol{r}$

④ $F_r=-\dfrac{\partial U}{\partial r}=-\dfrac{2k}{r}$,　$\boldsymbol{F}=-\dfrac{2k}{r^2}\boldsymbol{r}$

問題 7.3 15.0 m/s（54.0 km/h）で走っていた 3.00×10^3 kg のトラックが急ブレーキをかけたところ，タイヤが路面を20.0 m 滑って停止した．タイヤと路面間の摩擦力のした仕事はいくらか．

［解］ トラックの運動エネルギーの変化は，

$\Delta K=\dfrac{1}{2}mV^2-\dfrac{1}{2}mV_0{}^2$,　$V=15.0$ m/s,　$V_0=0$ m/s

を代入すると，$\Delta K=-3.38\times10^5$ J．トラックが止まるまで摩擦力がした仕事は，ΔK に等しく，-3.38×10^5 J となる．負の符号は，摩擦力がトラックの進行方向と逆向きに働いて減速させたことを表している．

問題 7.4 アポロ 11 号が，月のまわりを軌道半径 r でまわっている．月の質量を M，アポロ 11 号の質量を m とする．アポロ 11 号の軌道は円形であるとし，月は一様な球体であると仮定して次の問に答えよ．① アポロ 11 号の全エネルギーを，M, m, r, G を使って表せ．② アポロ 11 号がこの軌道を去って月の引力圏から脱するのに必要な最小エネルギーを表せ．

［解］ ① 全エネルギー $E=(1/2)mV^2-(GMm/r)$ であるが，アポロ 11 号に働く向心力が月からの引力であるから，

$$-m\frac{V^2}{r}=-\frac{GMm}{r^2}$$

これより

$$\frac{1}{2}mV^2=\frac{GMm}{2r}$$

となる．よって

$$E=\frac{GMm}{2r}-\frac{GMm}{r}=-\frac{GMm}{2r}$$

② 月の引力圏から脱するためには，アポロ 11 号の全エネルギーが 0 または正となるようにすればよい．加えるべき最小エネルギーを E' とすると，

$$-\frac{GMm}{2r}+E'=0$$

これより，

$$E'=\frac{GMm}{2r}$$

問題 7.5 地球のまわりを，高度 3.00×10^6 m で，円形軌道を回る，質量 2.00×10^3 kg の人工衛星がある．この衛星の高度を 6.00×10^6 m に移動させるために必要なエネルギーはどれだけか（地球の半径と質量については，表 6.1 のデーターを用いよ）．

［解］ 問題 7.4 の解答にもあるように，万有引力が向心力となって円運動をしている衛星の全エネルギー E は，$E=(1/2)mV^2-(GMm/r)$ である．m は人口衛星の質量，M は地球の質量，r は軌道半径である．向心力＝万有引力より，$-mV^2/r=-GMm/r^2$ であり，これより $(1/2)mV^2=GMm/(2r)$ となるので，$E=-GMm/(2r)$ である．軌道を r から r' へ変えるために必要なエネルギー ΔE は，

$$\Delta E=\left(-\frac{GMm}{2r'}\right)-\left(-\frac{GMm}{2r}\right)=\frac{GMm}{2}\left(\frac{1}{r}-\frac{1}{r'}\right)$$

ここで

$G=6.67\times10^{-11}$ m^3/kg·s^2,　$M=5.97\times10^{24}$ kg,
$m=2.00\times10^3$ kg
$r=(6.38+3.00)\times10^6=9.38\times10^6$ m,
$r'=1.24\times10^7$ m

を代入すると，$\Delta E=1.03\times10^{10}$ J となる．これは，わずかガソリン約 280 l の燃焼熱と等価なエネルギーである．

問題 7.6 単振動では運動エネルギー K と，ポテンシャルエネルギー U の 1 周期 T にわたる時間平均は互いに等しいことを証明せよ．ここで，たとえば運動エネルギー K の時間平均 $\langle K\rangle_{平均}$ は，$\langle K\rangle_{平均}=(1/T)\int_0^T K dt$ で与えられる．

［解］ 例題 7.6 で求めたように，

$$K=\frac{1}{2}m\left(\frac{dx}{dt}\right)^2=\frac{1}{2}mA^2\omega^2\sin^2(\omega t)$$

$$\therefore \langle K\rangle_{平均}=\frac{1}{T}\int_0^T\frac{1}{2}mA^2\omega^2\sin^2(\omega t)\,dt$$

これは倍角の公式 $\sin^2\theta=(1-\cos 2\theta)/2$ を用いると，

$$\langle K\rangle_{平均}=\frac{1}{T}\frac{1}{2}mA^2\omega^2\int_0^T\frac{1-\cos(2\omega t)}{2}dt$$

T は周期なので，

$$\int_0^T \cos(2\omega t)\,dt = \left[\frac{1}{2\omega}\sin(2\omega t)\right]_0^{\frac{2\pi}{\omega}} = 0$$

になる．よって，

$$<K>_{平均} = \frac{1}{4}mA^2\omega^2 = \frac{1}{4}kA^2 \qquad \because \quad m\omega^2 = k$$

同様に，

$$U = \frac{1}{2}kA^2\cos^2(\omega t)$$

$$\therefore \quad <U>_{平均} = \frac{1}{T}\int_0^T \frac{1}{2}kA^2\cos^2(\omega t)\,dt = \frac{1}{4}kA^2$$

したがって，$<K>_{平均} = <U>_{平均}$ が得られる．これはヴィリアル定理として知られている．

問題 7.7　図 A.20 は一次元運動をしている質量 m の粒子に対する，系のポテンシャルエネルギー関数 $U(x)$ を表す曲線である．図中の E は系の全力学的エネルギーである．① 図中の，$x_1 < x < x_2$ の領域では，力は粒子に対してどちら向きに働いているか（x の正の向きか，負の向きか）．② 力 F が 0 になるところはどこか．③ 位置 x_4 での粒子の速度を表す式を求めよ．④ 位置 x_1 では粒子の運動エネルギーの値はどのようになるか．また，粒子はどのように運動するか，説明せよ．

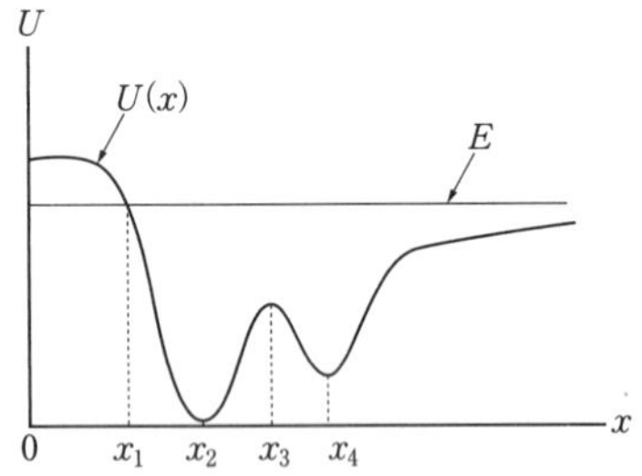

図 A.20

［解］ ① $F_x = -\partial U/\partial x$ と表されるが，示された領域では $U(x)$ の傾きが負（右下がり）であるから，$F_x > 0$である．したがって力は x の正の向きを向いている．

② $F_x = -\partial U/\partial x = 0$，すなわち $U(x)$ が極小値および極大値を示す所を探せばよい．$x = x_2, x_3, x_4$ の各点で $F_x = 0$ となっている．

③ 位置 x_4 では，全力学的エネルギー $E = U(x_4) + (1/2)mV^2$ であるから，

$$V = \sqrt{\frac{2}{m}(E - U(x_4))}$$

④ 位置 x_1 では，$E = U$ となっており，運動エネルギーは 0 になる．左向きに運動していた粒子はこの点で速度が 0 となり，向きを変えて右向きに運動を始める．

問題 8.1　① 図 A.19 のように，加速度 $\boldsymbol{a}$ で加速している電車の車内で，天井から質量 m の物体を糸で吊るすと，どちらにどれだけ傾くか．糸の張力の大きさと，糸が鉛直方向となす角 θ を求めよ．② ①の車内で，風船を床に固定した糸につなぎ浮かす．浮いた風船はどのような方向に動くか．

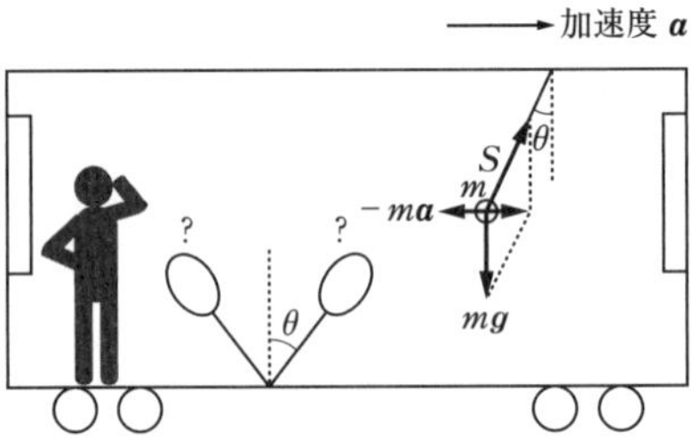

図 A.21

［解］ ① 天井から吊るされた物体を車内から見ると，糸の張力 $\boldsymbol{S}$，物体にはたらく重力 $m\boldsymbol{g}$，慣性力 $-m\boldsymbol{a}$ の 3 力が釣り合っている．図 A.22 より，

$$\tan\theta = \frac{|m\boldsymbol{a}|}{|m\boldsymbol{g}|} = \frac{a}{g}$$

よって張力の大きさ

$$S = \sqrt{(mg)^2 + (ma)^2} = m\sqrt{g^2 + a^2}$$

② 車内では，図中の点線の方向が見かけの重力の向きとなる．浮力は重力の働く向きに対して逆向きに生ずる力であるから，風船は電車の前方に傾いて浮く．

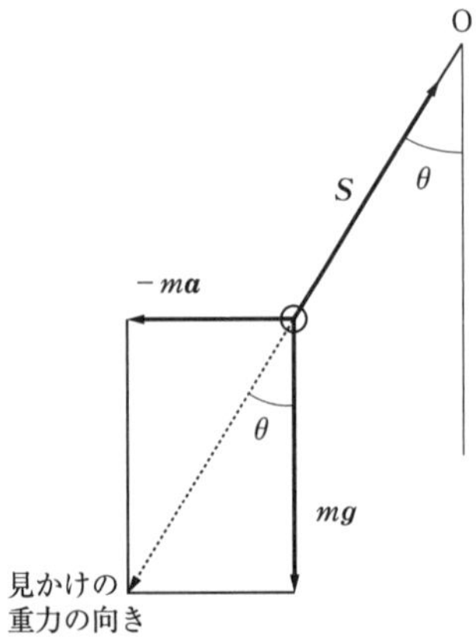

図 A.22

問題 8.2　なぜ台風の目に吹き込む風が北半球では左回りの渦巻きとなって観測されるのかを考えてみよ.

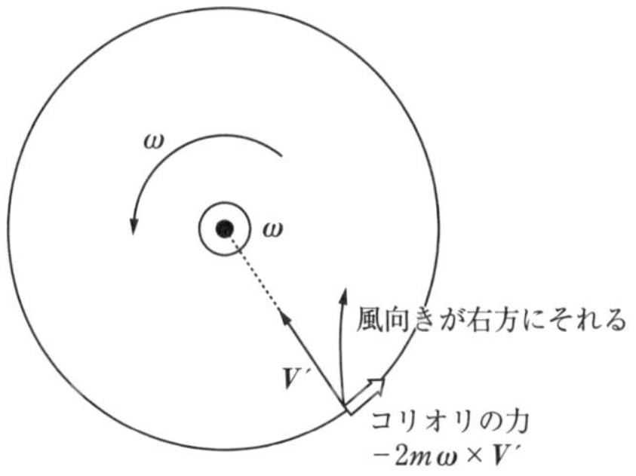

図 A.23

［**解**］ 仮に北半球が上面になるように地球をつぶして，自転させてみよう．簡単のために中央に低気圧があり，外側から風が吹き込むと考えると，本文図 8.5 のボールの向きが逆向きになることに対応する．気圧の差による力に引っ張られて吹き込む風に，コリオリの力は右向きにはたらき，結果として（図 A.23 のように）風は低気圧の中心に向けて左回りの渦巻きとなる．

一般には，北極の上空の気温は低く，赤道では気温が高いので赤道付近に比べて北極の気圧は高い．したがって常に北から南に向けて風が吹き出ている

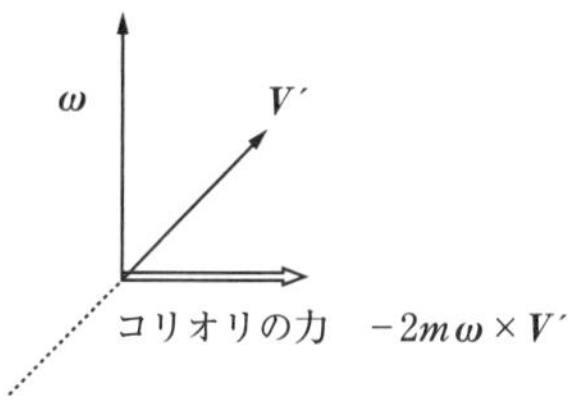

図 A.24

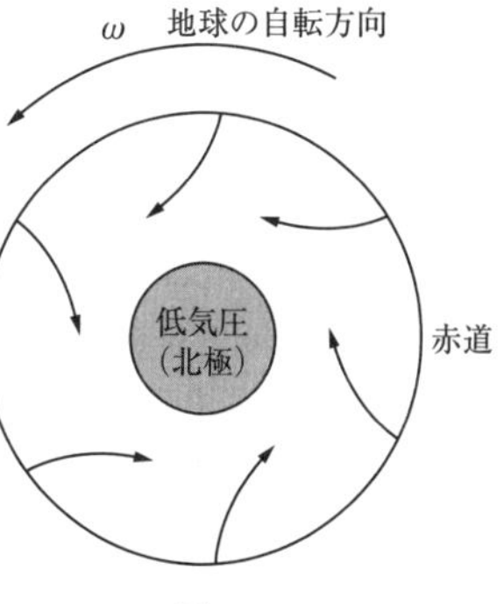

図 A.25

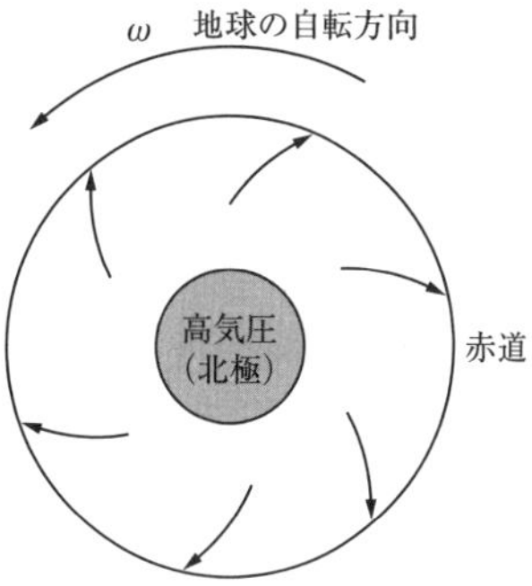

図 A.26

がこの風には図 8.5 のボールにはたらくコリオリの力と同じ向きの左向き，すなわち西向きの力がはたらいて風は南西向きにそれていく（北東の風）．これがいわゆる貿易風である．

問題 8.3　900 km/h で航行している旅客機が回転半径 10 km で左方向に回転する．機内の人が「遠心力を感じない」ようにするためには，機体をどの向きに何度傾けたらよいか．ただし，簡単のために上空での重力加速度を $g=9.8\ \mathrm{m/s^2}$ とする．

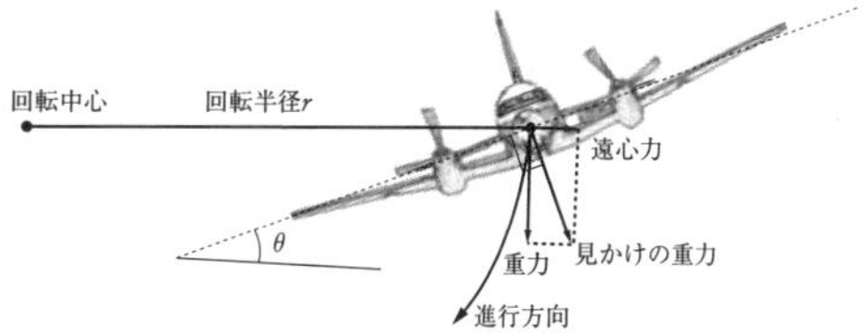

図 A.27

［**解**］ 旅客機の床が見かけの重力の方向に対して直交していれば乗客は遠心力を感じない．
図 A.27 より，$\tan\theta=$(遠心力の大きさ)/(重力の大きさ）であり，$r\omega=V$ なので，

$$\tan\theta=\frac{mr\omega^2}{mg}=\frac{V^2}{rg}$$

$$\tan\theta=\frac{250^2}{1.00\times10^4\times9.80}=0.638$$

$$\theta=\tan^{-1}0.638=32.6°$$

機体は図 A.27 のような方向に 33° 傾ければよい．

問題 8.4　例題 8.3 を参考にして，水平面で一様な角速度 ω で回転している棒に束縛されている質点の運動を，① 静止座標系，② 角速度 ω で回転する座標系でそれぞれ調べよ．

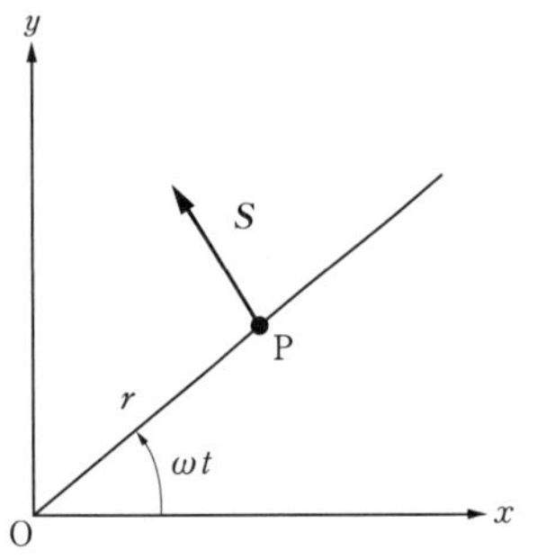

図 A.28

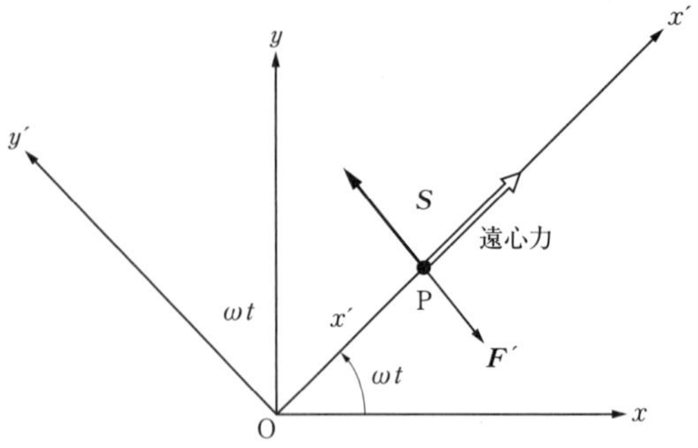

図 A.29

［**解**］　これは，摩擦のない棒に小さなリングを通してその棒を回転させたとき，リングがどのような運動をするかを考えようという問題である．

① xy 面内で，質点（リング）に働く実際の力は，棒に直角に働く棒からの束縛力 $\boldsymbol{S}$ だけである．その大きさを S と表す．運動方程式は，

$$m\frac{d^2x}{dt^2}=-S\sin\omega t \qquad (\text{A}.16)$$

$$m\frac{d^2y}{dt^2}=S\cos\omega t \qquad (\text{A}.17)$$

OP$=r$ とすると，$x=r\cos\omega t$，$y=r\sin\omega t$ であるから，

$$\frac{dx}{dt}=\frac{dr}{dt}\cos\omega t-r\omega\sin\omega t$$

$$\frac{d^2x}{dt^2}=\frac{d^2r}{dt^2}\cos\omega t-2\omega\frac{dr}{dt}\sin\omega t-r\omega^2\cos\omega t$$

$$\frac{dy}{dt}=\frac{dr}{dt}\sin\omega t+r\omega\cos\omega t$$

$$\frac{d^2y}{dt^2}=\frac{d^2r}{dt^2}\sin\omega t+2\omega\frac{dr}{dt}\cos\omega t-r\omega^2\sin\omega t$$

これらを (A.16)，(A.17)式に代入する．

$$m\left(\frac{d^2r}{dt^2}\cos\omega t-2\omega\frac{dr}{dt}\sin\omega t-r\omega^2\cos\omega t\right)=-S\sin\omega t \qquad (\text{A}.18)$$

$$m\left(\frac{d^2r}{dt^2}\sin\omega t+2\omega\frac{dr}{dt}\cos\omega t-r\omega^2\sin\omega t\right)=S\cos\omega t \qquad (\text{A}.19)$$

(A.18)式×$\cos\omega t$＋(A.19)式×$\sin\omega t$ を作ると，

$$m\left(\frac{d^2r}{dt^2}-r\omega^2\right)=0,\qquad \frac{d^2r}{dt^2}-r\omega^2=0 \qquad (\text{A}.20)$$

これが解くべき方程式となる．(A.20)式の解を $r=e^{\lambda t}$ とおいて，この式に代入しよう．すると，$\lambda^2-\omega^2=0$ となるので，$\lambda=\pm\omega$．これより (A.20)式の特解は $r=e^{\omega t}$，$r=e^{-\omega t}$ の 2 つであることがわかる．(A.13)式の一般解は

$$r=Ae^{\omega t}+Be^{-\omega t} \qquad (\text{A}.21)$$

となる．ここで，初期条件として，$r=a$ のところから静かに手を放したとすれば，$t=0$ のとき，$r(0)=a$，$dr(0)/dt=0$ であるから，

$$a=A+B,\qquad \omega(A-B)=0$$

したがって $A=B=a/2$ と決定される．ゆえに

$$r=\frac{a}{2}(e^{\omega t}+e^{-\omega t})=a\cosh\omega t \qquad (\text{A}.22)$$

質点（リング）が水平面内で描く曲線は，渦巻き状となる．束縛力の大きさ S は，(A.18)式×$(-\sin\omega t)$＋(A.19)式×$\cos\omega t$ とすると，

$$S=2m\omega\frac{dr}{dt} \qquad (\text{A}.23)$$

(A.22)式を代入すると，$S=2ma\omega^2\sinh\omega t$ とも表される．

② 回転座標系では，質点を通した棒を x' 軸上に置くことにする．質点に働く束縛力 $\boldsymbol{S}$ は，常に y' 方向を向き，(A.23)式より $r\to x'$ と置き換えると，

$$\boldsymbol{S}=\left(0,\ 2m\omega\frac{dx'}{dt}\right)$$

と表される．これは，質点に働くコリオリの力

$$\boldsymbol{F}'=\left(0,\ -2m\omega\frac{dx'}{dt}\right)$$

とちょうど釣り合っている．回転座標系から見ると，質点には，これら $\boldsymbol{S}$，$\boldsymbol{F}'$ の 2 力のほかに遠心力 $m\omega^2\boldsymbol{x}'$ が働く．運動方程式は，

$$m\frac{d^2x'}{dt^2}=m\omega^2x' \qquad (\text{A}.24)$$

$$m\frac{d^2y}{dt^2}=2m\omega\frac{dx'}{dt}-2m\omega\frac{dx'}{dt}=0 \qquad (\text{A}.25)$$

となる．解くべき方程式は (A.24)式であるが，これは (A.20)式とまったく同じ形をしている．解は，

$$x'=\frac{a}{2}(e^{\omega t}+e^{-\omega t})=a\cosh\omega t$$

と，(A.22)式と同じ形となるが，棒の上に乗っている人から見ると質点（リング）は時間 t とともに棒に沿って遠ざかる．

問題 9.1　水素原子は中心に質量 $M=1.67\times10^{-27}$ kg の原子核があり，その周りを静止質量 $m_0=0.911\times10^{-30}$ kg の電子が運動している．原子核から見た電子の運動を解析するときの，電子の換算質量 μ は，静止質量に対して何パーセント増加，または減少するか．

［解］

$$\frac{1}{\mu}=\frac{1}{m_0}+\frac{1}{M},\quad \mu=\frac{M}{M+m_0}m_0\quad \frac{\mu-m_0}{m_0}=\frac{-m_0}{M+m_0}$$

$$\frac{-0.911\times10^{-30}}{1.67\times10^{-27}+0.911\times10^{-30}}\times100=-5.43\times10^{-2}$$

となるので，約 0.054 %減少する．

問題 9.2　図 A.30 のように，m_1, m_2, m_3 の 3 質点が，それぞれ位置，(−3.0, −2.0)，(1.0, 4.0)，(4.0, −1.0) にある（数値の単位は m)．$m_1=7.0$ kg，$m_2=5.0$ kg，$m_3=8.0$ kg である．これについて以下の問いに答えよ．① この系の重心を求めよ．② これらの質点のうち，m_1 が，速度 $v_{1y}=4.0$ m/s で，m_3 が，速度 $v_{3x}=-5.0$ m/s で運動しているとき，重心の速度 $\boldsymbol{V}$ の大きさと向きを求めよ．

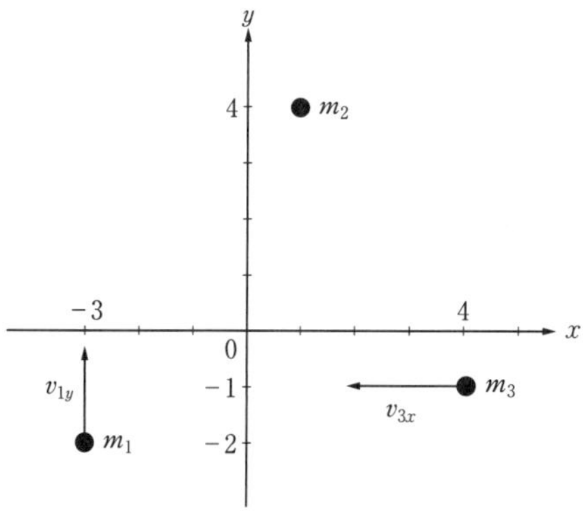

図 A.30

［解］ ①

$$R_x=\frac{-3.0\times7.0+1.0\times5.0+4.0\times8.0}{7.0+5.0+8.0}=0.80$$

$$R_y=\frac{-2.0\times7.0+4.0\times5.0-1.0\times8.0}{7.0+5.0+8.0}=-0.10$$

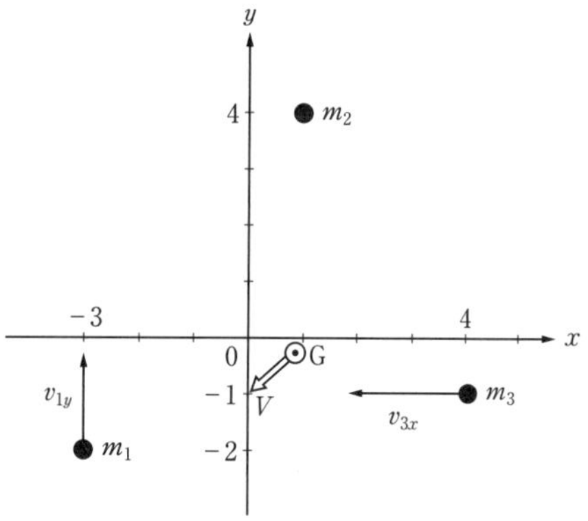

図 A.31

ゆえに重心（G）の位置は，(0.80, −0.10)．

② 重心の速度の成分は，

$$V_x=\frac{\sum_i m_i\cdot\frac{dx_i}{dt}}{\sum_i m_i},\qquad V_y=\frac{\sum_i m_i\cdot\frac{dy_i}{dt}}{\sum_i m_i}$$

$$V_x=\frac{m_3\times v_{3x}}{20}=\frac{8.0\times(-5.0)}{20}=-2.0\ \text{m/s}$$

$$V_y=\frac{m_1\times v_{1y}}{20}=\frac{7.0\times4.0}{20}1.4\ \text{m/s}$$

速度の大きさは，

$$V=\sqrt{(-2.0)^2+1.4^2}=2.4\ \text{m/s}$$

向きは図 A.31 のとおり x 軸から $\theta=\tan^{-1}(V_y/V_x)=-35°$ 傾いた方向となる．

問題 9.3　静かな湖面に，長さ L，質量 M のボートが岸の乗り場から A のところに浮かんでいる．図 A.32 のようにボートの左端に質量 m の少年が乗っていたが，この少年がボートの上を歩いて右端まで移動した．この系の運動には外力が働いていないので，系の重心は一定に保たれるはずである．このことを用いてボートが岸の方向に，どれだけ移動したか（$A-x$ の値）を求めよ．ただし岸の位置を $x=0$ とし，ボートの重心はボートの中央にあるものとする．

［解］ 少年が移動する前のこの系の重心の位置 $X_{前}$

$$X_{前}=\frac{Am+(A+L/2)M}{m+M}=A+\frac{LM}{2(m+M)}$$

少年が移動した後の重心の位置 $X_{後}$ は，

$$X_{後}=\frac{(x+L)m+(x+L/2)M}{m+M}=x+\frac{L(2m+M)}{2(m+M)}$$

$X_{前}=X_{後}$ であるから，$x=A-Lm/(m+M)$ となる．よってボートは岸の方向に，$Lm/(m+M)$ だけ移動したことがわかる．

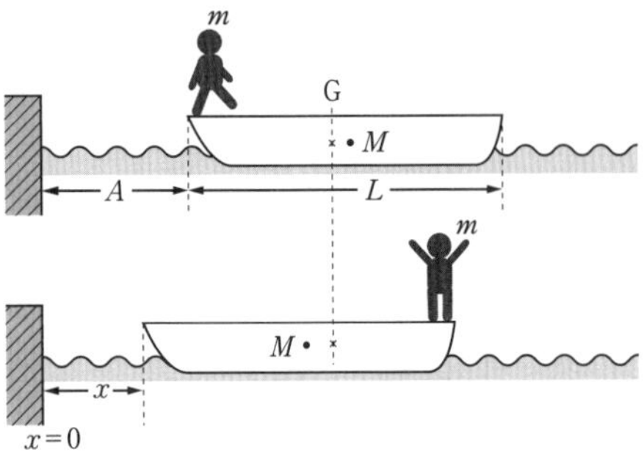

図 A.32

問題 9.4　図 A.33 のような，質量 2.0×10^6 kg のロケットを発射台に垂直に立て，燃料に点火した．ロケットのエンジンからはガス分子を $V=4.0\times10^4$ m/s の速さで噴出させることができる．エンジンの推力でロケットが上昇しはじめるためにはガスの噴出量を何 kg/s にしなければならないか．

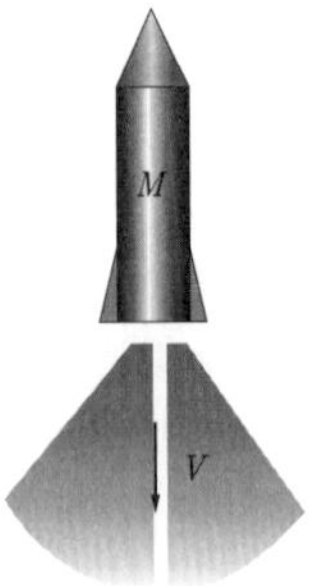

図 A.33

［解］　ガスの噴出直後，Δt 秒間に質量 m のガスの運動量変化は，mV_f-mV_i．ただし，$V_f=4.0\times10^4$ m/s，$V_i=0$ m/s．これが力積となるから，$F\cdot\Delta t=mV_f-0=mV_f$ これよりロケットの推力 F は，$F=(m/\Delta t)V_f$ となり，$m/\Delta t$ が求めるガスの噴出量となる．$F>Mg$ であればロケットは上昇できるから，

$$\frac{m}{\Delta t}=\frac{Mg}{V_f}$$

$$\therefore\quad \frac{m}{\Delta t}=\frac{2.0\times10^6\times9.8}{4.0\times10^4}=4.9\times10^2\ \text{kg/s}$$

この噴出量を超えると，ロケットは上昇を始める．

問題 9.5　静かな湖面に，長さ L，質量 M のボートが浮かんでいる．図 A.34 のようにボートの左端に質量 m の少年が乗っていたが，この少年がボートの上を歩いて右端まで移動した（問題 9.3 参照）．ボートはどの方向にどれだけ移動したか，水に対するボートの速度を V，水に対する少年の速度を v として，運動量保存則を用いて求めよ．

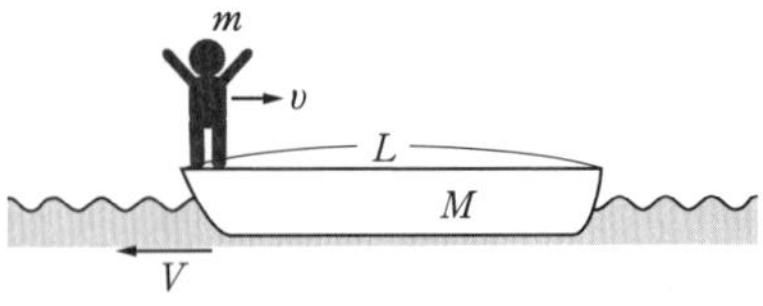

図 A.34

［解］　運動量保存則は，$MV+mv=0$．これより，$v=-MV/m$．ここで，ボートに対する少年の速度が，$v-V$ であるから，少年がボートの左端から右端まで移動するのに要する時間は，$t=L/(v-V)$ となる．この間にボートが移動する距離を x とすると，

$$x=Vt=\frac{LV}{v-V}=\frac{LV}{-(MV/m)-V}=-\frac{Lm}{M+m}$$

ボートは，少年の移動した方向とは逆向きに $Lm/(M+m)$ だけ移動する．この結果は，問題 9.3 の結果と等しい．

問題 9.6　水ロケットの水平到達距離 R が，(9.36) 式となることを確かめよ．

$$R=x_1+v_{x_1}\times\frac{v_{y_1}+\sqrt{{v_{y_1}}^2+2y_1g}}{g}\qquad(9.36)$$

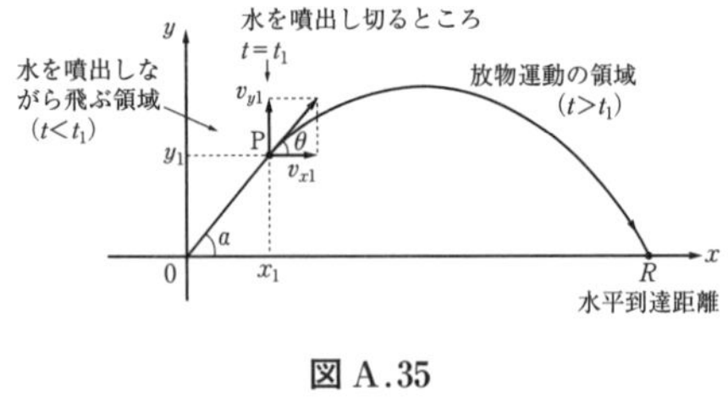

図 A.35

［解］　ロケットの中の水を噴出しきったときの位置を $P(x_1, y_1)$ とする．P から R まで，x 方向は等速度運動であるから，P から R までの所要時間がわかればよい．(5.11)式より，$v\sin\theta=v_{y_1}$ とすると，

$$y=-\frac{1}{2}gt^2+v_{y_1}\cdot t+y_1$$

到達点 R では $y=0$ であるから，このときの時間 t は，$-(1/2)gt^2+v_{y_1}\cdot t+y_1=0$ より，

$$t=\frac{v_{y_1}+\sqrt{{v_{y_1}}^2+2y_1g}}{g}$$

よって，

$$R=x_1+v_{x_1}\times t=x_1+v_{x_1}\times\frac{v_{y_1}+\sqrt{v_{y_1}{}^2+2y_1g}}{g}$$

問題 9.7 水ロケットの水の噴出速度 V は，流体に対するベルヌーイの定理，$(1/2)\rho V^2=P$ より，$V=\sqrt{2P/\rho}$ となる．P はロケットの中に詰める空気の圧力と外気の圧力との差，ρ は水の密度である．また，水の噴出量 c は，水の噴射口の断面積を s とすると，$c=sV\rho$ であるから，$c=s\rho\sqrt{2P/\rho}=s\sqrt{2P\rho}$ となる．いま，ロケット本体の質量 $M=0.20$ kg，発射前の水の量 $(m_0-M)=0.40$ kg，水の噴出口の直径 8.0×10^{-3} m，ロケット内と外気の空気圧差 5 気圧$=5.0\times1.013\times10^5$ Pa，仰角 45° で発射させた場合の，水平到達距離を計算せよ．ただし，ロケット内の空気圧は，水の噴出中変わらないとする．

［解］ 問題より，最初のロケットの全質量 $m_0=0.60$ kg で，水の噴出口の断面積は

$$s=\pi(4.0\times10^{-3})^2=5.03\times10^{-5}\ \mathrm{m^2}$$

水の密度は，10^3 kg/m³ であるから，

水の噴出速度 $$V=\sqrt{\frac{2\times5.0\times1.013\times10^5}{10^3}}=31.8\ \mathrm{m/s}$$

水の噴出量 $$c=5.03\times10^{-5}\sqrt{2\times5.0\times1.013\times10^5\times10^3}=1.60\ \mathrm{kg/s}$$

水を噴出しきるまでの時間 $$t_1=\frac{0.4}{1.6}=0.25\ \mathrm{s}$$

これより，

$$V_x=31.8\times\cos45°=22.5\ \mathrm{m/s}$$
$$V_y=22.5\ \mathrm{m/s}$$

また，(9.32)式から (9.35)式を使って，

$$v_{x_1}=22.5\times\log\frac{0.6}{0.2}=24.7\ \mathrm{m/s}$$

$$v_y=22.5\times\log\frac{0.6}{0.2}-9.8\times0.25=22.3\ \mathrm{m/s}$$

$$x_1=\frac{22.5}{1.60}\left(0.40-0.20\log\frac{0.6}{0.2}\right)=2.53\ \mathrm{m}$$

$$y_1=\frac{22.5}{1.60}\left(0.40-0.20\log\frac{0.6}{0.2}\right)-\frac{9.8}{2}\times0.25^2=2.22\ \mathrm{m}$$

水平到達距離 R は，

$$R=x_1+v_{x_1}\times\frac{v_{y_1}+\sqrt{v_{y_1}{}^2+2y_1g}}{g}$$
$$=2.53\times24.7\times\frac{22.3+\sqrt{22.3^2+2\times2.22\times9.8}}{9.8}$$
$$=117.4\ \mathrm{m}$$

この計算には空気抵抗を考えていないので実際には距離が少し短くなるが，ロケットを作って飛ばして確かめてみると面白い．

問題 10.1 図 A.36 のように，自由に回転できる円板上に，回転している一輪車の車輪の軸を持っている人が立っている．はじめ，車輪は上向きの角運動量ベクトル $\boldsymbol{L}_0$ を持って水平面内で回転しており，人と円板は静止している．この車輪の車軸をその中心のまわりに人が 180° 反転させると，人と円板はどのような運動をするか．

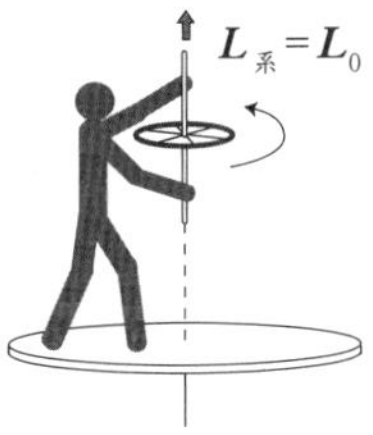

図 A.36

［解］ 系を（人＋円板＋車輪）と考える．系の全角運動量ははじめ $\boldsymbol{L}_0$ である．人が車輪を反転するとき，力のモーメントを加えることになるがこれは系の内力によるもので外力による力のモーメントはまったく存在しない．そのため系の全角運動量は保存される．車輪が反転した後の系の全角運動量は，$\boldsymbol{L}_{系}=\boldsymbol{L}_{人+円板}+\boldsymbol{L}_{車輪}$ だが，車輪は反対向きに回転なので，$\boldsymbol{L}_{車輪}=-\boldsymbol{L}_0$ である．したがって，$\boldsymbol{L}_{系}=\boldsymbol{L}_{人+円板}-\boldsymbol{L}_0=\boldsymbol{L}_0$ となることが要求される．これより $\boldsymbol{L}_{人+円板}=2\boldsymbol{L}_0$ となる（図 A.37）．これは人と円板が，回転する車輪の角運動量の 2 倍の大きさを持ち，上向きの角運動量を得て左回りの回転を始めることを示す．

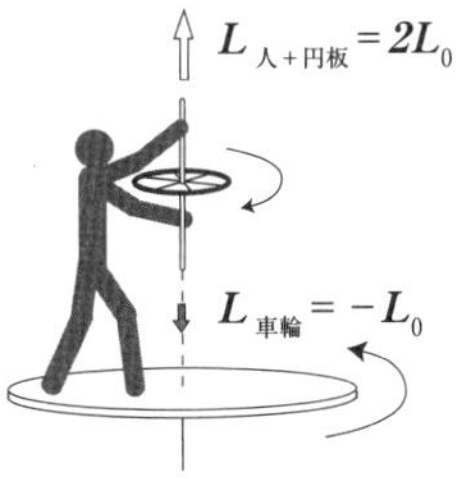

図 A.37

問題 10.2 摩擦のない質量の無視できる固定滑車に伸び縮みしない質量の無視できる糸をかけ，その両端に質量がそれぞれ $m_1, m_2(m_1>m_2)$ の錘りを吊

るし，手で支えておく（アトウッドの器械）．手を放すと錘りが動き出す．このときの錘りの加速度を次の各問にしたがって求めよ．①2つの錘りが吊り下がっていることによる力のモーメントの和を表せ．②錘りが速度 V で動いているときのこの系の角運動量を表せ．③力のモーメントがこの系の角運動量の時間変化を引き起こすということから，錘りの加速度を求めよ．④このアトウッドの器械の問題を m_1，m_2 についての運動方程式を立てることによって解き，③の結果と同じになることを確かめよ．

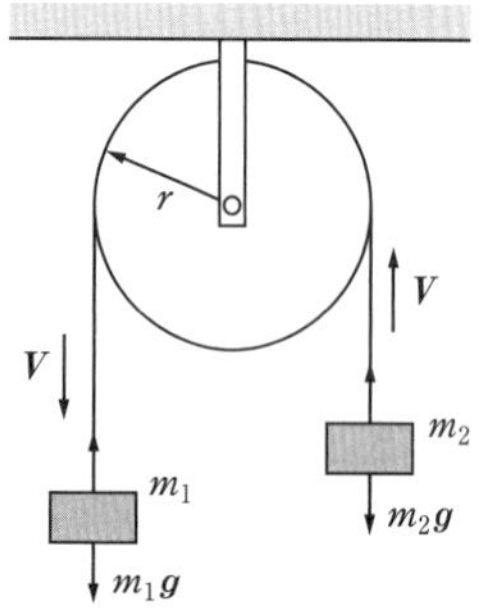

図 A.38

［解］ ① 錘りに働く重力 m_1g は，反時計回りの力のモーメント $N_1=rm_1g$，m_2g は，時計回りの力のモーメント $N_2=-rm_2g$ を与える．ゆえに

$$N=N_1+N_2=rg(m_1-m_2)$$

② 2つの錘りはともに，反時計回りの（正の）角運動量を与える．ゆえに

$$L=rm_1V+rm_2V=rV(m_1+m_2)$$

③ $N=dL/dt$ であるから，①，②より，

$$rg(m_1-m_2)=r(m_1+m_2)\frac{dV}{dt}$$

$$\therefore\quad \text{重りの加速度}\ A=\frac{dV}{dt}=\frac{m_1-m_2}{m_1+m_2}g$$

④ 運動方程式は，m_1 について，$m_1A=m_1g-S$，m_2 について，$m_2A=S-m_2g$（図 A.39）．この2式から，$(m_1+m_2)A=(m_1-m_2)g$，これより，

$$A=\frac{m_1-m_2}{m_1+m_2}g$$

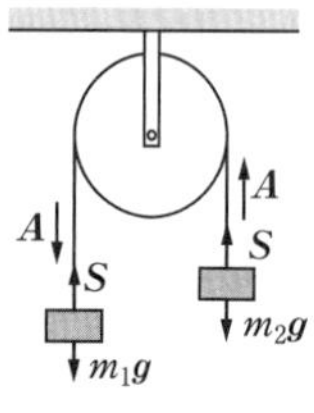

図 A.39

となり，③の結果と等しくなる．

問題 11.1　質点系の総合復習問題　図 A.40 のように質量がそれぞれ m，$2m$，$2m$ の3個の質点 A，B，C が一直線上に並んでおり，B，C はバネ定数 k，長さ L のバネでつながれていて，静止している．ここに，A が左から速さ v_0 で B に衝突した．この，A，B の衝突は，弾性衝突である．

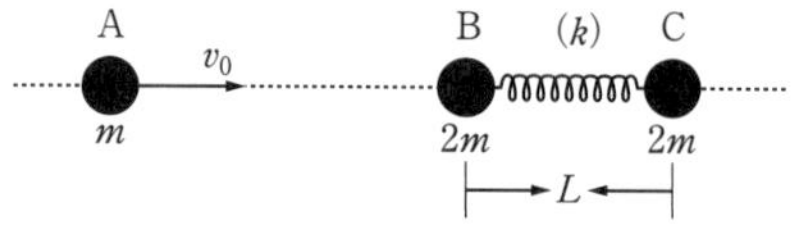

図 A.40

①A，B の衝突直後の，A の速さ v_0'，および B の速さ v を求めよ．また，A，B の衝突から t 秒たったとき，②B と C の重心の速さ V を求めよ．③B と C の重心の位置 X を表せ．④B と C の相対距離 $x=x_c-x_b$ を表せ．⑤衝突前の A と，衝突後の「A と（B と C の重心）」の運動エネルギーの差 K_d を m，v_0 で表せ．⑥B と C の全運動エネルギーを，重心の運動エネルギーと B，C の相対運動の運動エネルギーの和として，$M(=4\,\mathrm{m})$，$\dot{X}$，$\dot{x}$ および B と C の換算質量 μ を用いて表せ．⑦B，C の相対距離が x のとき（④参照），バネは $x-L$ だけ伸びている．このときのバネのポテンシャルエネルギー U と，B，C の相対運動の運動エネルギー K（⑥参照）の和，$U+K$ を m，v_0 を用いて表し，この結果が⑤の結果 K_d と等しくなることを確認せよ．⑧この系での運動エネルギー，ばねの運動の全エネルギーを考慮することにより，衝突前後で全エネルギーが保存されていることを示せ．

［解］ ① 衝突の前後で，運動量，及びエネルギーが保存される．

$$mv_0+0=mv_0'+2mv \qquad (A.26)$$

$$\frac{1}{2}mv_0^2=\frac{1}{2}mv_0'^2+\frac{1}{2}2mv^2 \qquad (A.27)$$

(A.26)式，(A.27)式を連立させて，v_0'，v を求めると，

$$v_0'=\frac{m-2m}{m+2m}v_0=-\frac{1}{3}v_0,\qquad v=\frac{2m}{m+2m}v_0=\frac{2}{3}v_0$$

② B，C の重心には，質量 $4m$ が集まっていると考えられる．A と，(B+C) の重心との間には，衝突の前後で運動量が保存されるから，$mv_0+0=mv_0'+4mV$ より，

$$V=\frac{m(v_0-v_0')}{4m}$$

①より，$v_0'=-(1/3)v_0$ を代入すると，$V=(1/3)v_0$.

③ $X=(1/3)v_0t+X_0$．ただし X_0 は $t=0$（衝突の瞬間）のときの重心の位置．

④ B，C はバネでつながれているので振動運動をする．この運動を B からみた C の運動（二体問題）に見直すと，C の運動は単振動に見える．ただし振動する C の質量を換算質量 μ に置き換えなければならない．

B，C 間の距離は，$x=L-D\sin\omega t$ と表される．D は，C の単振動の振幅である．また，振動の角振動数は，$\omega=\sqrt{k/\mu}$，換算質量は，$1/u=1/2m+1/2m$ より，$\mu=m$．振幅 D は，エネルギー保存則より，

$$\frac{1}{2}\mu v^2+0=0+\frac{1}{2}kD^2,\qquad D=v\sqrt{\frac{\mu}{k}}=\frac{2}{3}v_0\sqrt{\frac{m}{k}}$$

$$\therefore\quad x=L-\frac{2}{3}v_0\sqrt{\frac{m}{k}}\sin\sqrt{\frac{k}{m}}\cdot t$$

⑤ 衝突前の A の運動エネルギー

$$\frac{1}{2}mv_0^2 \qquad (\text{A}.28)$$

衝突後の，A と B，C の重心の運動エネルギー

$$\frac{1}{2}mv_0'^2+\frac{1}{2}4mV^2 \qquad (\text{A}.29)$$

$$K_{\text{d}}=(\text{A}.29)-(\text{A}.28)=\frac{1}{2}m(v_0'^2-v_0^2)+2mV^2$$

$$=-\frac{2}{9}mv_0^2$$

衝突後，エネルギーは減少している．

⑥ B+C の全運動エネルギー

$$\frac{1}{2}(4m)\dot{X}^2+\frac{1}{2}\mu\dot{x}^2$$

⑦ $$U=\frac{1}{2}k(x-L)^2=\frac{1}{2}kD^2\sin^2\omega t$$

$$K=\frac{1}{2}\mu\dot{x}^2=\frac{1}{2}\mu\omega^2D^2\cos^2\omega t$$

ここで，$\mu\omega^2=k$ であるから，

$$K=\frac{1}{2}kD^2\cos^2\omega t$$

$$U+K=\frac{1}{2}kD^2=\frac{1}{2}k\left(\frac{2}{3}v_0\sqrt{\frac{m}{k}}\right)^2=\frac{2}{9}mv_0^2$$

これは⑤で求めた，衝突によって減少したと思われるエネルギーの大きさに等しい．

⑧ B，C を 1 つの塊として，その重心と A との衝突と考えると，エネルギーは保存されず，衝突後のエネルギーは衝突前に比べて減少する（⑤参照）．しかし，この減少したエネルギーはバネでつながれた B と C の振動運動の全エネルギーにちょうど等しい（⑦参照）．すなわち，この系の衝突では，衝突前の A の運動エネルギーは衝突後，A と（B と C の重心）の運動エネルギーおよびバネでつながれた B と C の振動運動の全エネルギーに変わり，これらの全エネルギーは保存されている．

問題 12.1 なぜ回転の自由度が 3 であるかを考えてみよ．

［**解**］ まず剛体の位置を決めるためには 3 個の変数（x，y，z）が必要である．剛体内の一点が決定されても，その点のまわりに回転する自由度が残っている．そこでその点を通る，回転の回転軸を剛体内に考える．この回転軸の方向は，2 個の変数で決定される．たとえば軸の方位角と，軸が z 軸とつくる角（極座標での ϕ と θ）を用いればよい．これで回転軸の方向が決まるが，その回転軸のまわりに剛体をまわしたときの位置を表すためにさらにもう 1 つの変数（例えば回転角）が必要であり，結局剛体の位置を指定するために全部で 6 個の変数が必要となる．これを「剛体の自由度は 6 である」という．したがって剛体の回転の自由度は 3 となる．

問題 12.2 図 A.41 のような全質量 M で面密度 σ が一様な，半径 a の半円形の板の重心を求めよ．

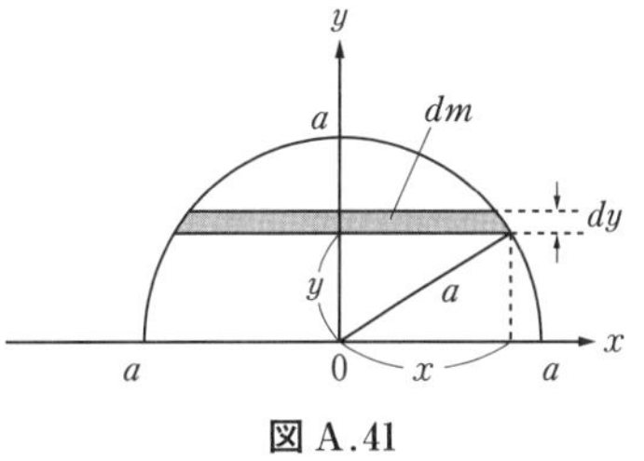

図 A.41

［**解**］ 板の対称性より重心は図の y 軸上のどこかにあるはずである．

$$R_y=\frac{\int y\cdot dm}{M}=\frac{1}{M}\int_0^a y\cdot 2x\rho\cdot dy$$

ここで $x=\sqrt{a^2-y^2}$ であるから

$$R_y=\frac{\rho}{M}\int_0^a 2y\sqrt{a^2-y^2}\cdot dy$$

$a^2-y^2=t$ とおく．$-2ydy=dt$ となるから，

$$R_y=-\frac{\rho}{M}\int_{a^2}^0\sqrt{t}\,dt=\frac{\rho}{M}\frac{2}{3}a^3$$

$M=(1/2)\pi a^2\rho$ を代入すると，$R_y=4a/3\pi$．ゆえに

$$(R_x, R_y)=\left(0, \frac{4a}{3\pi}\right)$$

問題 12.3　図 A.42 のような全質量 M で密度 ρ が一様な，半径 a の半球の重心を求めよ．

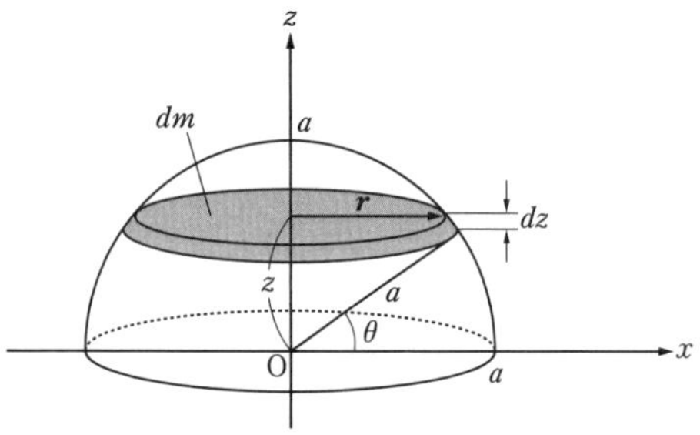

図 A.42

［解］　半球の対称性より重心は図の z 軸上のどこかにある．

$$R_z=\frac{1}{M}\int_0^a z\cdot dm$$

$dm=\pi r^2\rho dz=\pi\rho(a^2-z^2)dz$，$M=(2/3)\pi a^3\rho$ を代入すると，

$$R_z=\frac{\pi\rho}{(2/3)\pi a^3\rho}\int_0^a z(a^2-z^2)dz$$
$$=\frac{3}{2a^3}\int_0^a(a^2z-z^3)dz$$
$$=\frac{3}{2a^3}\left[\frac{a^2}{2}z^2-\frac{1}{4}z^4\right]_0^a=\frac{3a^4}{8a^3}=\frac{3}{8}a$$
$$\therefore\quad (R_x, R_y, R_z)=\left(0, 0, \frac{3}{8}a\right)$$

問題 12.4　図 A.40 のような $2L$ と $3L$ を 2 辺とする線密度が一様な質量 M の直角定規がある．点 A にひもを通して吊るしたときの角 θ を求めよ．

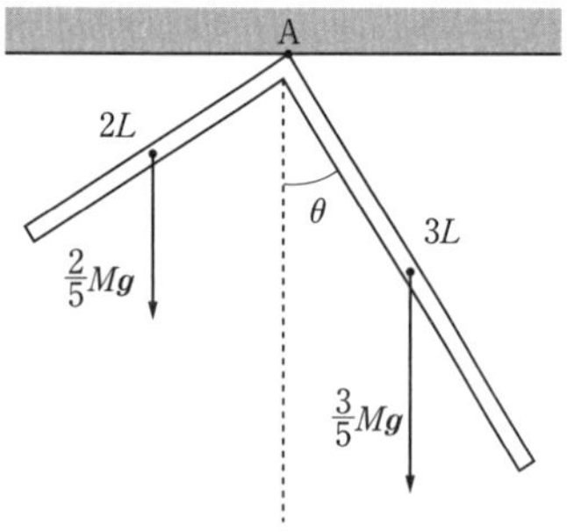

図 A.43

［解］　長さ $2L$ の部分と $3L$ の部分の力のモーメントがバランスしているときの θ を求めればよい．

$$L\sin\left(\frac{\pi}{2}-\theta\right)\cdot\frac{2}{5}Mg-\frac{3}{2}L\sin\theta\cdot\frac{3}{5}Mg=0$$

これより，

$$\tan\theta=\frac{4}{9},\qquad \theta=\tan^{-1}\frac{4}{9}=24^\circ$$

問題 12.5　図 A.44 のように壁に質量 M のはしごが床との角度 θ で立てかけてある．① はしごと床，およびはしごと壁との間の静止摩擦係数を，それぞれ μ_A，μ_B とするとき，はしごが滑り落ちないための最小角度 θ_c を求めよ．② 前問のはしごに，はしごと同じ質量 M の人が点 A から登り始めた．この人がある長さまで登るとはしごが滑り出してしまった．はしごの角度を θ_0 とするとこの人はどこまで登ることができたか．$\mu_A=0.3$，$\mu_B=0.2$，$\theta_0=60^\circ$ とした場合，この人が登ることができる長さを計算せよ．

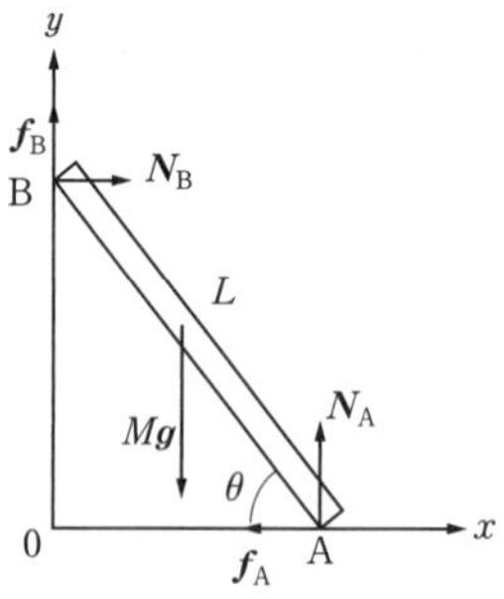

図 A.44

［解］　① 力の釣合い

水平方向　$N_B-f_A=0$　　(A.30)

鉛直方向　$N_A+f_B-Mg=0$　　(A.31)

点 A のまわりの力のモーメントの和が＞0 となったとき，はしごは反時計回りに滑る．その限界の角度を θ_c とすると，θ_c においては，

$$\frac{L}{2}\cos\theta_c Mg-L\cos\theta_c f_B-L\sin\theta_c N_B=0$$
$$\left(\frac{L}{2}Mg-Lf_B\right)\cos\theta_c=LN_B\sin\theta_C$$

これより，$\tan\theta_0=(Mg-2f_B)/2N_B$．ここで，$f_A=\mu_A N_A$，$f_B=\mu_B N_B$ であることと (A.30)，(A.31)式を使うと，

$$\tan\theta_0=\frac{Mg-2f_B}{2N_B}=\frac{N_A-f_B}{2f_A}=\frac{1-\mu_A\mu_B}{2\mu_A}$$
$$\therefore\ \tan\theta_0=\frac{1-\mu_A\mu_B}{2\mu_A}$$

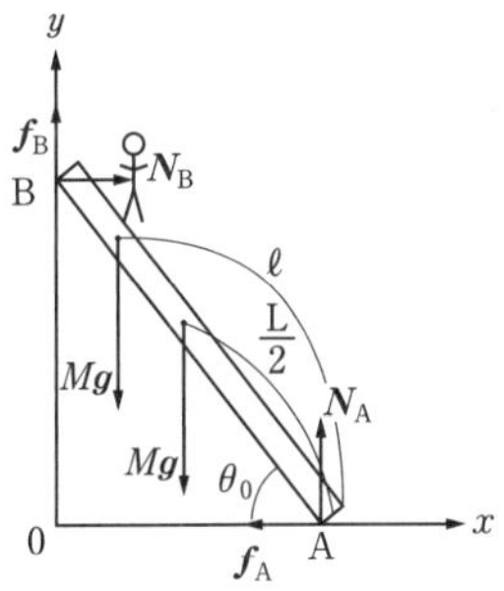

図 A.45

この答えは，力のモーメントの中心を，点 O にとっても点 B にとっても同じになるので，確かめてみよう．

② 質量 M の人が，はしごを点 A から ℓ だけ登ったとする．

力の釣合い　水平方向　$N_B-f_A=0$　(A.32)

　　　　　　鉛直方向　$N_A+f_B-2Mg=0$　(A.33)

A 点のまわりの力のモーメントが正になるとはしごは滑ってしまう．はしごが滑らない限界の ℓ を求めよう．このとき，力のモーメントの釣合いは，

$$\left(\frac{L}{2}\cos\theta_0+\ell\cos\theta_0\right)\cdot Mg-L\cos\theta_0\cdot f_B$$
$$-L\sin\theta_0\cdot N_B=0$$

これを整理すると，

$$(L+2\ell)Mg-2Lf_{\mathrm{B}}=2LN_{\mathrm{B}}\tan\theta_0$$

これより，

$$\ell=\left(\frac{N_{\mathrm{B}}\tan\theta_0+f_{\mathrm{B}}}{Mg}-\frac{1}{2}\right)\times L \qquad \text{(A.34)}$$

(A.32)，(A.33)式および，$f_{\mathrm{A}}=\mu_{\mathrm{A}}N_{\mathrm{A}}$，$f_{\mathrm{B}}=\mu_{\mathrm{B}}N_{\mathrm{B}}$ の関係を (A.34)式に適用すると，

$$\ell=\left(\frac{2\mu_{\mathrm{A}}(\tan\theta_0+\mu_{\mathrm{B}})}{\mu_A\mu_B+1}-\frac{1}{2}\right)\times L$$

$\mu_{\mathrm{A}}=0.3$, $\mu_{\mathrm{B}}=0.2$, $\theta_0=60°(\tan\theta_0=\sqrt{3})$ を代入すると，

$$\ell=\left(\frac{0.6(\sqrt{3}+0.2)}{0.06+1}-\frac{1}{2}\right)\times L,\qquad \ell=0.594L$$

この人は点 A からはしごの 3/5 のところまで登ることができる．

問題 13.1 図 A.46 のように，質量 M と m の錘りを長さ L の軽い棒の両端につける．棒に垂直な軸のまわりの慣性モーメントは，x がどの値のときに最小となるか．

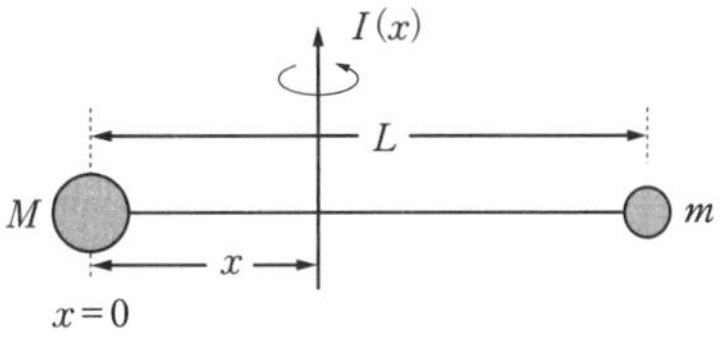

図 A.46

［解］ 図の軸のまわりの慣性モーメントは，

$$I(x)=x^2M+(L-x)^2m,\qquad \frac{dI(x)}{dx}=0$$

となる x の位置で慣性モーメントが最小となる．

$$\frac{dI(x)}{dx}=2xM-2Lm+2xm=0$$

$x(M+m)=Lm$ より，

$$x=\frac{m}{M+m}L$$

この位置 x は，系の重心の位置となっている．

問題 13.2 図 A.47 のような幅 a，および b，厚み c，質量 M の一様の板の，重心を通り板に垂直な軸のまわりの慣性モーメントを求めよ．

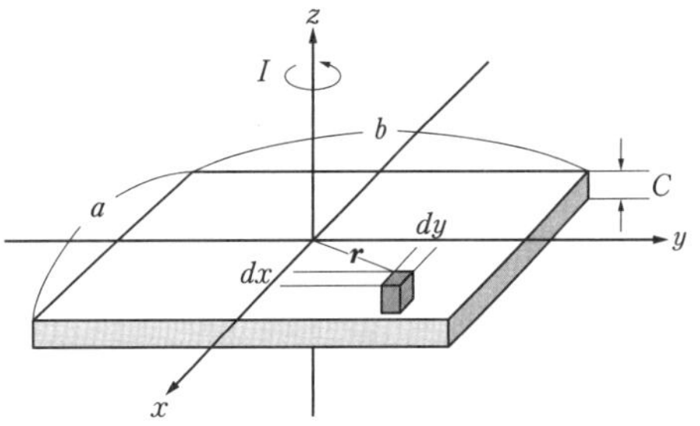

図 A.47

［解］ $I=\int r^2\cdot dm$，$dm=\rho dxdyc$，$r^2=x^2+y^2$ であるから，

$$I=\rho c\int_{-a/2}^{a/2}\left[\int_{-b/2}^{b/2}(x^2+y^2)dy\right]dx$$

このような 2 重積分は，[ ] の中を先に積分する．

$$I=\rho c\int_{-a/2}^{a/2}\left(\frac{1}{12}b^3+x^2b\right)dx=\rho c\left(\frac{1}{12}b^3a+\frac{1}{12}a^3b\right)$$
$$=abc\rho\left(\frac{b^2}{12}+\frac{a^2}{12}\right)$$

$abc\rho=M$ であるから，

$$I=\frac{M}{12}(a^2+b^2)$$

問題 13.3 図 A.48 のような密度が一様な半径 a，高さ L，質量 M の直円柱の，中心軸（z 軸）のまわりの慣性モーメントを求めよ．

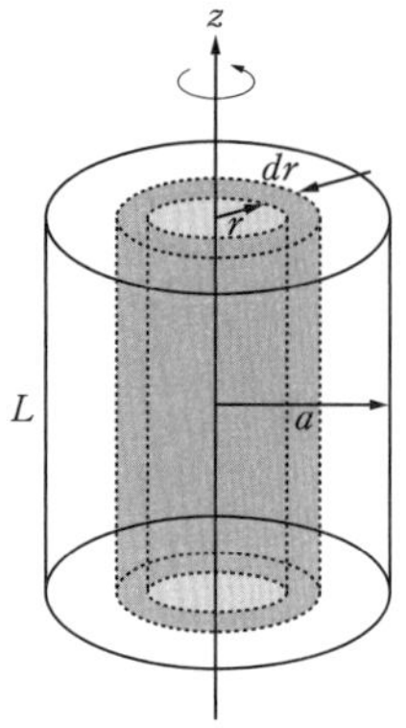

図 A.48

［解］ 図の厚み dr の円筒の，z 軸に対する慣性モーメント dI は，

$$dI=r^2dm=r^2(2\pi\, rdrL\rho)$$

これを直円柱全体について積分する．

$$I=\int_0^a dI=\int_0^a 2\pi\, L\rho r^3dr=\frac{1}{2}\pi\, L\rho a^4$$

$\rho=M/(\pi\, a^2L)$ を代入すると，$I=(1/2)Ma^2$．

問題 13.4 ① 図 A.49 のような，質量 M，底面の半径 a，高さ h の一様な円錐体の重心を通る z 軸のまわりの慣性モーメント I_z を求めよ．② 次に回転軸を，頂点 O を通り z 軸と垂直に交わるようにとったときの慣性モーメント I_0 を求めよ．

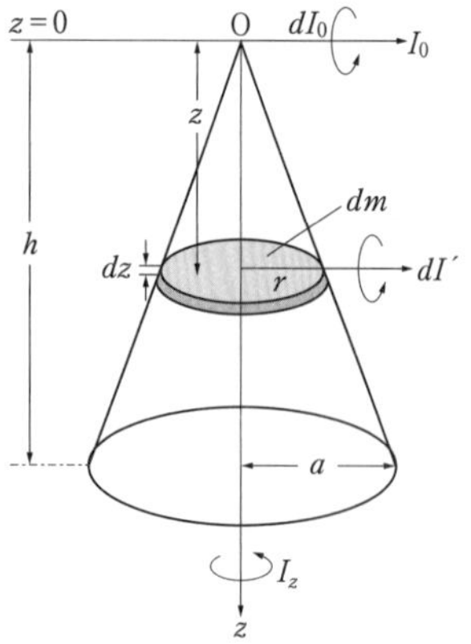

図 A.49

［解］ ① 図中の質量 dm の薄い円板の半径を r とし，その慣性モーメントを dI_z とする．

$$dI_z=\frac{1}{2}r^2dm,\qquad dm=\pi r^2dz\rho,\qquad \frac{r}{z}=\frac{a}{h}$$

より，$r=(a/h)z$．よって，

$$dI_z=\frac{1}{2}\pi\rho\left(\frac{a}{h}\right)^4z^4dz \tag{A.35}$$

$$I_z=\int dI_z=\int_0^h\frac{1}{2}\pi\rho\left(\frac{a}{h}\right)^4z^4dz$$

$$=\frac{1}{2}\pi\rho\left(\frac{a}{h}\right)^4\left[\frac{z^5}{5}\right]_0^h=\frac{\pi a^4h\rho}{10}$$

ここで，$M=(1/3)\pi a^2h\rho$ より，$\rho=3M/(\pi a^2h)$ であるから，これを代入すると，

$$I_z=\frac{\pi a^4h}{10}\cdot\frac{3M}{\pi a^2h}=\frac{3}{10}Ma^2$$

② (A.35)式で，半径 r，厚み dz の薄い円板の z 軸のまわりの微小慣性モーメントを求めた．この薄い円板を z 軸に垂直な $z=0$ の軸の周りを回転させよう．この薄い円板の回転軸を図のように円板内の直径方向にとると，垂直軸の定理より

$$dI'=\frac{1}{2}dI=\frac{1}{4}\pi\rho\left(\frac{a}{h}\right)^4z^4dz$$

さらに，平行軸の定理によって回転軸を $z=0$ に移す．このときの円板の慣性モーメント dI_0 は，

$$dI_0=dI'+z^2dm=\pi\rho\left(\frac{a}{h}\right)^2\left\{\frac{1}{4}\left(\frac{a}{h}\right)^2+1\right\}z^4dz$$

$$I_0=\int_0^h dI_0=\pi\rho\left(\frac{a}{h}\right)^2\left\{\frac{1}{4}\left(\frac{a}{h}\right)^2+1\right\}\int_0^h z^4dz$$

$$=\pi\rho\left(\frac{a}{h}\right)^2\left\{\frac{1}{4}\left(\frac{a}{h}\right)^2+1\right\}\frac{h^5}{5}$$

$$I=\frac{3M}{5}\left\{\left(\frac{a}{2h}\right)^2+1\right\}h^2$$

問題 14.1 図 A.50 のように，長さ L の質量が無視できる細い針金の先に，質量 M，半径 a の一様な球がついた剛体振子がある．この振り子の周期を求めよ（これをボルダの振り子という）．

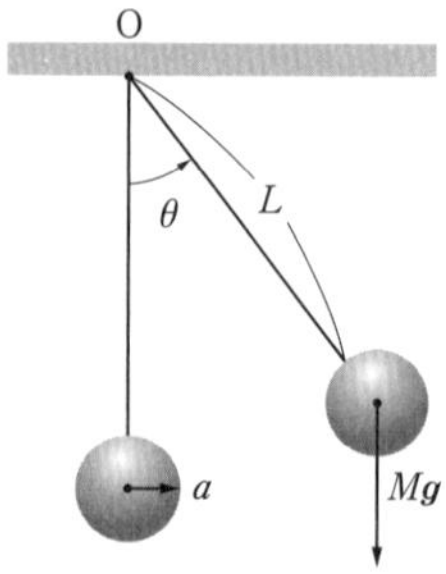

図 A.50

［解］ 長さ L の針金の質量が無視できる場合は，この振り子の重心は，錘りの球の中心に一致する．回転中心 O から重心までの距離 h は，

$$h=L+a \qquad (A.36)$$

振り子の点Oのまわりの慣性モーメントは，球の中心を通る軸のまわりの慣性モーメントが $(2/5)Ma^2$ であることを用いて，

$$I=\frac{2}{5}Ma^2+M(L+a)^2 \qquad (A.37)$$

点Oのまわりの微小振動の周期は，$T=2\pi\sqrt{I/hMg}$ であるので，(A.36)，(A.37)式を代入すると，

$$T=2\pi\sqrt{\frac{2a^2+5(L+a)^2}{(L+a)g}}$$

となる．振動の周期は，錘の質量に関係なく，錘の半径と針金の長さ，重力加速度の大きさによって決まる．

問題 14.2　図 A.51 のような，半径 a の薄い円板に半径 $a/2$ の円形の穴があいている板がある，この板の質量を M とする．図の点Aを回転中心として微小振動させたときの振動の周期を求めよ．

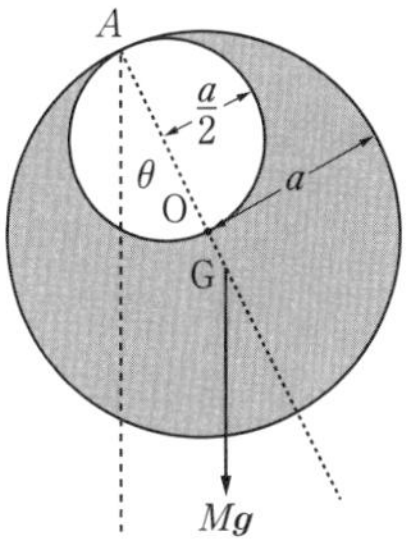

図 A.51

［解］　はじめにこの穴の開いた円板の重心（G）を求める．円板の対称性より，重心は図 A.52 の y 軸上にある．円板の中心を $y=0$ とおくと，

$$R_y=\frac{\pi a^2\rho\times 0-\pi(a/2)^2\rho\times(a/2)}{(3/4)\pi a^2\rho}=-\frac{1}{6}a$$

ここで分母はこの円板の質量 M で，

$$M=\left\{\pi a^2-\pi\left(\frac{a}{2}\right)^2\right\}\rho=\frac{3}{4}\pi a^2\rho \qquad (A.38)$$

よって振動の支点Aと重心Gの間の距離は

$$AG=h=a+\frac{1}{6}a=\frac{7}{6}a \qquad (A.39)$$

次に，この板の点Aを通る軸のまわりの慣性モーメントを求める．まず，半径 a の円板の点Aを通る軸のまわりの慣性モーメント I'，半径 $a/2$ の円板部分の慣性モーメント I'' をそれぞれ求めよう．半径 a の円板の中心を通る軸のまわりの慣性モーメントは $(1/2)(\pi a^2\rho)a^2$ であるから，これに平行軸の定理を用いて，

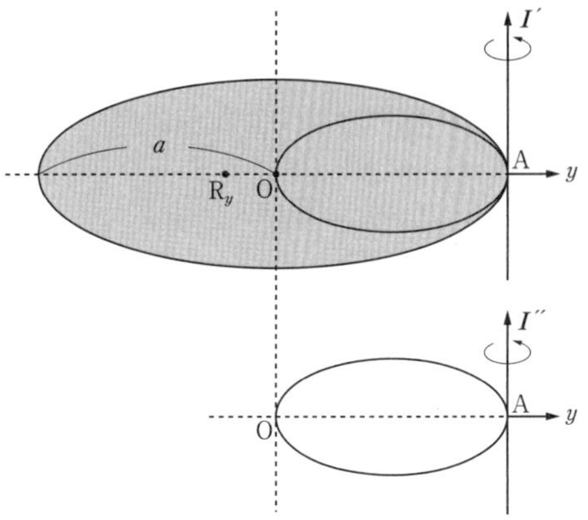

図 A.52

$$I'=\frac{1}{2}(\pi a^2\rho)a^2+a^2(\pi a^2\rho)=\frac{3}{2}(\pi a^2\rho)a^2$$

同様にして，

$$I''=\frac{3}{2}\left\{\pi\left(\frac{a}{2}\right)^2\rho\right\}\times\left(\frac{a}{2}\right)^2$$

この I'' は穴として抜いた部分の慣性モーメントと考えると，問題の板の慣性モーメント I は，(A.38)式も用いると，

$$I=I'-I''=\frac{3}{2}(\pi a^2\rho)a^2\left(1-\frac{1}{16}\right)=\frac{15}{8}Ma^2 \qquad (A.40)$$

この板を微小振動させたときの周期は $T=2\pi\sqrt{I/hMg}$．これに（A.39)，(A.40)式を代入すると，$T=2\pi\sqrt{45a/28g}$ となる．

問題 14.3　図 A.53 のように，質量 M, 半径 a，慣性モーメント I の固定滑車に伸び縮みしない質量の無視できる糸をかけ，その両端に質量がそれぞれ

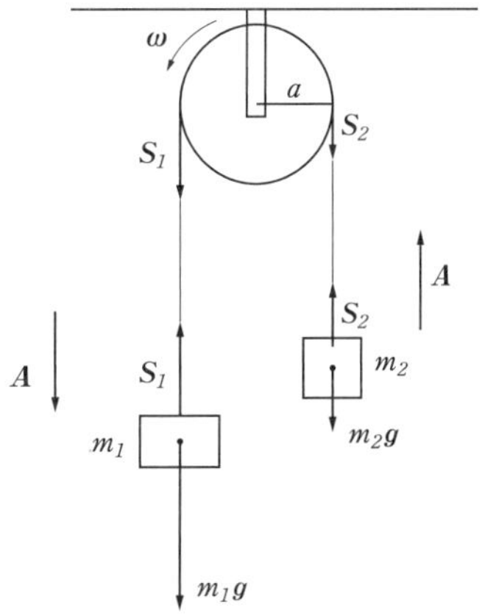

図 A.53

$m_1, m_2, (m_1>m_2)$ の錘りを吊るし，手で支えておく．手を放すと錘りが動き出す．このときの錘りの加速度 $\boldsymbol{A}$ の大きさと糸の張力 $\boldsymbol{S}_1$，$\boldsymbol{S}_2$ の大きさを求めよ．

［解］ 錘りと滑車の運動方程式は，$A=a(d\omega/dt)$ であることを使うと，

$$m_1A=m_1g-S_1 \quad (A.41)$$

$$m_2A=S_2-m_2g \quad (A.42)$$

$$I\frac{d\omega}{dt}=I\frac{A}{a}=S_1a-S_2a \quad (A.43)$$

(A.41)式，(A.42)式から，$S_1=m_1(g-A)$，$S_2=m_2(A+g)$ であるので，これらを (A.43)式に代入する．

$$A=\frac{(m_1-m_2)g}{m_1+m_2+I/a^2}$$

糸の張力は，求められた加速度 A を代入して，

$$S_1=\frac{2m_2+I/a^2}{m_1+m_2+I/a^2}m_1g, \quad S_2=\frac{2m_1+I/a^2}{m_1+m_2+I/a^2}m_2g$$

ここで滑車を円板とすると，$I=(M/2)a^2$ であるから，$I/a^2=M/2$．ゆえに

$$A=\frac{2(m_1-m_2)g}{2(m_1+m_2)+M}$$

$$S_1=\frac{4m_2+M}{2(m_1+m_2)+M}m_1g, \quad S_2=\frac{4m_1+M}{2(m_1+m_2)+M}m_2g$$

となる．

問題 14.4 問題 14.3 の装置で錘りから手を放したのち，m_1 の錘りが h だけ落下したときの錘りの速さ V を，エネルギー保存則から求めよ．

［解］ 手を放した瞬間の状態に比べ，系の運動エネルギーの変化 ΔK は，

$$\Delta K=\frac{1}{2}m_1V^2+\frac{1}{2}m_2V^2+\frac{1}{2}I\omega^2=\frac{1}{2}\left(m_1+m_2+\frac{I}{a^2}\right)V^2$$

系の重力による位置エネルギーの変化 ΔU は，

$$\Delta U=-m_1gh+m_2gh$$

力学的エネルギー保存則より，$\Delta K+\Delta U=0$ であるから，

$$\frac{1}{2}\left(m_1+m_2+\frac{I}{a^2}\right)V^2-(m_1gh-m_2gh)=0$$

$$\therefore \quad V=\left[\frac{2(m_1-m_2)gh}{m_1+m_2+I/a^2}\right]^{1/2}$$

滑車を円板とすれば，$I=(1/2)Ma^2$ とできるので，

$$V=\left[\frac{2(m_1-m_2)gh}{m_1+m_2+M/2}\right]^{1/2}$$

となる．

問題 14.5 図 A.54 のように，半径 a，質量 M の球を床に静止させ，高さ $h(h<2a)$ の位置で水平方向に力 F で突く．球が床を滑らずに転がすためには，h を $(7/5)a$ にすればよいことを示せ．

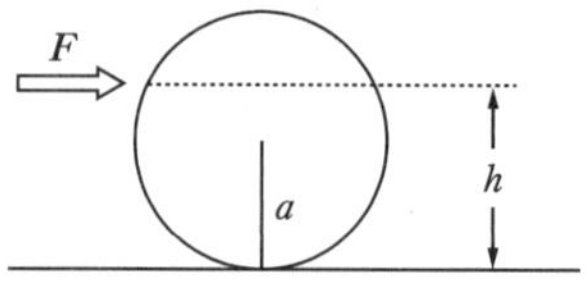

図 A.54

［解］ 球の，回転運動に対する運動方程式は

$$I\frac{d\omega}{dt}=(h-a)\cdot F \quad (A.44)$$

重心の並進運動に対する運動方程式は

$$M\frac{dV}{dt}=F \quad (A.45)$$

球が滑らずに転がる条件は，$V=a\omega$，$dV/dt=a(d\omega/dt)$ である．この関係を，(A.44)，(A.45)式に代入すると，$I(d\omega/dt)=(h-a)Ma(d\omega/dt)$ となる．ここに，球の慣性モーメントとして，$I=(2/5)Ma^2$ を代入すると，$(2/5)a=(h-a)$．これより，$h=(7/5)a$ となる．

問題 14.6 図 A.55 のように，一端（点 O）のまわりに自由に回転できる質量 M，長さ ℓ の一様な細い棒がある．水平に速度 V で飛んできた質量 m の粘土玉が静止していた棒に，点 O から距離 x のところにくっついた．① 粘土玉がくっついた瞬間から棒は点 O のまわりをまわりだす．このときの角速度 ω を求めよ．② 衝突の前後で運動量が保存される場合がある．そのときの x を求めよ．

［解］ ① この系の運動には，外力が働いていないので，角運動量が保存される．

速度 V で飛んでくる粘土玉の，点 O のまわりの

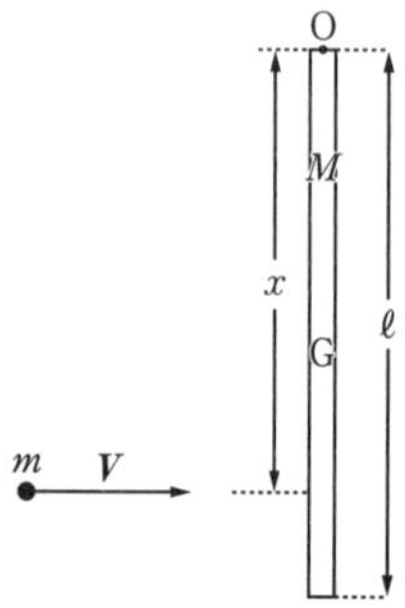

図 A.55

角運動量は $L=xmV$ 粘土玉が棒にくっついたあとの系の角運動量は $L=I\omega$ であり，この両者が等しくなるはずである．ただし慣性モーメント I は，点Oを通る軸のまわりに対して，$I=(1/3)M\ell^2+mx^2$ であるから，

$$\therefore\ xmV=\left(\frac{1}{3}M\ell^2+mx^2\right)\times\omega$$

これより，

$$\omega=\frac{3xmV}{M\ell^2+3mx^2}$$

② この系の衝突前の運動量は，mV である．粘土玉が棒にくっついた瞬間，系の重心が図のように G′ に移る．OG′ の長さを h' としよう．重心 G′ には，全質量 $M+m$ が集まっていると考えられ，衝突直後の重心の速度は，$V'=h'\omega$ となる．

$$mV=(M+m)V' \tag{A.46}$$

の関係があれば運動量は保存されることになる．

$$h'=\frac{(\ell/2)M+xm}{M+m}$$

であるから，

$$V'=\frac{\ell M+2xm}{2(M+m)}\times\frac{3xmV}{M\ell^2+3mx^2}$$

これを（A.46)式に入れると，

$$mV=\frac{(M+m)\cdot(\ell M+2xm)}{2(M+m)}\times\frac{3xmV}{M\ell^2+3mx^2}$$

$$\therefore\ x=\frac{2}{3}\ell$$

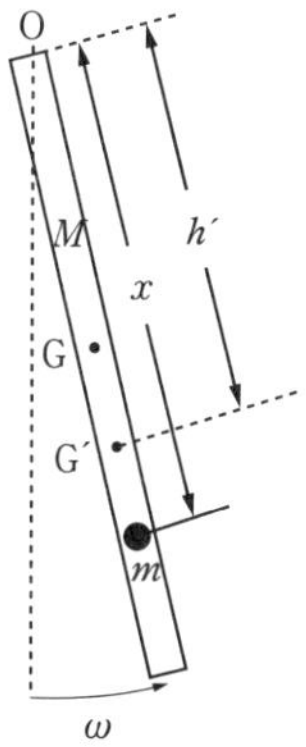

図 A.56

問題 14.7　図 A.57 のような長さ ℓ，質量 M の一様な棒について，以下の問いに答えよ．① 棒の一端 O を持つとき，撃力を受けても手に衝撃を受けないのは，どの点に撃力を受けたときか．② ①で，撃力を受けた点を P とすると，OP 間の長さは，点 P または点 O を支点とする剛体振子の「相当単振り子の長さ」((14.4)式)）と同じであることを確認せよ．

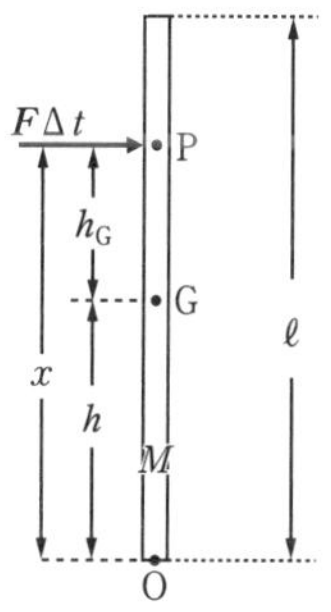

図 A.57

［解］ ① 例題の解（14.8)式を利用しよう．例題に習って，OG$=h$，GP$=h_G$ とおく．求める長さ $OP=x$ とすると，$h_G=x-h$ と表される．(14.8)式より，$h=I_G/Mh_G$，$h=\ell/2$，$I_G=(1/12)M\ell^2$ であるから，

$$\frac{\ell}{2}=\frac{I_G}{M\times(x-\ell/2)}=\frac{M\ell^2}{12M\times(x-\ell/2)}$$

これより，$x=(2/3)\ell$ となる．

② 再び（14.8)式より，$h=I_G/Mh_G$，また，$h_G=I_G/Mh$ であるから，

$$x=h+h_G=\frac{I_G}{Mh_G}+h_G=\frac{I_G+Mh_G{}^2}{Mh_G} \tag{A.47}$$

または，

$$x=h_G+h=\frac{I_G}{Mh}+h=\frac{I_G+Mh^2}{Mh} \tag{A.48}$$

(A.47)式は，点 P を支点としたとき，また（A.48)式は点 O を支点としたときの相当単振り子の長さに等しい（(14.4)式参照).

索　　引

タ　行

ナ　行

ハ　行

マ　行

ラ　行

著 者 紹 介

秋光　純（あきみつ じゅん）

1970年　東京大学大学院理学系研究科博士課程修了
　　　　東京大学物性研究所助手，青山学院大学理工学部物理学科助教授を経て
現　在　青山学院大学理工学部教授
　　　　専門は固体物理（特に超伝導）

秋光正子（あきみつ まさこ）

1974年　学習院大学自然科学研究科修士課程修了
現　在　芝浦工業大学工学部，学習院大学理学部，慶應義塾大学工学部非常勤講師

基礎の力学　　定価はカバーに表示

2008年10月30日　初版第1刷
2014年 3 月20日　　　第7刷

著　者　秋　光　　　純
　　　　秋　光　正　子
発行者　朝　倉　邦　造
発行所　株式会社　朝 倉 書 店
　　　　東京都新宿区新小川町 6-29
　　　　郵 便 番 号　162-8707
　　　　電　話　03(3260)0141
　　　　FAX　03(3260)0180
　　　　http://www.asakura.co.jp

〈検印省略〉

真興社・渡辺製本

ISBN 978-4-254-13099-7　C 3042　　Printed in Japan